AF565598

E-Commerce - so geht‘s

Die Starthilfe für Ihren Online-Handel

Bernd Schmitt

Verlag:
BILDNER Verlag GmbH
Bahnhofstraße 8
94032 Passau

http://www.bildner-verlag.de
info@bildner-verlag.de

ISBN: 978-3-8328-0486-2

Bestellnummer: 0510

Autor: Bernd Schmitt
Herausgeber: Christian Bildner

Bildquellen:
Cover: © fizkes - stock.adobe.com
Kapitelbild: © skypicsstudio - stock.adobe.com
Bild Seite 83, Seite 106: © Piotr Marcinski - stock.adobe.com

Druck: CPI Clausen & Bosse GmbH, Birkstr. 10, 25917 Leck

Vorwort

Für dieses Buch habe ich mich von Karin inspirieren lassen. Karin ist eine erfolgreiche und gut organisierte Geschäftsfrau, die seit 1998 ein Ladengeschäft in Frankfurt betreibt. Sie hat zwölf motivierte Angestellte in Voll- und Teilzeit, die der Kundschaft im Verkaufsraum eine hochwertige Beratung bieten. Dem E-Commerce steht ihr Team aber skeptisch gegenüber. Und auch Karin selbst ist alles andere als internetbegeistert, im Gegenteil.

Als ich die Geschäftsführerin 2019 kennenlernte, war sie mehr als frustriert. Was war passiert? Karin hatte eine Facebook-Seite eingerichtet und dort regelmäßig über neue Produkte in ihrem Frankfurter Ladengeschäft informiert. Zu Karins Überraschung blendete Facebook zwischen ihren Postings Anzeigen ein, die ihre Leserschaft mit einem Klick zu den Onlineshops der Konkurrenz weiterleiteten. Mit anderen Worten: Karin hatte sich die Mühe gemacht, die Mitbewerber schöpften den Rahm ab. So war das mit dem E-Commerce natürlich nicht geplant.

Wir stellten fest:

Hinter dem Begriff E-Commerce verbergen sich ebenso viele Chancen wie Risiken. Wer eine falsche Strategie verfolgt, arbeitet entweder vergeblich oder, noch schlimmer, für die Konkurrenz ...

Ich habe Karins Weg in den E-Commerce über zwei Jahre begleiten dürfen und wir haben auch nach dem Facebook-Vorfall noch das eine oder andere Lehrgeld bezahlt. Weil der E-Commerce stets im Wandel ist, sind Um- und Irrwege leider nicht zu vermeiden. Umso wichtiger ist es, den eigenen Standort zu bestimmen. Unsere Fragen waren:

- Welche Bereiche des E-Commerce kommen für Karins Unternehmen in Frage?
- Welche Werkzeuge und Strategien sind am besten geeignet, um in diesen Bereichen Erfolge zu erzielen?

Heute erwirtschaftet Karin nicht nur 38 % ihres Umsatzes über den Onlinehandel, auch die Besucherfrequenz in ihrem Ladengeschäft hat sich spürbar erhöht. Aus der Skeptikerin ist eine Realistin geworden und auch ihr Team hat die Berührungsängste abgelegt. Zu den zwölf Angestellten kamen drei neue Kräfte hinzu, zwei davon haben die Ausbildung zur Kauffrau / zum Kaufmann im E-Commerce absolviert. Die Aufgaben der E-Commerce-Abteilung sind:

- Die Produkte in den Onlineshop einpflegen.
- Rabattaktionen und Gewinnspiele durchführen.
- Social-Media-Kanäle professionell bespielen.
- Inhalte für den Firmenblog produzieren und veröffentlichen.
- Den monatlichen Newsletter produzieren und versenden.
- Den Versand organisieren.
- Die Zahlungsarten optimieren.

1 Einführung: Nichts geht mehr ohne E-Commerce ... 13

1.1 Das Internet aus kaufmännischer Perspektive ... 15
Gewöhnliche Websites ... 15
Websites mit Shopfunktion ... 16
Große Marktplätze ... 16
Social-Media-Netzwerke ... 17
Kommunikation über E-Mails ... 18

1.2 Der Aufbau dieses Buchs ... 18

2 Geschäftsmodelle des E-Commerce ... 19

2.1 Mit dem E-Commerce beginnen ... 20
Die Kennzeichen des E-Commerce ... 21
Die eigene Website als Basis ... 21
Der Unterschied zwischen einer eigenen Website und einer Facebook-Seite ... 22
Die Website als Katalogersatz ... 23
Zeitplan für die Realisierung ... 23
Der Weg zur eigenen Website ... 24

2.2 Die Realisierung einer Website mit einem Baukastensystem ... 25
Die Grenzen eines Baukastensystems ... 27
Das Baukastensystem von Jimdo ... 28
Das Baukastensystem von Wix ... 30

2.3 Die Unternehmens-Website mit WordPress ... 31
WordPress im Überblick ... 32
WordPress.com versus WordPress.org ... 33
Auswahl eines Domain-Namens ... 34
Auswahl eines Hosters ... 35
Anlegen der Datenbank ... 36
Die Zugangsdaten im Griff haben ... 37
WordPress herunterladen ... 37
Dateien mit einem FTP-Client hochladen ... 38
Installation durchführen ... 41
Die ersten Schritte ... 43

2.4 Der eigene Shop mit WooCommerce ... 44
WooCommerce installieren ... 44
WooCommerce im Überblick ... 46
WooCommerce an den deutschen Markt anpassen ... 47

2.5 Der Mietshop mit Shopify ... 48
Die Vor- und Nachteile eines Mietshops ... 48
Domain oder Subdomain ... 49
Die Shopify-Tarife ... 49
Shopify Payments ... 50

2.6 **Über Amazon verkaufen** ... 50
Amazon im Überblick ... 51
Anlaufstelle für Händler ... 51
Kosten für Amazon-Händler ... 52
Amazon-Händler werden ... 52
Versand durch Amazon ... 53

2.7 **Über eBay verkaufen** ... 53
eBay für Gewerbetreibende ... 54
Die Verkaufsmodelle bei eBay ... 54
Die Shoptarife von eBay ... 55
Die Zahlungsabwicklung bei eBay ... 56
Kundenbewertungen ... 56

2.8 **Der B2B-Shop** ... 57
B2B – welche Produkte sind geeignet? ... 57
Auf B2B erweitern ... 58
Rechtsvorschriften im B2B-Handel ... 58
Technische Umsetzung ... 58
B2B Market nutzen ... 59
Einsatz von Staffelpreisen ... 60
Kundengruppen bilden ... 61

2.9 **Dienstleistungen verkaufen** ... 61
Dienstleistungen erobern den E-Commerce ... 61
Dienstleistungen über ein Shopsystem verkaufen ... 63
Ein Buchungssystem mit WooCommerce und WooCommerce Bookings ... 64

3 Zahlungsarten ... 67

3.1 **PayPal** ... 69
PayPal im Überblick ... 69
PayPal auf Käuferseite ... 70
PayPal als Händler einrichten ... 71
Von der PayPal-Sandbox zum Livebetrieb ... 74
PayPal-Tipps ... 76

3.2 **Die SEPA-Lastschrift** ... 79
Der SEPA-Raum ... 79
Die Lastschrift auf Käuferseite ... 79
Lastschrift auf Händlerseite einrichten ... 80
Das SEPA-Lastschriftmandat ... 82
IBAN-Fehler vermeiden ... 82
Fehlgeschlagene Lastschriften ... 83

3.3 **Die Kreditkarte** ... 84
Kreditkarte auf Käuferseite ... 84
Kreditkarteneinzug auf Händlerseite realisieren ... 84

Direkte Methode: Kreditkarten-Acquirer 85
Der Kreditkarten-Akzeptanzvertrag 85
Integration in das Shopsystem 86
Kreditkartenzahlung über PayPal Plus, Stripe oder Mollie abwickeln 86
Einsatz von Logos 87
Pro und Kontra Kreditkarte 87

3.4 Kauf auf Rechnung 88
Voraussetzungen auf Käuferseite 88
Voraussetzungen auf Händlerseite 88
Integration in das Shopsystem 88
Tipps für die Zahlungsart Rechnung 89
Zahlungserinnerung und außergerichtliche Mahnung 90
Das gerichtliche Mahnverfahren 91
Inkassounternehmen beauftragen 92
Privat- und Geschäftskunden unterscheiden 93
Pro und Kontra Kauf auf Rechnung 93

3.5 Die Zahlungsplattformen Stripe und Mollie 94
Stripe 94
Mollie 95

3.6 Sonstige Zahlungsmethoden 96
Sofortüberweisung 96
Giropay 98
Amazon Pay 99

3.7 Der Kunde im Fokus 100
Zahlungsart und Produkt 100
Zahlungsart und Endgerät 100
Zahlungsart und Image 101

3.8 Der richtige Mix der Zahlungsarten 101
Die von den Kunden favorisierte Zahlungsart bedienen 101
Retouren vermeiden 102
Abbruchquote beim Bestellvorgang minimieren 103
Minimierung des Aufwands für den Händler 103
Technische Sicherheit 103
Rechtssicherheit gewährleisten 104
Kosten einsparen 104

3.9 Zahlungsarten kommunizieren 105
Textbausteine aus der Hölle 105
Mustertexte 106

4 Versand, Logistik, Warenwirtschaft und Buchhaltung 107
4.1 **Die Basics** **108**
Ein Shop mit hohem Optimierungsbedarf (SHO) 108
Die fünf goldenen Logistikregeln 110
4.2 **Versandetiketten** **111**
Die Informationen auf einem Versandetikett 111
Versandetiketten erstellen 111
Integration zwischen Shopsystem und Versanddienstleister 112
4.3 **Den Versand organisieren** **112**
Paketversand 112
Mit Versandbelegen Lieferungen nachweisen 113
Versand von Büchern und Waren mit der Deutschen Post 113
4.4 **Mit Logistikdienstleistern zusammenarbeiten** **116**
Leistungsspektrum der Logistikdienstleister 116
Auswahl der Logistikdienstleister 117
Sendungen ins Ausland 117
Logistikplattformen nutzen 118
Spezielle Auslieferungsverfahren nutzen 119
4.5 **Verknüpfung mit Warenwirtschaft und Buchhaltung** **119**
JTL Wawi (Warenwirtschaft) 119
billbee (Warenwirtschaft) 120
xentral (Warenwirtschaft und ERP) 121
lexoffice (Buchhaltung) 122
5 Marketing 125
5.1 **Die Suchmaschinenoptimierung (SEO)** **126**
Wie Suchmaschinen funktionieren 126
Die wichtigsten Google-Kriterien 127
Grundeinstellungen der Website überprüfen 128
Keywords auswählen 129
Keywords platzieren 130
Suchmaschinengerecht texten 131
Bilder-SEO 131
Produktbeschreibungen optimieren 132
Interne und externe Verlinkungen 134
5.2 **Google Ads und Affiliate Marketing** **135**
Google Ads 135
Affiliate Marketing 137

5.3 Content-Marketing und Unternehmensblog 139
Content-Marketing 139
Der Unternehmensblog 140
Der Blog unterstützt den Shop 141
Die Platzierung eines Blogs 142
Tipps zum Bloggen 143
Kleiner Blog-Knigge 145

5.4 Empfehlungsmarketing, Kundenkommentare und Support 146
Empfehlungen von Kunden 146
Empfehlungsmarketing vom Unternehmen selbst 147
Trusted Shops als Empfehlungsplattform 150
Der Support unterstützt das Marketing 151

5.5 Gutscheine, Rabattaktionen und Gewinnspiele 152
Gutscheine konzipieren, einrichten und verteilen 152
Rabattaktionen umsetzen 153
Gewinnspiele konzipieren und realisieren 154

5.6 Newsletter-Marketing 157
Kennzeichen eines Newsletters 157
Der Newsletter-Dienst MailChimp 158
CleverReach 159
Ein Anmeldeformular generieren 159
Interne Newsletter-Systeme nutzen 160
Der rechtskonforme Newsletter 162
Newsletter-Knigge 163

5.7 Social-Media-Marketing 167
Die Social-Media-Basics 167
YouTube-Marketing 170
Facebook 172
Instagram 176
Twitter 179
Der Social-Media-Knigge 180

6 Crashkurs: E-Commerce, Recht und Datenschutz 181

6.1 Bilder rechtskonform im Internet einsetzen 182
Urheberrecht beachten 182
Lizenzen bei Stockfoto-Agenturen erwerben 183
Bilder vom Fotografen anfertigen lassen 184
Bilder selbst anfertigen 184
Persönlichkeitsrechte beachten 185
Markenrechte beachten 185
Wettbewerbsrechtlich konforme Produktbilder 186

6.2 Texte rechtskonform veröffentlichen **187**
Fremde Texte in eigenen Beiträgen 187
Eigene Texte in eigenen Beiträgen 188
Kundenkommentare 188
Produktbeschreibungen 190

6.3 Videos rechtskonform veröffentlichen **191**
Die rechtskonforme Produktion eigener Videos 191
Die rechtskonforme Präsentation eigener Videos 192
Die rechtskonforme Präsentation fremder Videos 192

6.4 GEMA, GEZ und Musikrecht **193**
Der ARD ZDF Deutschlandradio Beitragsservice 193
Die GVL 193
Die GEMA 194

6.5 Das rechtskonforme Impressum **195**
Die Gültigkeit des Impressums 195
Die Platzierung des Impressums 196
Die Formalien des Impressums 197
Musterimpressum 200

6.6 Das Widerrufsrecht und die Streitschlichtungsverordnung **202**
Die Rechtsquelle für den Widerruf 203
Die Basics zum Widerrufsrecht 203
Rechtliche Vorgaben zur Gestaltung 204
Eigene Widerrufsseite 205
Ausschlüsse vom Widerrufsrecht 207
Die Streitschlichtungsverordnung 209

6.7 Das Verpackungsgesetz **210**
Verpackung in Umlauf bringen 210
Betroffene Verpackungen 211
Pflichten für Händler 211

6.8 Gesetze für bestimmte Geschäftsmodelle **211**
Das Buchpreisbindungsgesetz 212
Das Textilkennzeichnungsgesetz 212
Elektrogesetz und Batteriegesetz 212
Die Lebensmittelinformationsverordnung 213

6.9 One-Stop-Shop: Was Sie steuerlich beim Versand ins Ausland beachten müssen **214**
Die neue Lieferschwelle von 10.000 Euro 214
Der One-Stop-Shop (OSS) 214
Probleme mit Amazon Fulfillment 215

6.10 Der Datenschutz **216**
Datenschutzrelevante Bereiche identifizieren 216
Konfiguration der Tools 217
Einholung der Einwilligung der Besucher 217
Cookie-Banner und Datenschutzerklärung platzieren 218
Inhalte der Datenschutzerklärung 219

Glossar 227

Ressourcen 247

Stichwortverzeichnis 250

1 Einführung: Nichts geht mehr ohne E-Commerce

Handel heißt Wandel. Noch nie war dieses Zitat so zutreffend wie heute. Unternehmen, die am Markt bestehen wollen, müssen die Zeichen der Zeit erkennen. Ohne E-Commerce kein wirtschaftlicher Erfolg:

- Der stationäre Handel stagniert, der Internethandel expandiert.
- 90 % aller Einkäufe, ob online oder stationär, beginnen mit der Recherche im Internet.
- Ein Unternehmen, das nicht im Internet präsent ist, ist für die meisten potenziellen Kundinnen und Kunden überhaupt nicht präsent.
- Der letzte Quelle-Katalog erschien 2009, der letzte Otto-Katalog 2018. Auf Papier gedruckte Informationen sind für Verbraucher nicht mehr relevant.
- Nur noch wenige Hersteller versenden gedruckte Kataloge an Händler.
- Mehr als die Hälfte aller Hersteller vertreibt die eigenen Produkte auch direkt im eigenen Onlineshop. Immer weniger Hersteller sind auf Händler angewiesen.
- Hersteller und Händler stehen im E-Commerce in Konkurrenz.
- Durch das Smartphone sind heute fast alle Menschen permanent online.
- Das Internet kennt keinen Ladenschluss.
- Was früher das Schaufenster war, ist heute das Smartphone.
- Die Ladenmieten in guten Lagen sind hoch und werden in absehbarer Zeit nicht wieder sinken.
- Die Corona-Pandemie hat den Siegeszug des E-Commerce nur beschleunigt. Der elektronische Handel wird auch nach dem Ende der Beschränkungen weiter wachsen.
- E-Commerce besteht nicht nur aus Amazon und eBay. Kluge Unternehmen legen nicht alle Eier in einen Korb und bauen ihre eigenen E-Commerce-Strukturen auf.

Die Zeit lässt sich nicht mehr zurückdrehen. Es stellt sich also nicht mehr die Frage, ob sich ein Unternehmen dem E-Commerce öffnet. Es geht nur noch um das Wie. Dabei gilt:

- Das Gießkannenprinzip ist nicht effektiv.
- Erfolgreiche Unternehmen konzentrieren sich auf diejenigen Bereiche des E-Commerce, die für ihr Geschäftsmodell am besten geeignet sind.

Merke: Ein Unternehmen, das sich nicht am E-Commerce beteiligt, verschwindet vom Markt.

1.1 Das Internet aus kaufmännischer Perspektive

Für E-Commerce-Neulinge ist es wichtig, die Dinge ein wenig zu ordnen. Aus kaufmännischer Perspektive lässt sich das Internet in diese fünf Bereiche aufteilen:

1. Gewöhnliche Websites. Beispiele: *frankfurt.de* oder *bundestag.de*.
2. Websites mit Shopfunktion. Beispiele: *thomann.de* oder *bildner.de*.
3. Marktplätze. Beispiele: Amazon oder eBay.
4. Social-Media-Netzwerke. Beispiele: Facebook oder Twitter.
5. E-Mail-Kommunikation. Beispiele: persönliche E-Mails oder Newsletter.

Gewöhnliche Websites

Vor 20 Jahren bestand das Internet fast ausschließlich aus Websites ohne Shopfunktionen. Die Präsenzen der Unternehmen waren zum Anschauen und Informieren konzipiert. Die typische Website eines Ladengeschäfts oder eines Dienstleisters hatte vor allem folgende Funktionen zu erfüllen:

- Überblick des Sortiments an Waren und Dienstleistungen.
- Nennung der Öffnungszeiten.
- Anfahrtsplan zu den Geschäftsräumen.
- Möglichkeit zur Kontaktaufnahme via E-Mail oder Kontaktformular.

Eine solche Website, bestehend aus der Startseite und nur einem halben Dutzend Unterseiten, würde man heute eher als Web-Visitenkarte bezeichnen. Sie ist zwar besser als gar keine Präsenz, bietet aber wenig Aufenthaltsqualität für die Interessenten. Erst mit zusätzlichen Elementen wird eine normale Website für Besucherinnen und Besucher attraktiv. Beispiele:

- Tipps und Tutorials zu Produkten, zum Beispiel in Form von kurzen Videos.
- Eine News-Abteilung, auch Firmenblog oder Corporate Blog genannt. Dort haben die Leserinnen und Leser auch die Möglichkeit, Beiträge zu kommentieren.
- Journalistisch aufbereitete Inhalte, zum Beispiel zur Herstellung der im Onlineshop angebotenen Produkte.
- Die Möglichkeit, ein PDF oder ein kostenloses E-Book herunterzuladen.

Eine zeitgemäße Website ist in jedem Fall eine gute Investition. Auch Unternehmen, die keinen eigenen Shop planen und hauptsächlich auf Marktplätzen verkaufen möchten, benötigen eine eigene Basis im Internet. Die Gründe:

- Die eigene Website stärkt die Identität eines Unternehmens – nach innen und außen.
- Die eigene Website führt die Aktivitäten auf Marktplätzen und Social-Media-Netzwerken zusammen.
- Auf der eigenen Website gelten die gesetzlichen Regelungen - und nur diese. Auf Marktplätzen und Social-Media-Netzwerken gelten zusätzlich die Hausregeln der Betreiber.

Merke: Jedes Unternehmen benötigt eine eigene Website.

Websites mit Shopfunktion

Auf Websites mit Shopfunktion können Besucherinnen und Besucher Waren und Dienstleistungen kostenpflichtig bestellen bzw. buchen. Beispiele für Waren sind:

- Produkte zum Einpacken und Versenden, etwa Textilien.
- Produkte zum Download, etwa E-Books oder Bilder.

Zunehmend werden auch Dienstleistungen über Websites reserviert und gebucht. Beispiele hierfür sind:

- Unterrichtsstunden
- Therapiestunden
- Sportplätze
- Fahrzeuge
- Räumlichkeiten aller Art

Merke: Über einen Onlineshop können nicht nur Waren, sondern auch Dienstleistungen verkauft werden.

Große Marktplätze

Amazon und eBay haben den elektronischen Handel geprägt. Für Unternehmen, die im E-Commerce tätig sein möchten, bieten sie eine Fülle von Möglichkeiten zum Vertrieb von Waren. Es ist allerdings nicht ohne Risiko, das Onlinegeschäft ausschließlich über die großen Marktplätze abzuwickeln. Die E-Commerce-Giganten haben nämlich ihre eigenen Spielregeln. Für Unternehmen bieten sich drei Marktplatzstrategien an:

- Der Verzicht auf jegliche Kooperation.
- Die Beschränkung der Kooperation. Das Unternehmen nutzt nur bestimmte Dienste von Amazon, eBay und anderen Marktplätzen.
- Der ausschließliche Vertrieb über Marktplätze.

Die meisten Unternehmen entscheiden sich für die zweite Option. Sie stellen die Vor- und Nachteile der einzelnen Dienste gegenüber und picken heraus, was Umsätze steigert und Kosten spart – ohne ihre Kundinnen und Kunden an die Marktplätze zu verlieren.

Merke: Der Vertrieb über Marktplätze bietet Chancen, ist aber auch mit Risiken verbunden.

Social-Media-Netzwerke

Ob auf Facebook, Instagram, YouTube oder Twitter – es wäre für ein Unternehmen unverzeihlich, das riesige Kundenpotenzial zu ignorieren, das in den Netzwerken schlummert. Doch auch hier gilt wie bei den Marktplätzen: Wer sich zu sehr abhängig macht, geht Risiken ein. Die Unternehmen stehen vor drei Herausforderungen:

- Die Auswahl der für das Geschäftsmodell geeigneten Social-Media-Netzwerke.
- Die professionelle Bespielung der ausgewählten Social-Media-Netzwerke.
- Der schonende Umgang mit den eigenen Ressourcen. Die Social-Media-Netzwerke fordern nämlich den ständigen Nachschub.

Die meisten Netzwerke sind auf bestimmte Medien wie Texte, Bilder, Audio- oder Videobeiträge spezialisiert. Ein Unternehmen wird in einem Netzwerk nur dann erfolgreich sein, wenn es genau diesem dauerhaft die gewünschten Medien liefern kann. Die folgende Liste zeigt die derzeit wichtigsten Netzwerke und die von ihnen bevorzugten Medien.

- Facebook: alle Formen von Medien.
- Instagram: Bilder und kurze Videos.
- Twitter: Wortbeiträge.
- Clubhouse: Hörbeiträge.
- YouTube: alle Formen von Videos.
- TikTok: kurze Videos.
- Pinterest: Bilder.

Merke: In Social-Media-Netzwerken schlummern Kundenpotenziale.

Kommunikation über E-Mails

Unterscheiden lassen sich zwei Formen der E-Mail-Kommunikation:

- Die klassische E-Mail.
- Der Newsletter.

Während die klassische E-Mail für verschiedene Zwecke, vor allem für die innerbetriebliche Kommunikation und für Kundenanfragen, eingesetzt wird, bietet der Newsletter eine Fülle von Möglichkeiten für das Marketing und die Kundenbindung.

Merke: Newsletter steigern Umsätze.

1.2 Der Aufbau dieses Buchs

Dieses Buch besteht aus fünf Hauptkapiteln.

- Kapitel 2: Geschäftsmodelle des E-Commerce. In diesem Kapitel finden Sie die Bereiche des E-Commerce - von der Website über die Shopsysteme und Marktplätze bis zum Newsletter-Marketing.
- Kapitel 3: Zahlungsarten im E-Commerce. In diesem Kapitel dreht sich alles um das Bezahlen – von PayPal bis zur Kreditkarte.
- Kapitel 4: Versand, Logistik, Warenwirtschaft und Buchhaltung. Hier erfahren Sie, wie Sie Ihren Shop managen.
- Kapitel 5: Marketing. So gewinnen Sie im E-Commerce Kunden.
- Kapitel 6: E-Commerce, Recht und Datenschutz. Was Sie beachten müssen, um sich vor Abmahnungen zu schützen.

Nun sind Sie schon fast am Ende der Einführung angelangt. Was Sie noch brauchen, bevor es konkret wird, sind diese Grundbegriffe:

Grundbegriffe zum Thema Website

- **Homepage:** die Startseite einer Website.
- **Webseite:** eine einzelne Seite einer Website, beispielsweise eine Über-uns-Seite, die Impressumsseite oder eine Seite zum Portfolio eines Unternehmens. Aber auch die Startseite zählt als Webseite.
- **Website:** eine gesamte Website, also alle einzelnen Webseiten, die zum Beispiel unter *mein-unternehmen.de* erreichbar sind.

Grundbegriffe zum Thema Domain

- **Domain:** Adresse einer Website, zum Beispiel *mein-unternehmen.de*.
- **Subdomain:** Eine Domain, die einer anderen Domain untergeordnet ist, zum Beispiel *mein-unternehmen.jimdofree.com*.

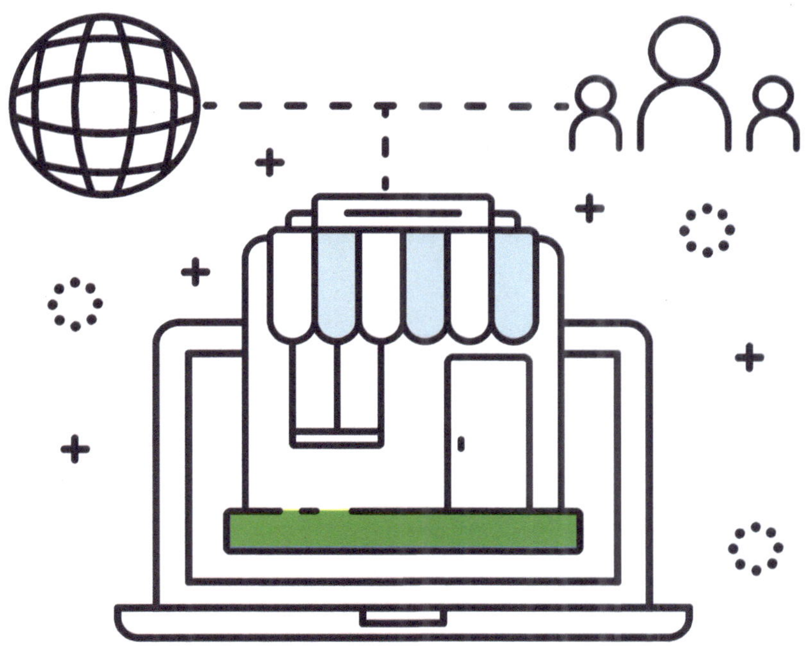

2 Geschäftsmodelle des E-Commerce

In diesem Kapitel lernen Sie die wichtigsten Bereiche und Geschäftsmodelle des E-Commerce kennen. Ihre Aufgabe besteht darin, das zu Ihrem Unternehmen passende Modell zu finden, auszuwählen und zu realisieren. Am besten gehen Sie in dieser Reihenfolge vor:

- **Informationen sammeln** - über die verschiedenen Bereiche des E-Commerce.
- **Entscheidungen treffen** - Bereiche wählen, in denen Sie aktiv sein möchten.
- **Einen Zeitplan erstellen** - für Ihre neue Geschäftstätigkeit.
- **Die ersten Schritte umsetzen** - mit dem Aufbau einer eigenen Website.

2.1 Mit dem E-Commerce beginnen

In der Zeit des Corona-Lockdowns platzierten nicht wenige Ladeninhaber ein Schild im Schaufenster, um auf die eigenen E-Commerce-Angebote aufmerksam zu machen. Was darauf zu lesen war:

- Beispiel 1: Bestellungen nehmen wir unter *mein-unternehmen@web.de* entgegen.
- Beispiel 2: Ihr findet uns auch auf *facebook.com/meinunternehmen*.
- Beispiel 3: Wir sind auf *mein-unternehmen.de* immer für euch da.
- Beispiel 4: Besucht unseren Shop auf: *shop.mein-unternehmen.de*.
- Beispiel 5: Unsere Produkte findet ihr auch unter *ebay.de/usr/mein_unternehmen*.

Die Methode im ersten Beispiel, also die Präsentation einer E-Mail-Adresse im Schaufenster, kann als die unterste Stufe des E-Commerce betrachtet werden. Besonders effektiv ist diese Methode allerdings nicht. Die Nachteile:

- Die E-Mail-Adresse im Schaufenster erreicht fast nur diejenigen, die dort hineinschauen.
- E-Mail-Adressen sind anfällig für Tippfehler.
- Eine E-Mail-Adresse kann die Vielfalt eines Sortiments nicht präsentieren.
- Bestellungen, die über eine E-Mail-Adresse aufgegeben werden, erfordern häufige Nachfragen.
- Die Bezahlung einer E-Mail-Bestellung verläuft nicht automatisiert.
- Die Rechtssicherheit ist bei E-Mail-Bestellungen zumeist nicht gegeben.

Merke: Eine E-Mail-Adresse ermöglicht zwar den Einstieg in den E-Commerce, reicht aber bei weitem nicht aus.

Die Kennzeichen des E-Commerce

Eine Bestellannahme per E-Mail ist also zu wenig. Aber was muss hinzukommen? Wörtlich kann E-Commerce mit elektronischem Handel übersetzt werden. Die Kennzeichen des E-Commerce sind:

- Präsentation eines Sortiments an Waren und/oder Dienstleistungen.
- Keine Begrenzung der Öffnungszeiten.
- Das Einzugsgebiet endet nicht an der Stadtgrenze oder im näheren Umland.
- Hohe Automatisierung von der Bestellannahme bis zum Zahlungseingang.
- Größere Bandbreite an Zahlungsarten.
- Im E-Commerce, die Juristen sagen Fernhandel dazu, gelten besonders verbraucherfreundliche Gesetze.
- Im Internet erbrachte Dienstleistungen, zum Beispiel Onlinekurse, werden durch den E-Commerce vollständig abgedeckt.
- Vor Ort erbrachte Dienstleistungen, zum Beispiel Tanzkurse, werden durch den E-Commerce teilweise abgedeckt.

Merke: Im E-Commerce laufen die meisten Vorgänge automatisiert ab.

Die eigene Website als Basis

Die eigene Website bildet, auch wenn sie (noch) ohne Shopfunktion ausgestattet ist, für jedes Unternehmen die Basis aller E-Commerce-Aktivitäten. Was Ihre Website leisten kann:

- Sicherung des Domain-Namens. Im Idealfall entspricht der Domain-Name dem Namen des Unternehmens.
- Information von Kunden und Geschäftspartnern. Die Website informiert über Ihr Angebot an Waren und Dienstleistungen.
- Verlinkung Ihrer Präsenzen auf Marktplätzen und Social-Media-Netzwerken. Auf der Website ist ersichtlich, an welchen anderen Orten des Internets Sie sonst noch zu finden sind.
- Rückzugsraum bei Problemen auf Social-Media-Netzwerken.

Zum letzten Punkt: Betrachten Sie Facebook, Twitter und andere Social-Media-Netzwerke nicht nur als Kundenreservoir, rechnen Sie auch mit Problemen. Sie werden dort früher oder später auch auf Menschen treffen, die darauf lauern, Ihnen ein Bein zu stellen. Falls Sie in einem Netzwerk in einen „Shitstorm" geraten, also eine hohe Anzahl negativer Kommentare erhalten, ist Ihre Website der geeignete Ort, um in aller Ruhe eine ausführliche Erklärung abgeben zu können. Auf dem eigenen Terrain können Sie sich eine Social-Media-Auszeit gewähren, ohne dabei Ihre E-Commerce-Aktivitäten völlig lahm zu legen. Stattdessen verlagern Sie Ihren Schwerpunkt, bis sich die Wogen wieder geglättet haben.

Merke: Die eigene Website informiert über das Angebot an Waren und Dienstleistungen und dient bei Problemen als Rückzugsort.

Der Unterschied zwischen einer eigenen Website und einer Facebook-Seite

Was ist überhaupt eine eigene Website? Dass diese Frage heute gar nicht mehr so einfach zu beantworten ist, liegt vor allem an Facebook. Viele Unternehmen haben während des großen Facebook-Booms, also in den 10er-Jahren dieses Jahrhunderts, folgenden Weg beschritten:

1. Die eigene Website *mein-unternehmen.de* wurde immer weniger gepflegt.
2. Von der eigenen Website führte irgendwann ein nicht zu übersehender Link auf *facebook.com/meinunternehmen*, also die Facebook-Seite des Unternehmens.
3. Die Kommunikation mit Interessenten und Kunden wurde komplett auf Facebook abgewickelt.
4. Die eigene Website wurde aufgegeben.

Der Haken an der Sache: Eine Unternehmenspräsenz auf Facebook oder einem anderen Social-Media-Netzwerk ist den Regeln des jeweiligen Netzwerks unterworfen. Die Tabelle zeigt die Unterschiede anhand der wichtigsten Aspekte:

	Facebook-Seite	Eigene Website
Internetadresse	facebook.com/meinunternehmen	mein-unternehmen.de
Rechtlicher Rahmen	Facebook-Hausregeln und allgemeine Gesetze	Allgemeine Gesetze
Hoheit über die Daten	Facebook	Das Unternehmen

Heute gilt: Facebook hat seinen Zenit überschritten und der Trend geht wieder zur eigenen Website.

Merke: Eine Facebook-Seite kann die eigene Website nicht ersetzen.

Die Website als Katalogersatz

Wenn Sie schon länger einen stationären Laden betreiben, kennen Sie folgenden Ablauf eines Verkaufsgesprächs:

- Ein Kunde interessiert sich für ein bestimmtes Produkt, das Sie im Laden nicht vorrätig haben.
- Sie zücken den Katalog eines Herstellers und zeigen dem Kunden das betreffende Produkt.
- Sie bestellen das Produkt für den Kunden.
- Der Kunde holt das Produkt in den nächsten Tagen bei Ihnen im Laden ab.

Dieses traditionelle Modell stirbt allerdings gerade aus. Sie erhalten nämlich von immer weniger Herstellern noch gedruckte Kataloge. Das PDF hat die Kataloge weitgehend ersetzt. Ihnen bleiben für das Verkaufsgespräch dann nur noch zwei Optionen:

- PDFs ausdrucken und darin gemeinsam mit dem Kunden blättern. Diese Option ist allerdings nicht besonders verkaufsfördernd, denn ein PDF ist wenig attraktiv.
- Dem Kunden die gesuchten Produkte auf einem Bildschirm präsentieren. Dazu eignet sich, wenn Sie den Kunden nicht verlieren möchten, Ihre eigene Website wesentlich besser als die Seite eines Herstellers. Einen voll ausgebauten Onlineshop benötigen Sie dazu nicht. Es genügt, wenn Sie Ihre Produkte im sogenannten Katalogmodus präsentieren. Diese Konstruktion ist beispielsweise mit einem Shop auf der Basis von WooCommerce möglich.

> **Merke:** Produkte, die auf der eigenen Website präsentiert werden, locken die Interessenten nicht zur Konkurrenz.

Zeitplan für die Realisierung

Die beiden folgenden Beispiele für einen Zeitplan Ihrer E-Commerce-Aktivitäten unterscheiden sich in den Schwerpunkten für den Vertrieb. Sie umfassen jeweils einen Zeitraum von sechs Monaten. Sie können sie als grobe Vorlage verwenden und für Ihr Unternehmen anpassen.

- **Zeitplan A:** Schwerpunkt ist der Vertrieb über Marktplätze wie Amazon und eBay.
- **Zeitplan B:** Schwerpunkt ist der Vertrieb im Onlineshop auf einer eigenen Domain.

Zeitplan A

Monat	Aktivität
1	Realisierung einer eigenen Website über Jimdo
2	Anlegen einer Facebook-Seite
3	Aufbau einer Followerschaft auf Facebook
4	Eröffnung eines Accounts auf dem Amazon Marketplace
5	Verknüpfung von Website, Facebook-Seite und Amazon Marketplace
6	Verkäufe über den Amazon Marketplace

Zeitplan B

Monat	Aktivität
1	Realisierung einer eigenen Website über WordPress
2	Anlegen einer Präsenz auf Instagram
3	Aufbau einer Followerschaft auf Instagram
4	Erweiterung der WordPress-Website mit dem Shopsystem WooCommerce
5	Verknüpfung von Website und Instagram
6	Verkäufe über den WooCommerce-Shop

Merke: Ein E-Commerce-Zeitplan beinhaltet die Spanne von der Realisierung der eigenen Website bis zum ersten Onlineverkauf.

Der Weg zur eigenen Website

In beiden Muster-Zeitplänen des letzten Kapitels steht die eigene Website am Beginn. Zur Realisierung dieses ersten Schritts stehen Ihnen drei unterschiedliche Wege zur Verfügung:

- Sie beauftragen eine Agentur mit der Erstellung Ihrer Unternehmens-Website. Rechnen Sie dabei mit einmaligen Kosten von etwa 1500 bis 5000 Euro plus monatlich etwa 10 Euro an laufenden Kosten.
- Sie erstellen eine einfache Website selbst - mit einem Baukastensystem wie Jimdo oder Wix. Rechnen Sie dabei mit laufenden Kosten von etwa 10 bis 15 Euro pro Monat. Anleitungen zu Jimdo und Wix finden Sie in Kapitel 2.2.

- Sie erstellen eine funktionsreiche Website selbst – mit einem Content-Management-System wie WordPress. Die laufenden monatlichen Kosten betragen etwa 10 Euro. Eine Anleitung zu WordPress finden Sie in Kapitel 2.3.

Merke: Zur Realisierung einer Website führen unterschiedliche Wege. Je mehr Arbeiten selbst erledigt werden, desto geringer sind die Kosten und desto umfangreicher die Möglichkeiten.

2.2 Die Realisierung einer Website mit einem Baukastensystem

Bevor Sie dieses Kapitel durchlesen: Machen Sie einen kleinen Test und beantworten Sie folgende Fragen mit Ja oder Nein:

- Ich habe bisher nur eine E-Mail-Adresse, aber noch keine Website.
- Ich will einfach nur, dass die Website schnell steht.
- Ich will nichts herunterladen, ich will nichts hochladen, ich will nichts installieren.
- Ich kann mit HTML und CSS überhaupt nichts anfangen. Ich will auch nicht wissen, was das ist.
- Eine ausgefeilte Website mit Shopfunktion will ich vielleicht später mal. Jetzt will ich loslegen.

Auswertung der Fragen:

- Sie haben null- bis einmal mit Ja geantwortet? Dann wechseln Sie am besten auf ein höheres Level. Blättern Sie weiter zu Kapitel 2.3.
- Sie haben zwei- bis dreimal mit Ja geantwortet? Lesen Sie die Kapitel 2.2 und 2.3 und vergleichen Sie beide Ansätze.
- Sie haben vier- bis fünfmal mit Ja geantwortet? Lesen Sie hier weiter und entscheiden Sie sich für ein einfaches Baukastensystem - zum Beispiel für Jimdo oder Wix.

Website in Eigenregie erstellen

Mit einem Baukastensystem können Sie eine einfache Website in Eigenregie erstellen. Sie benötigen keine Agentur und müssen sich um technische Fragen wie Verschlüsselung und Sicherung keine Gedanken machen.

Bei Jimdo und Wix handelt es sich um zwei etablierte Baukastensysteme für Websites. Es steht Ihnen auch ein Dutzend weiterer Systeme zur Verfügung. Sie alle zu berücksichtigen würde den Rahmen dieses Buchs sprengen. Falls Sie sich für ein anderes

System entscheiden, ist dies aber kein Problem. Das Prinzip der Baukästen ist bei allen Anbietern ähnlich. Was Sie machen müssen:

1. Sie legen einen Account bei einem Baukastenanbieter an. Zur Registrierung benötigen Sie eine E-Mail-Adresse. Nach dem Anlegen des Accounts erhalten Sie eine Bestätigungs-E-Mail, die einen Link enthält. Diesen Link müssen Sie anklicken, um die Registrierung abzuschließen.
2. Sie entscheiden sich für ein bestimmtes Tarifmodell.
3. Sie können je nach Tarifmodell eine Subdomain oder eine eigene Domain wählen.
4. Sie wählen ein vorgefertigtes Design für Ihre Branche.
5. In einer grafischen Oberfläche passen Sie das Design Ihrer Website mit dem Mauszeiger an. Mit Code werden Sie nicht konfrontiert.
6. Sie gestalten die Startseite (Homepage) mit einem Text und fügen eigene Bilder hinzu. Besonders wichtige Bilder sind das Logo und der Schriftzug Ihrer Firma.
7. Sie legen verschiedene Unterseiten an und verlinken sie mit einem Menü.
8. Sie gestalten die Unterseiten mit Texten und Bildern. Rechtlich verpflichtend sind das Impressum und die Datenschutzseite.
9. Sie veröffentlichen Ihre Website.

Nach der Veröffentlichung bauen Sie Ihre Website immer weiter aus und nutzen, abhängig von Ihrem Tarif, Ihre neuen Möglichkeiten. Die folgende Tabelle zeigt den Unterschied zwischen einem E-Mail-Account und einer Website.

	E-Mail-Account	**Website**
Beispiel für Adresse	*mein-unternehmen@web.de*	*mein-unternehmen.de*
Erreichbarkeit	Über ein E-Mail-Programm.	Über Suchmaschinen oder die direkte Eingabe in die Adresszeile des Browsers.
Allgemeine Funktionen	Kommunikation via E-Mail.	Präsentation von Produkten, Tipps und Tutorials.
Shopfunktion	Nur sehr eingeschränkt und nicht empfehlenswert.	Falls die Website über eine Shopfunktion verfügt, können Waren und Dienstleistungen verkauft und bezahlt werden.

Merke: Eine Website bietet erheblich mehr Möglichkeiten als eine E-Mail-Adresse. Mit einem Baukastensystem lässt sich eine Website schnell erstellen.

Die Grenzen eines Baukastensystems

Mit Baukastensystemen kommen Sie innerhalb eines Nachmittags zu einer halbwegs professionellen Website, ohne sich um technische Fragen den Kopf zu zerbrechen. Allerdings hat ein Baukasten auch seine Grenzen:

- Je nach Anbieter: Sie erhalten in den Einstiegstarifen keine eigene Domain, sondern nur eine Subdomain.
- Je nach Anbieter: In den Einstiegstarifen wird auf Ihrer Website Werbung eingeblendet.
- Alle Anbieter: Ihre Website befindet sich in einer Cloud. Sie haben wenig Einfluss auf die Ladezeiten. In den Einstiegstarifen müssen Sie mit längeren Ladezeiten rechnen.
- Alle Anbieter: Im Vergleich zu einem Content-Management-System wie WordPress haben Sie weniger Möglichkeiten.
- Alle Anbieter: Für die Nutzung zusätzlicher Funktionen müssen Sie in einen höherwertigen Tarif wechseln.
- Alle Anbieter: Sie können Ihre Website nicht auf andere Systeme übertragen.
- Alle Anbieter: Sie können ein E-Mail-Konto, das an Ihre Website gebunden ist, nicht auf andere Systeme übertragen.

Probleme beim Wechseln des Anbieters

Solange Sie innerhalb eines Anbieters bleiben, können Sie problemlos in einen höheren Tarif wechseln und Extras wie eine Shopfunktion nutzen.

Problematisch wird es allerdings, wenn Sie nach einiger Zeit an Ihre Grenzen gestoßen sind und den Anbieter wechseln möchten. Haben Sie deshalb folgende Aspekte im Hinterkopf:

- Es ist eine überschaubare Arbeit, eine Website mit zehn Unterseiten per Hand in einem anderen System neu aufzubauen. Voraussetzung ist, dass Sie Ihre Texte mit Copy-and-paste auf Ihrer Festplatte gespeichert haben und Ihre verwendeten Bilder wieder zuordnen können
- Es ist eine echte Strafarbeit, eine Website mit 50 oder mehr Unterseiten neu aufbauen zu müssen.
- Ihren Domain-Namen, also beispielsweise *mein-unternehmen.de*, können Sie beim Anbieterwechsel in der Regel mitnehmen. Dieser Vorgang nennt sich Domain-Transfer.

- Eine zum Domain-Namen hinzugebuchte E-Mail-Adresse, also beispielsweise *info@mein-unternehmen.de*, lässt sich zwar ebenfalls mitnehmen, der Umzug ist allerdings mit Komplikationen verbunden. Die Inhalte Ihrer E-Mail-Konten werden nämlich bei den meisten Baukastenanbietern nicht transferiert. Das heißt: Sie verlieren den Zugriff auf Ihr altes E-Mail-Konto. Die Nachrichten und Kontakte sind weg und Sie fangen dann beim neuen Anbieter mit einem leeren E-Mail-Konto an.

Merke: Eine Domain kann zu einem neuen Anbieter relativ einfach transferiert werden. Problematischer ist der Transfer eines E-Mail-Accounts.

Das Baukastensystem von Jimdo

Der Baukastenanbieter Jimdo hat seinen Sitz in Hamburg und ist seit 2008 auf dem Markt. Zur Verfügung stehen Ihnen verschiedene Tarifmodelle für eine Website (kostenlos bis 39 Euro pro Monat) und einen Onlineshop (15 bis 39 Euro).

Der Website-Baukasten jimdo.com.

Die Website-Tarife unterscheiden sich in folgenden Grundfunktionen:

- **Play** (kostenlos) - Subdomain, maximal 5 Unterseiten.

- **Start** (9 Euro pro Monat) - eigene Domain, maximal 10 Unterseiten.
- **Grow** (15 Euro pro Monat) - eigene Domain, maximal 50 Unterseiten.
- **Grow Legal** (20 Euro pro Monat) - eigene Domain, maximal 50 Unterseiten, Rechtstexte-Manager.
- **Unlimited** (39 Euro pro Monat) - eigene Domain, unbegrenzt Unterseiten, Rechtstexte-Manager.

Weitere Vorteile der höherpreisigen Tarife sind beispielsweise:

- Schnellere Ladezeit Ihrer Website.
- Verknüpfung Ihrer Domain mit einer dazugehörigen E-Mail-Adresse.
- Möglichkeiten der Suchmaschinenoptimierung.
- Besserer Support.
- Bessere Statistiken zu den Zugriffen auf Ihre Website.

Ein Upgrade vom niedrigeren zum höheren Tarif ist jederzeit problemlos möglich. Sie können also zunächst mit dem kostenlosen Play-Tarif beginnen und dann stufenweise mit jedem Tarif-Upgrade auch neue Features entdecken und nutzen. Nach einiger Zeit und einigen Upgrades stehen Sie dann vor dieser Entscheidung:

- Jimdo treu bleiben und die Website stetig ausbauen. Für eine Erweiterung mit einem Shop können Sie einen Jimdo-Shoptarif hinzubuchen oder den Vertrieb über Marktplätze (z. B. Amazon Marketplace oder eBay) in Erwägung ziehen. Möglich ist natürlich auch ein paralleler Betrieb von Jimdo-Shop und Marktplatz.
- Zu einem anderen System wie beispielsweise WordPress wechseln.

Falls Sie zu einem anderen System wechseln möchten: Sie können eine bei Jimdo erworbene Domain zu einem neuen Anbieter transferieren. Dazu sind folgende Schritte notwendig:

1. Sie fordern von Jimdo einen sogenannten Auth-Code für die betroffene Domain an.
2. Sie senden diesen Auth-Code an Ihren neuen Anbieter.

Merke: In den Einstiegstarifen von Jimdo ist die Anzahl der Unterseiten beschränkt.

Das Baukastensystem von Wix

Das 2006 gegründete Unternehmen Wix hat seinen Sitz in Tel Aviv. Was im deutschsprachigen Raum manchmal für Irritationen sorgt, ist der Name. Wer das System nicht kennt, bringt Wix leicht mit pornografischen Inhalten in Verbindung. Tatsächlich besteht hier aber keinerlei Zusammenhang. Nicht empfehlenswert ist allerdings die Nutzung einer kostenlosen Subdomain. Diese hätte nämlich eine ebenso anrüchige wie komplizierte Adresse, zum Beispiel *mein-name.wixsite.com/mein-unternehmen*. Sie sollten diese Option nicht nutzen und so schnell wie möglich eine eigene Domain wie beispielsweise *mein-unternehmen.de* einrichten.

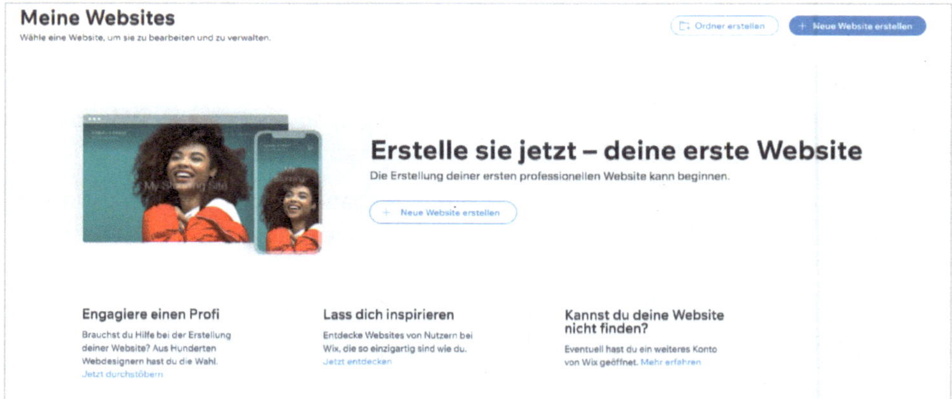

Der Website-Baukasten wix.com.

Das Tarifmodell von Wix

Wie beim Konkurrenten Jimdo stehen Ihnen verschiedene Tarife zur Verfügung:

- Für Websites: das Website-Paket.
- Für Onlineshops: die Business- und eCommerce-Pakete.

Wenn Sie sich langsam einarbeiten möchten, beginnen Sie mit einem Website-Paket. Die Website-Tarife unterscheiden sich in folgenden Grundfunktionen:

- **Connect Domain** (5,35 € pro Monat) - Hier wird zwangsweise Werbung eingeblendet.
- **Combo** (10,11 € pro Monat) - werbefrei, maximal 30 Minuten für Videos auf Ihrer Website.
- **Unlimited** (17,25 € pro Monat) - werbefrei, maximal 1 Stunde für Videos auf Ihrer Website.

- **VIP** (30,94 € pro Monat) - werbefrei, maximal 5 Stunden für Videos auf Ihrer Website.

Wie bei anderen Anbietern erhalten Sie bei höherpreisigen Tarifen auch schnellere Ladezeiten und einen besseren Support. Relativ kompliziert gestaltet sich allerdings die Einrichtung einer zur Domain passenden E-Mail-Adresse. Für Anfänger ist es deshalb empfehlenswert, die bestehende E-Mail-Adresse weiter zu verwenden.

Der Wix Marketplace

Eine Besonderheit bei Wix ist der Marketplace, auf den Sie nach der Registrierung sehr schnell stoßen. Die Funktionsweise:

- Sie tragen bei Wix ein, welche Hilfe Sie bei der Realisierung und Gestaltung Ihrer Website benötigen.
- Wix schlägt Ihnen verschiedene zahlungspflichtige Dienstleister vor, die Sie in Anspruch nehmen können.

Falls Sie mit Wix nicht zufrieden sind: Wie bei Jimdo haben Sie auch bei Wix die Möglichkeit, einen Domain-Namen zu transferieren. Sie müssen dazu einen Auth-Code anfordern und dem neuen Anbieter mitteilen.

Merke: Über den Wix Marketplace können Website-Betreiber Kontakt mit Dienstleistern aufnehmen.

2.3 Die Unternehmens-Website mit WordPress

Im letzten Abschnitt haben Sie erfahren, wie Sie eine Website für Ihr Unternehmen mit einem simplen Baukastensystem wie Jimdo oder Wix erstellen. In diesem Kapitel lernen Sie ein fortgeschrittenes und flexibles Baukastensystem kennen, nämlich WordPress. Statt Baukastensystem ist auch die Bezeichnung Content-Management-System (CMS) geläufig.

Mit WordPress als Werkzeug erhalten Sie erheblich mehr Möglichkeiten zur späteren Erweiterung Ihrer Unternehmens-Website, zum Beispiel mit einem Firmenblog, einem Onlineshop oder einer Plattform zur termingenauen Buchung von Dienstleistungen.

WordPress im Überblick

Auf der Website wordpress.org kann WordPress kostenlos heruntergeladen werden.

WordPress ist eine kostenlose Software, die jeder beliebig oft und auch für kommerzielle Zwecke verwenden darf. Außerdem ist WordPress eine Community, zu der Tausende von Entwicklerinnen und Entwicklern laufend etwas beitragen. Für Sie als Anwender heißt das:

- WordPress gibt es auch noch in zehn Jahren.
- WordPress passt sich dem stetigen Wandel des Internets an.
- Ihre WordPress-Website ist, wenn Sie sie regelmäßig updaten, technisch und optisch immer auf dem aktuellen Stand.
- In der großen WordPress-Community können Sie sich mit Anwendern und Entwicklern zwanglos austauschen. Sie erhalten Rat und Hilfe.

Die Nachteile von WordPress

WordPress ist ein System, mit dem Sie eine attraktive und professionelle Unternehmens-Website kostengünstig selbst erstellen können. Doch wo viel Licht ist, ist auch viel Schatten. Die Nachteile von WordPress sind:

- Sie müssen zwar nicht programmieren, benötigen aber doch eine gewisse Einarbeitungszeit, um das Zusammenspiel der WordPress-Komponenten zu verstehen.
- Eine WordPress-Website ist nie „fertig". Sie müssen Ihre Website laufend updaten und sichern.
- WordPress bietet eine so große Vielfalt an Möglichkeiten und Erweiterungen, dass Sie sich darin verzetteln können.

- Es gibt einige Fallstricke, die bei WordPress lauern. Für ziemliche Verwirrung sorgt beispielsweise die Existenz von gleich zwei Anlaufstellen, nämlich wordpress.com und wordpress.org.

WordPress.com versus WordPress.org

Auf der Website wordpress.com steht ein vorinstalliertes WordPress zur Verfügung.

Auf *wordpress.com* steht Ihnen ein bezugsfertiges WordPress zur Verfügung. Bezugsfertig heißt:

- Sie müssen nichts herunterladen.
- Sie benötigen keinen Hoster.
- Sie müssen keine Datenbank anlegen.
- Sie müssen nichts hochladen.
- Sie müssen nichts installieren.

Soweit die guten Nachrichten. Nun hat das Ganze allerdings den Nachteil, dass Ihre Möglichkeiten mit *wordpress.com* beschränkt sind. Sie werden früher oder später unzufrieden sein und an Grenzen stoßen, zum Beispiel bei der Nachrüstung eines Shops oder eines Buchungssystems für Dienstleistungen. Was Ihnen dann blüht, ist eine Umzugsaktion für Ihre Website. Diesen Aufwand können Sie sich ersparen, indem Sie so vorgehen:

1. Verwenden Sie, falls Sie noch keine Erfahrung mit WordPress besitzen, *wordpress.com* als Spielwiese.
2. Legen Sie dort einen Account an und probieren Sie alles nach Herzenslust aus. Da sich der Dienst durch die Einblendung von Werbebannern finanziert, ist er in der Basisversion (WordPress Free) kostenlos.
3. Schließen Sie nach der Schnupperphase Ihre Website auf *wordpress.com*, aber nicht Ihren Account. Sie benötigen ihn möglicherweise später noch für einige Dienste.

Abschließend wechseln Sie ins Profilager – zu *wordpress.org*. Doch zuvor müssen Sie noch zwei Entscheidungen treffen:

- Auswahl eines Domain-Namens.
- Auswahl eines Hosters.

Auswahl eines Domain-Namens

Der Domain-Name entscheidet wesentlich über den Erfolg Ihrer Unternehmens-Website. Hüten Sie sich dabei vor Experimenten. Komplexe Namen oder juristisch heikle Konstruktionen sind tabu. Wenig falsch machen können Sie mit diesen beiden Lösungen:

- Ihr Firmenname, sofern Sie diesen rechtssicher verwenden. Im Zweifelsfall holen Sie sich juristischen Rat.
- Ein generischer, sprich allgemeiner Begriff wie „Naturprodukte" oder „Elektrogitarren".

Auf keinen Fall sollten Sie das Thema Markenrecht auf die leichte Schulter nehmen. Sie wollen sich schließlich um Inhalte kümmern und sich nicht in juristische Auseinandersetzungen verstricken.

Recherche beim DPMA

Von einem Domain-Namen, der von einem anderen Unternehmen oder einer Einzelperson als Marke angemeldet ist, sollten Sie die Finger lassen. Empfehlenswert ist daher immer die kostenlose Onlinerecherche im Markenregister des *Deutschen Patent- und Markenamts*, dem DPMA. Die Einstiegsseite für die Recherche erreichen Sie unter *register.dpma.de*.

Vor der Registrierung

Bevor Sie sich endgültig auf einen Namen festlegen, sollten Sie eine Nacht darüber schlafen. Sie gewinnen noch etwas Bedenkzeit. Sehr aufschlussreich ist auch externer Rat. Fragen Sie Freunde, Bekannte und Unbekannte, was sie spontan mit Ihrer Namensidee verbinden.

Die Registrierung

Ihren Domain-Namen registrieren Sie nicht selbst, sondern über einen sogenannten Hoster. Dabei gelten folgende, vom Gesetzgeber festgelegte Regeln:

- Der Hoster übernimmt die Registrierung der Domain in Ihrem Auftrag.
- Sie selbst bleiben Eigentümer der Domain.
- Bei einem Wechsel des Hosters haben Sie das Recht, den Namen der Domain mitzunehmen.

Auswahl eines Hosters

Ein Hoster, auch Provider genannt, registriert für Sie eine Domain, also beispielsweise *www.mein-kaufhaus.de*, und stellt Ihnen auf einem Server einen Platz (Webspace) zur Verfügung. Auf diesem Webspace können Sie dann WordPress installieren. Der Server steht gut abgesichert und wohl temperiert in einem Rechenzentrum. Persönlich betreten werden Sie diese Serverhalle voraussichtlich nie, und deswegen ist die Auswahl des Hosters Vertrauenssache. Technik und Support müssen stimmen. Vorsicht: Wenn ein Hoster mit Kampfpreisen arbeitet, muss er das Geld auf andere Weise wieder reinkriegen. Damit müssen Sie bei billigen Hostern rechnen:

- Selbstverständlichkeiten wie ein SSL-Zertifikat werden extra in Rechnung gestellt. Im schlimmsten Fall stehen einige Servermodule gar nicht zur Verfügung, die Sie für WordPress benötigen.
- Es wird an der Serverperformance gespart. Ihre Website wird daher nur quälend langsam geladen und Ihre Besucher springen ab.
- Der Support reagiert langsam, mürrisch und lässt Sie im Krisenfall hängen. Er schaltet Ihre Website ab, ohne Sie bei der Fehleranalyse zu unterstützen.

Der Hoster Ihres Vertrauens

Solide Hoster bieten auf ihrer Webpräsenz Hilfeseiten, Tutorials und FAQs an, die möglichst wenig "Fachchinesisch" enthalten. Achten Sie auf gut strukturierte und verständliche Erklärungen zu diesen sechs Fragen:

- Wie aktiviere ich die kostenlose SSL-Verschlüsselung für meine Domain?
- Wie lege ich eine Datenbank an?
- Wo kann ich die vier Zugangsdaten für die Datenbank abrufen?
- Wie erstelle ich ein Verzeichnis auf meinem Webspace?
- Wie übertrage ich meine WordPress-Dateien mit einem FTP-Programm von meinem Computer in mein Verzeichnis?
- Wie verknüpfe ich meine Domain mit meinem Verzeichnis?

Technische Voraussetzungen

Was Sie bei der Buchung eines Hosting-Tarifs beachten müssen: WordPress hat bestimmte technische Mindestvoraussetzungen, ohne die es nicht reibungslos installiert und betrieben werden kann. Für die aktuelle Version 5.9 sind das:

- PHP-Version 7.4 oder höher.
- MySQL-Version 5.7 oder höher **ODER** MariaDB-Version 10.2 oder höher.
- Nginx oder Apache mit dem aktiven Modul mod_rewrite.
- HTTPS-Unterstützung.

Achten Sie darauf, ob Ihr Hosting-Tarif diese Voraussetzungen erfüllt. Falls nicht, haben Sie zwei Möglichkeiten:

- Sie wählen einen höherwertigen Hosting-Tarif.
- Sie wählen einen anderen Hoster.

HTTPS-Unterstützung

Die HTTPS-Unterstützung muss in Ihrem Hosting-Tarif enthalten sein, damit Sie Ihre Website mit SSL verschlüsseln können. Technisch notwendig ist das zwar nicht, WordPress läuft auch auf unverschlüsselten Domains, aber Sie tun sich damit keinen Gefallen. Eine Domain ohne SSL-Verschlüsselung wird nicht nur von Google abgestraft, Sie handeln sich damit auch schnell juristischen Ärger ein.

Beispiel: Sie haben ein Kontaktformular auf einer unverschlüsselten Website. Die Übertragung der Daten ist damit nicht sicher und es besteht die Gefahr, dass Sie deshalb abgemahnt werden.

> **Merke:** Erst die Domain verschlüsseln, dann WordPress installieren!

Anlegen der Datenbank

WordPress funktioniert nicht ohne eine Datenbank. Das Anlegen müssen Sie selbst in die Hand nehmen, und zwar im Kundenbereich Ihres Hosters. Loggen Sie sich dort ein und spähen Sie nach Menüpunkten wie *Datenbank* oder *MySQL*. Die Prozedur selbst ist schnell erledigt, in der Regel mit einem Klick auf einen Button mit der Aufschrift *Datenbank anlegen* oder *Neue Datenbank*.

Was Sie dann aber unmittelbar machen sollten: das Datenbank-Passwort notieren. Bei vielen Hostern wird es nur beim Anlegen angezeigt, ist danach aber nicht mehr im Kundenbereich einsehbar. Falls Sie die Datenbank angelegt und das Notieren vergessen haben: Ändern Sie das Passwort und notieren Sie es diesmal. Die anderen drei Zugangsdaten (Datenbankname, Benutzername und Serveradresse) sind weniger problematisch, weil sie jederzeit im Kundenbereich Ihres Hosters abrufbar sind.

Die vier Zugangsdaten für die Datenbank

Diese vier Zugangsdaten müssen Sie später bei der Installation von WordPress weingeben:

- Datenbankname
- Benutzername
- Passwort
- Serveradresse

Die Zugangsdaten im Griff haben

Im Laufe der WordPress-Installation erhalten Sie eine ganze Reihe von Zugangsdaten. Am besten kopieren Sie folgende Tabelle aus diesem Buch und tragen die notwendigen Daten ein, sobald Sie sie erhalten:

Mein Zugang: Hoster	Benutzername	
	E-Mail-Adresse	
	Passwort	
FTP-Verbindung	FTP-Adresse	
	FTP-Benutzername	
	FTP-Passwort	
Datenbank	DB-Name	
	DB-Benutzername	
	DB-Passwort	
	DB-Serveradresse	
Mein Zugang: WordPress	Benutzername	
	E-Mail-Adresse	
	Passwort	

Die drei Zugangsdaten für die FTP-Verbindung können Sie im Kundenbereich Ihres Hosters abrufen.

WordPress herunterladen

Auf *wordpress.org* finden Sie die internationale Präsenz von WordPress. Die deutschsprachige Version laden Sie auf der Subdomain *de.wordpress.org* herunter. Leider ist die Website mit Werbung für Hoster zugepflastert. Sie müssen deshalb ein bisschen suchen und scrollen, um den großen blauen Download-Button zu finden. Der Button führt zum Download der jeweils aktuellen Version. Diese enthält einen Versionshinweis und ein Länderkürzel im Namen und heißt beispielsweise *wordpress-5.9.1-de_DE.zip*.

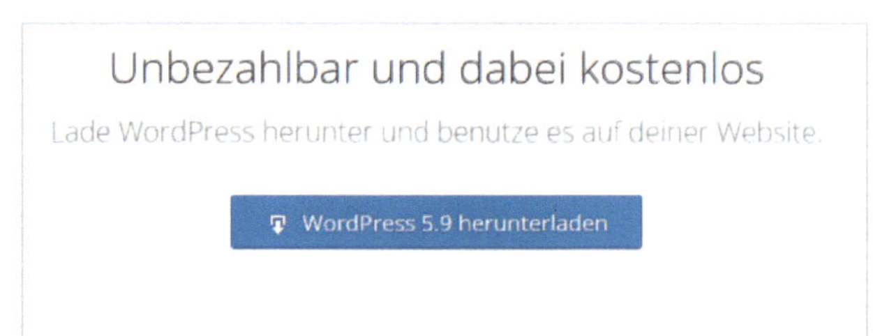

Der Downloadbutton für WordPress.

WordPress entpacken

Die Dateiendung *.zip* weist darauf hin, dass WordPress noch nicht als „einsatzfähige" Datei vorliegt, sondern als Archiv. Vor dem Hochladen auf den Server Ihres Hosters müssen Sie es deshalb zunächst entpacken. Dieser Vorgang wird auch als Extrahieren bezeichnet. Ein zusätzliches Programm müssen Sie dazu nicht installieren, denn alle gängigen Betriebssysteme (Windows, macOS und Linux) können eine ZIP-Datei heute mit Bordmitteln entpacken.

Nach dem Entpacken finden Sie auf Ihrem Computer ein neues WordPress-Verzeichnis ohne die Endung *.zip*. Dieses Verzeichnis können Sie nun auf Ihren Webspace hochladen. Für dieses Hochladen, auch Upload genannt, benötigen Sie ein spezielles Werkzeug: einen FTP-Client.

Dateien mit einem FTP-Client hochladen

Das entpackte WordPress ist bereit für die Installation auf dem Webspace, den Sie bei Ihrem Hoster gemietet haben. Weil die WordPress-Dateien aber nicht von allein dort hinwandern, benötigen Sie folgendes Transportmittel: ein FTP-Programm, genauer gesagt, einen FTP-Client. Die drei Buchstaben stehen für *File Transfer Protocol*.

Zuständig ist dieses Protokoll für den Transfer von Dateien zwischen verschiedenen Computern. Bei den meisten Hostern finden Sie einen „hauseigenen" FTP-Client, populär ist aber auch der kostenlose FTP-Client FileZilla. Sie haben also zwei Alternativen:

- Das FTP-Programm Ihres Hosters nutzen. Hierzu müssen Sie nichts installieren. Eine Anleitung dazu finden Sie im Kundenbereich Ihres Hosters. Gegebenenfalls können Sie auch den Support Ihres Hosters um Unterstützung bitten.
- FileZilla auf Ihren Computer installieren. Eine Anleitung zu FileZilla finden Sie auf den folgenden Seiten in diesem Buch.

Upload mit FileZilla

1 Laden Sie den FileZilla-Client herunter, empfehlenswert ist diese Quelle: *https://filezilla-project.org/*.

2 Installieren Sie FileZilla auf Ihrem Computer.

3 Starten Sie FileZilla.

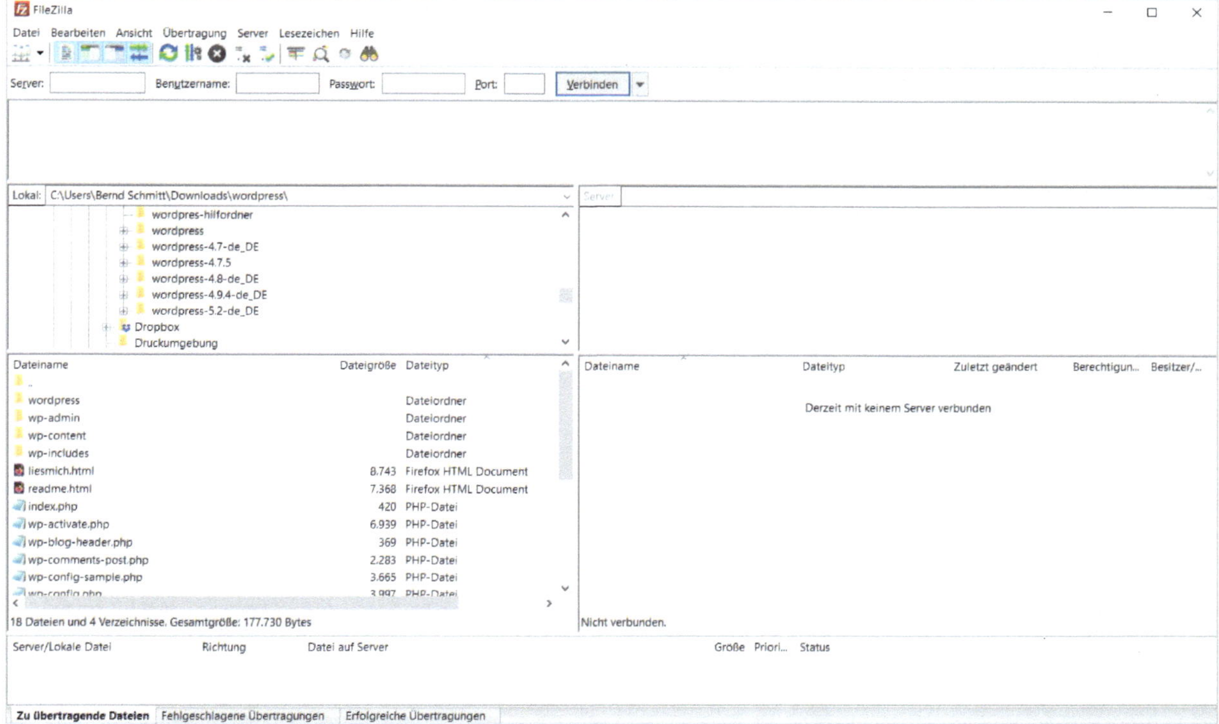

FileZilla nach dem Start. Weil die Verbindung zum Server noch nicht hergestellt ist, werden in der rechten Hälfte noch keine Verzeichnisse angezeigt.

Um FileZilla zu verstehen, betrachten Sie zunächst die vier großen Fenster in der Mitte:

- Die beiden linken Mittelfenster unter *Lokal* bilden den Verzeichnisbaum Ihres eigenen Computers ab.
- Die beiden rechten Mittelfenster unter *Server* bilden den Webspace bei Ihrem Hoster ab.

Dass FileZilla noch keine Verbindung hergestellt hat, erkennen Sie an dieser Meldung auf der rechten Seite: *Derzeit mit keinem Server verbunden*.

FileZilla mit dem Server verbinden

Um FileZilla mit dem Server zu verbinden, rufen Sie links oben den *Servermanager* auf. Falls Sie die FTP-Zugangsdaten schon in die Tabelle eingetragen haben (siehe „Die Zugangsdaten im Griff haben" auf Seite 37), können Sie sie von dort ablesen und eingeben. Falls nicht, finden Sie sie im Kundenbereich Ihres Hosters. Was Sie in der rechten Spalte in den Servermanager eingeben müssen:

- Die FTP-Adresse im Feld *Server*.
- Den FTP-Benutzernamen im Feld *Benutzer*.
- Das FTP-Passwort im Feld *Passwort*.

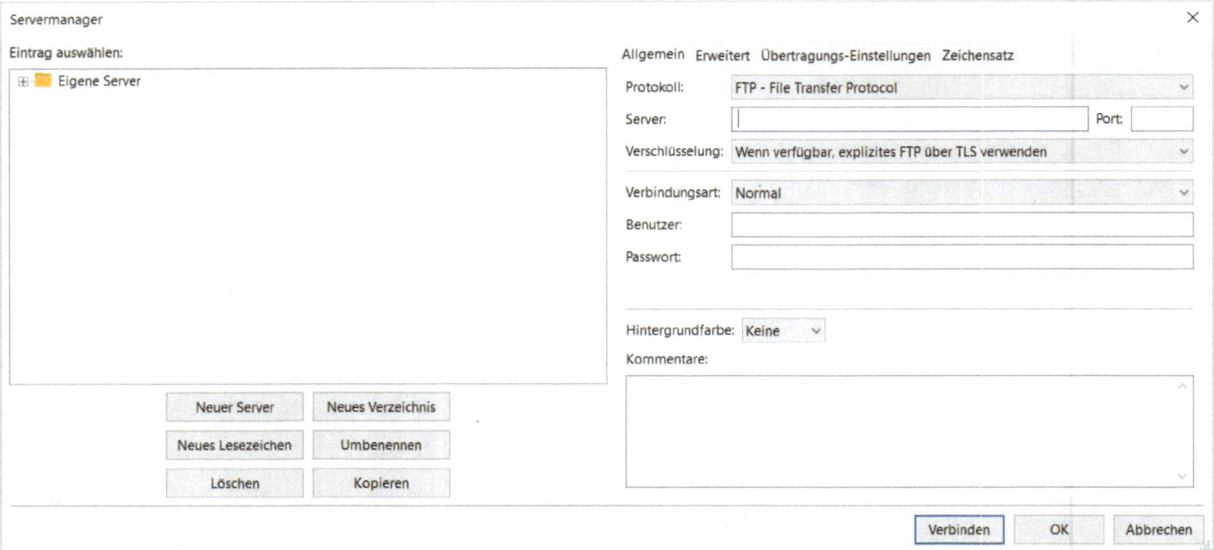

Im Servermanager werden die FTP-Zugangsdaten eingegeben.

In der linken Spalte des Servermanagers können Sie Ihrem Server einen eigenen Namen zuweisen. Vorteilhaft ist das, falls Sie mehrere Projekte verwalten. Anschließend gehen Sie so vor:

1. Klicken Sie auf *OK* zum Speichern des Serverprofils. Damit müssen Sie die Zugangsdaten nicht bei jeder FileZilla-Sitzung neu eingeben.
2. Klicken Sie auf *Verbinden*, um auf Ihren Webspace zu gelangen.

Quell- und Zielordner wählen

WordPress ist nun mit dem Server verbunden. Was Sie jetzt tun müssen:

1. Links das richtige Quellverzeichnis auswählen: Ihr entpacktes WordPress.
2. Rechts das richtige Zielverzeichnis auswählen: das mit der Domain verknüpfte Verzeichnis.
3. Den Upload starten.

Gegebenenfalls müssen Sie nach dem Upload noch einmal in den Kundenbereich Ihres Hosters und bei der Verknüpfung mit Ihrer Domain ein */wordpress/* anhängen.

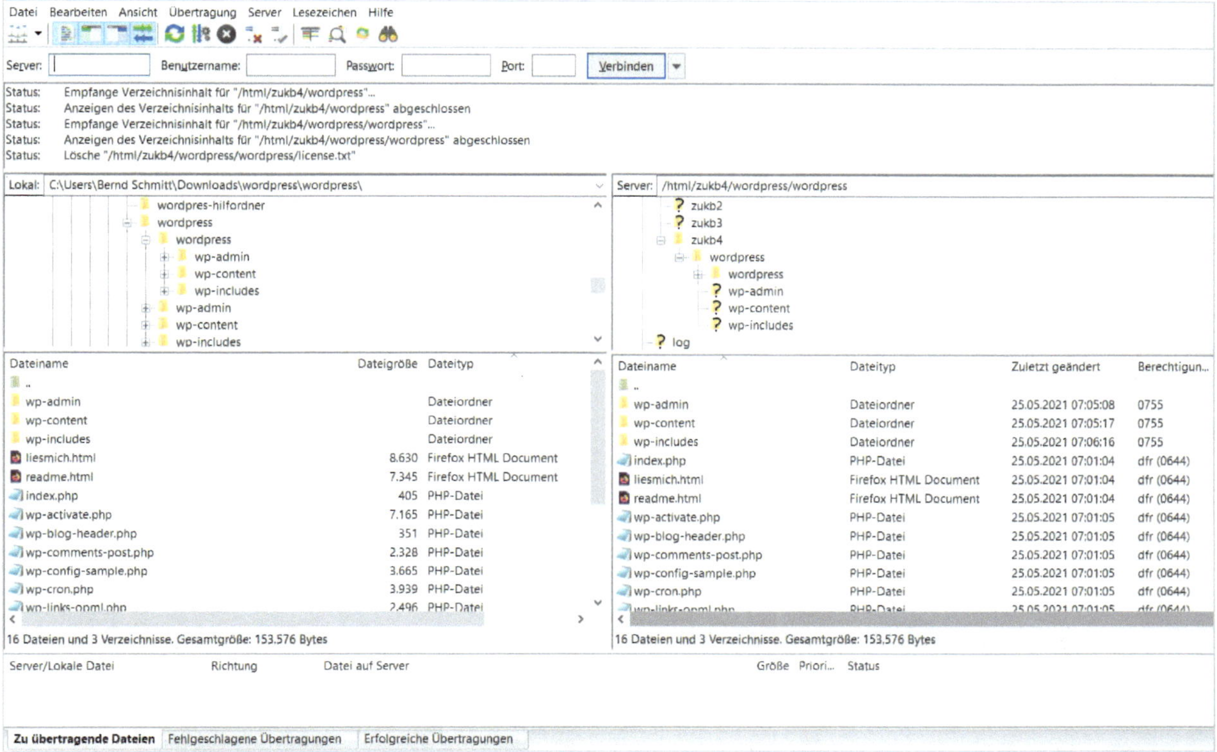

WordPress wurde in das Zielverzeichnis hochgeladen.

Installation durchführen

Bevor Sie mit der Installation beginnen: Überprüfen Sie noch einmal im Kundenbereich Ihres Hosters, ob Ihre Domain mit einer SSL-Verschlüsselung versehen ist. Ist dies noch nicht der Fall, dann ordnen Sie jetzt der Domain ein Lets`s-Encrypt-Zertifikat zu. Dieses ist in der Regel kostenlos.

Die Datenbank anschließen

Zunächst muss die Datenbank angeschlossen werden. Dazu sind folgende Schritte notwendig:

1 Aufruf Ihrer Domain im Browser, also beispielsweise *mein-kaufhaus.de*. Anschließend fordert Sie WordPress auf, die Datenbank anzuschließen.

2 Eingabe der vier Zugangsdaten für die Datenbank. Diese haben Sie in der Tabelle (Seite 37) notiert.

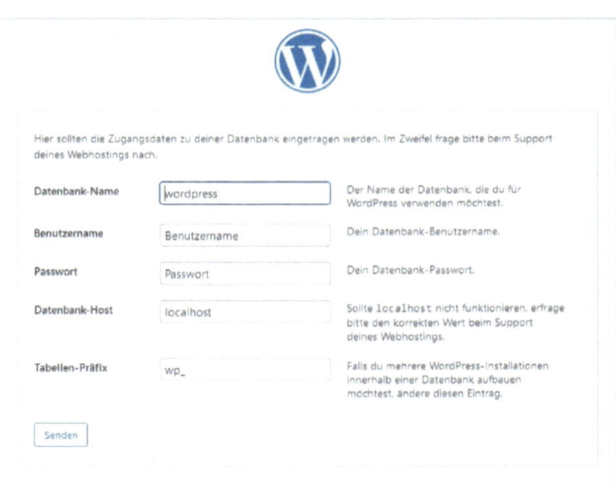

Eingabe der Zugangsdaten für die Datenbank.

Erfahrungsgemäß geht beim ersten Mal immer etwas schief. Sie werden also zwei oder drei Anläufe brauchen, bis Sie alles fehlerfrei eingegeben haben und die Erfolgsmeldung zum Anschluss der Datenbank erhalten.

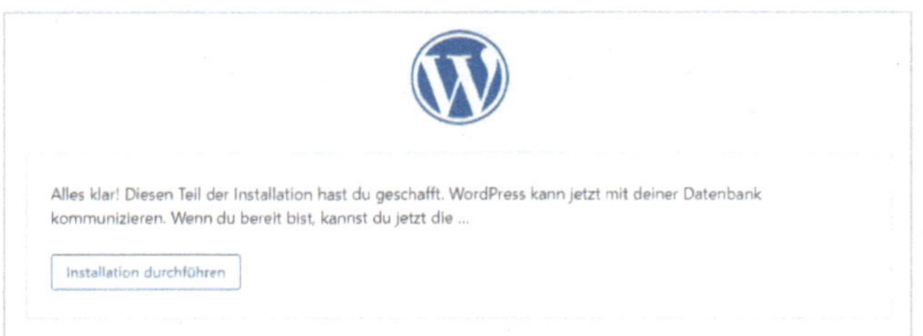

Erfolgsmeldung: Die Datenbank ist angeschlossen.

Mit einem Klick auf den Button *Installation durchführen* werden Sie dann zum Installationsskript weitergeleitet.

Das Installationsskript

Was WordPress nun benötigt:

- Einen Website-Titel.
- Einen Benutzernamen, den Sie am besten gleich in die Tabelle (Seite 37) eintragen.
- Ein Passwort, das Sie am besten gleich in dieselbe Tabelle eintragen.
- Eine E-Mail-Adresse, die Sie ebenfalls in der Tabelle hinterlegen.

Achtung: Vertippen Sie sich nicht bei der E-Mail-Adresse, denn über diese können Sie Ihr Passwort wieder zurücksetzen lassen, falls Sie es vergessen oder verlegt haben.

Willkommen

Willkommen bei der berühmten 5-Minuten-Installation von WordPress! Gib unten einfach die benötigten Informationen ein und schon kannst du starten mit der am besten erweiterbaren und leistungsstarken persönlichen Veröffentlichungsplattform der Welt.

Benötigte Informationen

Bitte trage die folgenden Informationen ein. Keine Sorge, du kannst all diese Einstellungen später auch wieder ändern.

Titel der Website

Benutzername

Benutzernamen dürfen nur alphanumerische Zeichen, Leerzeichen, Unterstriche, Bindestriche, Punkte und das @-Zeichen enthalten.

Passwort

ttfdn(b!cQIVuRaaxx Verstecken

Stark

Wichtig: Du wirst dieses Passwort zum Anmelden brauchen. Bitte bewahre es an einem sicheren Ort auf.

Deine E-Mail-Adresse

Bitte überprüfe nochmal deine E-Mail-Adresse auf Richtigkeit, bevor du weitermachst.

Sichtbarkeit für Suchmaschinen

Suchmaschinen davon abhalten, diese Website zu indexieren.

Es ist Sache der Suchmaschinen, dieser Bitte nachzukommen.

Eingabe von Website-Titel, Benutzername, Passwort und E-Mail-Adresse.

Die ersten Schritte

Wie jedes moderne Content-Management-System trennt auch WordPress zwischen den Ansichten im Frontend und Backend. Der Unterschied:

- Frontend: Ansicht der Website aus der Perspektive der Besucher.
- Backend: Ansicht der Website für die Administration, also für Sie.

Zum Anmeldeschirm für das *Backend* gelangen Sie über folgende URL:

- *mein-kaufhaus.de/wp-admin/*

Natürlich müssen Sie statt *mein-kaufhaus.de* Ihre Domain verwenden. Der hintere Teil */wp-admin/* bleibt aber immer gleich. In den Anmeldeschirm tippen Sie Folgendes ein:

- Ihren Benutzernamen, den Sie bei der Installation von WordPress gewählt haben, oder Ihre bei der Installation eingegebene E-Mail-Adresse.
- Ihr Passwort, das Sie bei der Installation vergeben haben.

Mit dem Backend vertraut machen und Seiten anlegen

Die Übersichtsseite im Backend wird auch Dashboard genannt.

Nach dem erfolgreichen Log-in sehen Sie das Backend von WordPress. Die Übersichtsseite des Backends wird auch *Dashboard* genannt. Nun können Sie damit beginnen, eigene Inhalte zu erstellen. Dabei unterscheidet WordPress zwischen zwei Inhaltsformen: *Beitrag* oder *Seite*.

- Beiträge sind charakteristisch für den Einsatz von WordPress als Blog. Bei jedem Beitrag wird Ihren Besuchern automatisch auch ein Datum, eine Uhrzeit und eine Kategorie angezeigt. In der Besucheransicht schiebt ein neuer Beitrag die älteren nach unten.

- Seiten sind „zeitlos" und typisch für eine Unternehmens-Website. Sie erscheinen ohne die oben genannten Zusatzinformationen.

Beginnen Sie am besten mit dem Anlegen von neuen Seiten. Achtung: Damit die Seiten für Ihre Besucher erreichbar sind, müssen Sie sie über ein Menü verlinken.

2.4 Der eigene Shop mit WooCommerce

Sie haben sich in WordPress gut eingearbeitet und etwas Routine im Umgang mit Themes und Plugins gewonnen? Dann spricht nichts dagegen, Ihre Website mit einem Shop zu ergänzen. Was Sie dazu benötigen: WooCommerce.

WooCommerce installieren

Das Plugin WooCommerce wird über das Backend installiert.

WooCommerce erweitert WordPress zu einem vollwertigen Shop. So installieren Sie das kostenlose Plugin am einfachsten (direkt über das Backend installiert):

1. Loggen Sie sich in Ihre WordPress-Installation ein.
2. Klicken Sie in der Menüleiste links auf *Plugins/Installieren*.
3. Geben Sie rechts oben *WooCommerce* in das *Plugin-Suchfeld* ein. WordPress listet dann diverse Plugins auf, die WooCommerce im Namen tragen.
4. Wählen Sie das richtige Plugin aus. Es trägt den exakten Namen **WooCommerce**.
5. Klicken Sie auf den Button *Jetzt installieren* und dann auf *Aktivieren*.

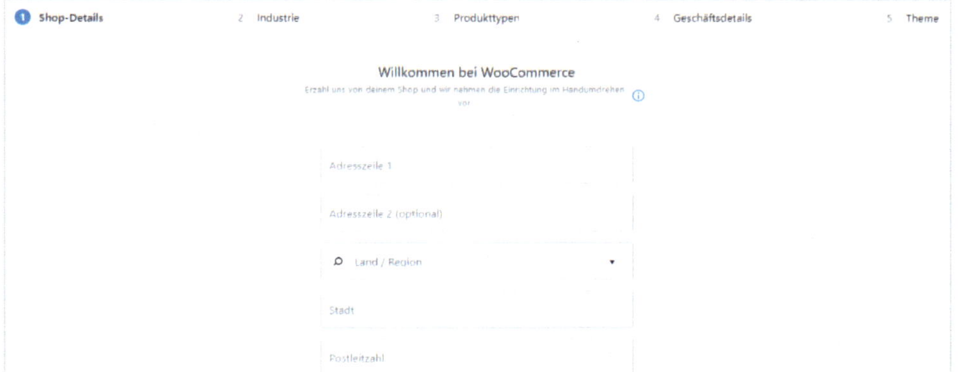

Das Setup von WooCommerce.

Mit der Aktivierung startet WooCommerce einen kleinen Setup-Prozess. Nutzen Sie diesen, aber mit Bedacht. Was Sie erwartet:

- Sie erhalten einen schnellen Einblick in einige Bereiche Ihres Shopsystems.
- Sie lernen die wichtigsten Features von WooCommerce und den Erweiterungen kennen.
- Alles, was Sie im Setup eingeben, können Sie später auch wieder ändern.
- Im Setup-Prozess enthalten sind leider auch diverse Versuche, Ihnen kostenlose Services und kostenpflichtige Erweiterungen unterzujubeln. Was Sie tun müssen, um nichts aufgeschwatzt zu bekommen: alle Häkchen aus den Checkboxen entfernen!

WooCommerce schlägt den Wechsel zum Storefront-Theme vor.

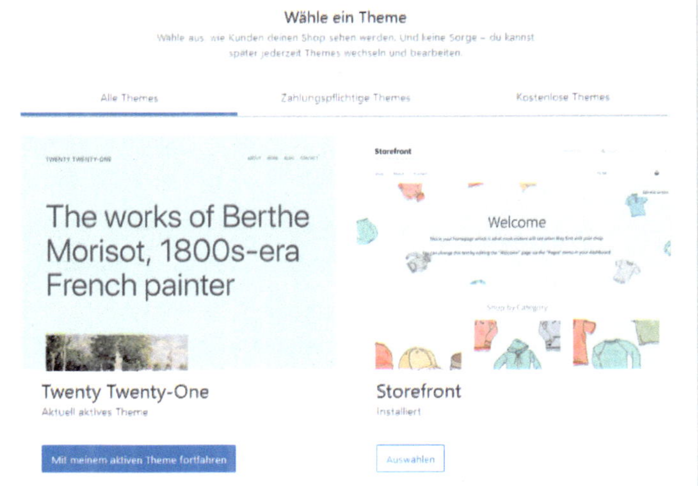

Im letzten Schritt des Setups schlägt WooCommerce einen Wechsel des Themes vor, also der Benutzeroberfläche. Als neues Theme wird *Storefront* vorgeschlagen, dieses wurde speziell für den Einsatz mit WooCommerce konzipiert.

Falls Sie bisher das Standardtheme von WordPress verwenden, oder ein anderes Theme, das sich an den Coding-Standard von WordPress hält, sollten Sie dieses Angebot annehmen.

Mit Problemen müssen Sie allerdings rechnen, wenn Sie aktuell ein Theme im Einsatz haben, das einen sogenannten Pagebuilder enthält. Bei diesen Themes ist ein Wechsel mit Komplikationen verbunden.

Merke: Der Wechsel eines WordPress-Themes ist nur dann unkompliziert, wenn kein Pagebuilder im Spiel ist.

WooCommerce im Überblick

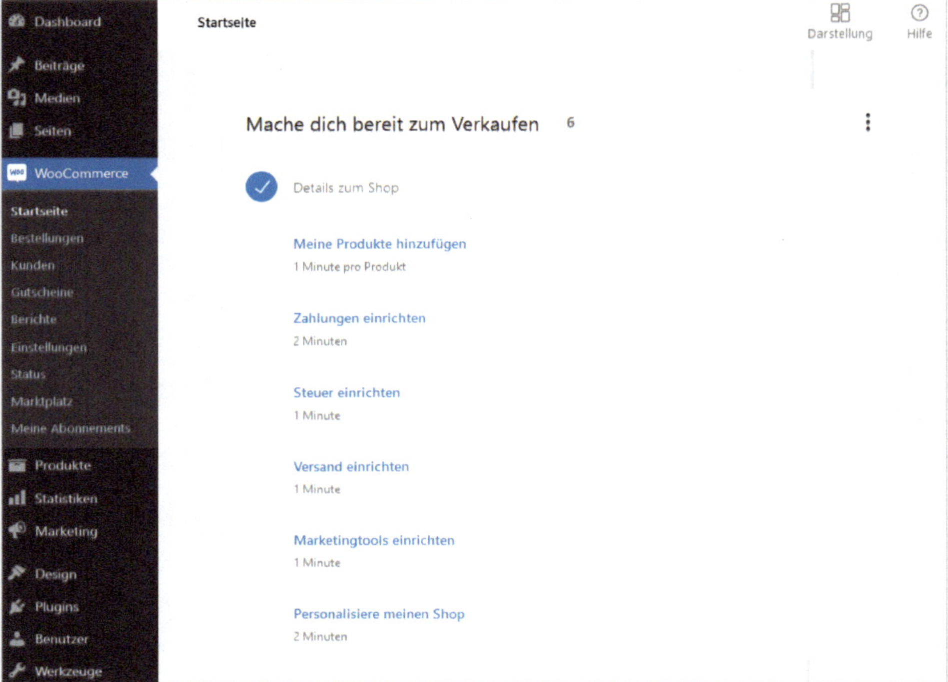

Das WooCommerce-Dashboard.

WooCommerce ist nun startklar – und Sie werden auf die Startseite von WooCommerce weitergeleitet, dem Dashboard. In der schwarzen Menüleiste von WordPress haben sich vier neue Punkte eingenistet:

- *WooCommerce*: Bestellverwaltung und Konfiguration von WooCommerce.
- *Produkte*: Hier fügen Sie Produkte hinzu.
- *Statistiken*: Wie viele Produkte verkaufen Sie pro Monat? Welches Produkt verkauft sich am besten? Hier finden Sie grafisch aufbereitete Informationen.
- *Marketing*: Hier finden Sie einige englischsprachige Tutorials für ein effektives Marketing. Allerdings stammen die Inhalte größtenteils von Werbepartnern.

Auch vier neue Seiten hat WooCommerce in WordPress angelegt. Sie finden sie in der Seitenverwaltung unter *Seiten/Alle Seiten*:

- *Kasse*
- *Mein Konto*
- *Shop*
- *Warenkorb*

Merke: Mit der Installation von WooCommerce werden neue Seiten zu WordPress hinzugefügt.

WooCommerce an den deutschen Markt anpassen

German Market passt WooCommerce an die deutschen Rechtsvorschriften an.

WooCommerce ist zwar technisch sofort einsatzfähig, entspricht aber nicht den rechtlichen Anforderungen für einen rechtsicheren Betrieb in Deutschland. Empfehlenswert ist die Ergänzung durch ein sogenanntes „Eindeutschungs-Plugin". Dabei stehen zwei Alternativen zur Verfügung:

- **German Market**: Dieses Plugin erhalten Sie über die Herstellerseite *MarketPress.de*.
- **Germanized**: Dieses Plugin können Sie über Ihr Backend installieren.

Merke: Für den rechtssicheren Betrieb von WooCommerce ist ein Eindeutschungs-Plugin empfehlenswert.

Ein Hinweis in eigener Sache: In „WooCommerce - Das große Handbuch", erschienen im BILDNER Verlag, finden Sie ausführliche Informationen und Anleitungen für Ihren WooCommerce-Shop.

2.5 Der Mietshop mit Shopify

Im letzten Kapitel haben Sie mit WooCommerce ein Shopsystem kennengelernt, das Sie selbst installieren und an Ihre Bedürfnisse anpassen können. Sie sind damit zwar sehr flexibel, müssen sich aber doch mit allerlei Technik beschäftigen. Anders konzipiert sind Mietshop-Systeme wie Shopify, Shopware oder Websale.

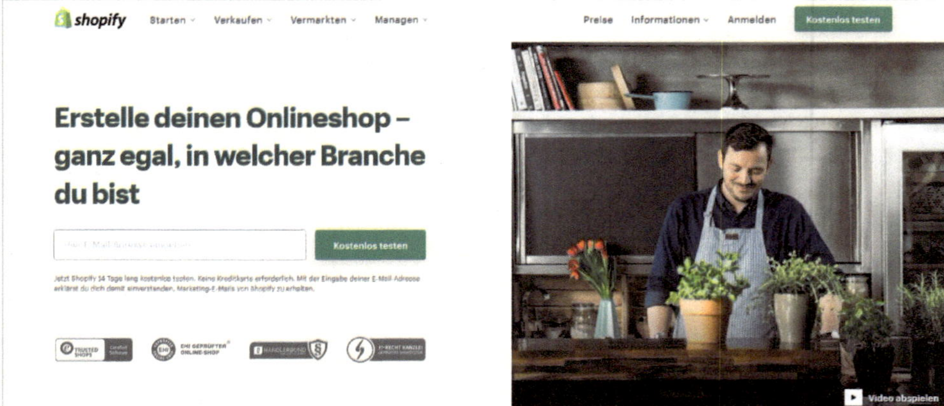

Shopify wird über eine Weboberfläche administriert. Eine Installation ist nicht erforderlich.

Die Vor- und Nachteile eines Mietshops

Mit der Verwendung eines Mietshops genießen Sie folgende Vorteile:

- Der Anbieter nimmt Ihnen sämtliche Installations- und Wartungsarbeiten ab.
- Sie pflegen Ihren Shop ausschließlich browserbasiert, also über eine Weboberfläche.

Die Nachteile:

- Sie sind weniger flexibel als bei einem selbst installierten Shop.
- Sie sind darauf angewiesen, dass Ihnen der Betreiber einen leistungsfähigen Server zur Verfügung stellt.
- Sie haben höhere Kosten.
- Sie müssen mit prozentualen Transaktionsgebühren rechnen.
- Sie müssen sichergehen, dass der Mietshop-Anbieter seinen Service nicht eines Tages einstellt.

- Mit WooCommerce können Sie Shop, Blog und andere Inhalte auf einer einzigen Domain platzieren. Bei Mietshop-Systemen müssen Sie sich um die Integration Ihrer Inhalte Gedanken machen.

Merke: Ein Mietshop erspart die Installation.

Domain oder Subdomain

Für die Platzierung Ihres Shops haben Sie folgende Möglichkeiten:

- **Domain als Shop**: Sie möchten Ihren Shop klar in den Vordergrund stellen. Dann empfiehlt sich eine Platzierung auf der Hauptdomain.

Beispiel: mein-unternehmen.de

- **Subdomain als Shop**: Sie haben sich eine umfangreiche Website aufgebaut. Deren wertvolle Inhalte lassen sich aber nicht auf das Shopsystem übertragen. In diesem Fall bietet es sich an, den Mietshop auf einer Subdomain zu platzieren.

Beispiel: shop.mein-unternehmen.de

Falls Sie Shopify verwenden, können Sie dort einen Domain-Namen direkt kaufen. Sie haben aber auch die Möglichkeit, Ihren Shop auf einer bereits vorhandenen Domain oder Subdomain zu nutzen.

Merke: Soll der Shop im Vordergrund stehen, so benötigt er eine eigene Domain.

Die Shopify-Tarife

Zu den einsteigerfreundlichen Mietshops zählt Shopify. Zum Start benötigen Sie, wie bei allen Mietshop-Systemen, zunächst einen eigenen Account.

Nach der Registrierung können Sie für 14 Tage eine kostenlose Testphase nutzen. Anschließend müssen Sie sich zwischen diesen drei Tarifmodellen entscheiden:

- **Basic Shopify (26 $ pro Monat)**: Bei diesem Tarifmodell können Sie unbegrenzt Produkte verkaufen und haben auch Zugriff auf Funktionen wie der Wiederherstellung abgebrochener Warenkörbe und Gutscheincodes. Als Transaktionsgebühr wird Ihnen, falls Sie nicht die Zahlungsart Shopify Payments verwenden, 2 % der Umsätze abverlangt.
- **Shopify (79 $ pro Monat)**: Bei diesem Tarifmodell erhalten Sie Statistiken und internationale Preise hinzu. Wird kein Shopify Payments verwendet, beträgt die Transaktionsgebühr 1 % der Umsätze.
- **Advanced Shopify (299 $ pro Monat)**: Dieser Tarif beinhaltet alle Funktionen von Shopify. Wird kein Shopify Payments verwendet, beträgt die Transaktionsgebühr 0,5 % der Umsätze.

Merke: Je teurer der Tarif, desto billiger die Transaktionsgebühren.

Shopify Payments

Bei allen Tarifmodellen haben Sie die Möglichkeit, Shopify Payments zu nutzen. Für diese Zahlungsart gilt:

- Shopify Payments funktioniert nur innerhalb der Shopify-Plattform.
- Mit der Entscheidung für ein höherwertiges Tarifmodell erhalten Sie günstigere Konditionen.
- Zahlungseingänge via Shopify Payments können Sie direkt über das Shopify-Dashboard einsehen.
- Zur Freischaltung müssen Sie Informationen zu Ihrem Unternehmen und Ihren Produkten übermitteln. Bestimmte Produkte (z. B. solche, in denen Nacktheit vorkommt) sind von der Bezahlung mit Shopify Payments ausgeschlossen.
- Für jede Rückbuchung werden Ihnen pauschal Gebühren von 15 Euro in Rechnung gestellt.
- Shopify Payments kann aktuell (November 2021) noch nicht für Shops mit Standort in der Schweiz genutzt werden.

Merke: Shopify Payments kann nur innerhalb von Shopify verwendet werden.

2.6 Über Amazon verkaufen

Verkäufer bei Amazon werden.

In den letzten beiden Kapiteln haben Sie folgende Möglichkeiten zur Teilnahme am E-Commerce kennengelernt:

- Verkauf über einen Shop, den Sie selbst installiert und konfiguriert haben – am Beispiel von WooCommerce.
- Verkauf über einen vorgefertigten Mietshop – am Beispiel von Shopify.

In diesem Kapitel erfahren Sie, wie Sie Amazon als Vertriebskanal nutzen.

Amazon im Überblick

„Erfolgreich verkaufen bei Amazon". Mit diesem Slogan versucht Amazon, kleine Händler für sich zu gewinnen. Doch was verbirgt sich eigentlich hinter dem Internetriesen?

Amazon wird landläufig als Onlinekaufhaus wahrgenommen, bietet bei näherem Hinsehen aber eine ganze Fülle von Möglichkeiten. Grob unterteilen lassen sich vier Bereiche:

1. **Amazon Shop** – hier tritt Amazon selbst als Verkäufer in Erscheinung, verkauft also Waren aus dem eigenen Bestand.
2. **Amazon Marketplace** – ein Onlinemarktplatz, der anderen Händlern eine Verkaufsmöglichkeit bietet, aber auch eine Reihe von Serviceleistungen von der Lagerung bis zum Versand.
3. **Amazon Pay** – ein Zahlungssystem, das auch für Shops außerhalb von Amazon genutzt werden kann. Informationen hierzu finden Sie in Kapitel 3.6.
4. **Amazon Webservices AWS** – ein Cloudservice, der primär für große Unternehmen konzipiert ist. Dropbox und Netflix greifen beispielsweise auf die Server von AWS zurück.

Merke: Der Amazon Shop steht in Konkurrenz zum Amazon Marketplace.

Anlaufstelle für Händler

Anlaufstelle für Händler ist die Webseite *sell.amazon.de*. Dort können Sie ein Verkäuferkonto eröffnen und folgende Dienste in Anspruch nehmen:

- Verkauf an Endkunden (B2C)
- Verkauf an Geschäftskunden (B2B)
- Lagerung durch Amazon
- Versand durch Amazon
- Abwicklung von Remissionen und Rücksendungen

Merke: Händler stehen vor der Aufgabe, die zum Geschäftsmodell passenden Amazon-Dienste auszuwählen.

Kosten für Amazon-Händler

Als Kosten kommen auf Sie zu:

- **Verkaufstarif** - die monatliche Grundgebühr von 39 Euro (exklusive Umsatzsteuer).
- **Verkaufsgebühren** - etwa 8 % bis 15 % pro Artikel. Die prozentuale Höhe hängt von der Produktkategorie ab.
- **Versandgebühren** - diese fallen nur an, wenn Sie den Versand durch Amazon nutzen möchten.
- **Sonstige Gebühren** - z. B. für die Schaltung von Werbung innerhalb der Amazon-Website.

Merke: Die Höhe der Verkaufsgebühren hängt von der Produktkategorie ab.

Amazon-Händler werden

Um als Amazon-Händler tätig zu werden, müssen Sie zunächst einen Account auf *sell.amazon.de* registrieren. Was Sie dazu benötigen:

- Eine E-Mail-Adresse
- Eine belastbare Kreditkarte
- Einen gültigen Personalausweis oder Reisepass
- Eine Umsatzsteueridentifikationsnummer
- Informationen zu Ihrem Unternehmen (z. B. Gewerbeschein oder Gesellschaftsvertrag).

Merke: Für das Anlegen eines Händler-Accounts fordert Amazon Basisinformationen zum Unternehmen.

Nach der Registrierung als Amazon-Händler stehen Ihnen folgende Möglichkeiten zur Verfügung:

- **Ihre Produkte für den Verkauf listen.** Dabei ordnen Sie jedes Produkt einer von Amazon vorgegebenen Kategorien zu, zum Beispiel *Haushalt und Garten* oder *Sport und Freizeit*.
- **Mit dem Verkauf starten.** Die eingegangenen Zahlungen sammelt Amazon zunächst nur ein. Nach einiger Zeit und einer unproblematischen Zahlungshistorie werden die Gelder dann an das Bankkonto überwiesen, das Sie in Ihrem Account hinterlegt haben.
- **Die Produkte verpacken.**
- **Die Produkte versenden.**

Für die letzten beiden Schritte, das Verpacken und Versenden, können Sie auch einen speziellen Service in Anspruch nehmen: *Versand durch Amazon*.

Versand durch Amazon

Versand durch Amazon ist international auch unter dem Kürzel **FBA** (**F**ulfillment **by** **A**mazon) bekannt. Bei diesem Service organisiert ein Amazon-Marketplace-Händler den Versand seiner Ware nicht selbst, sondern beauftragt Amazon damit. So läuft der Versand durch Amazon im Detail ab:

- Ein Händler schickt seine Waren an ein Amazon-Logistikzentrum oder lässt sie vom Großhändler direkt dorthin versenden.
- Amazon erfasst die Produktdaten beim Wareneingang und lagert die Produkte im Logistikzentrum.
- Die Lagerkosten sind abhängig von Gewicht und Größe.
- Bei einer Bestellung im Onlineshop werden die Bestell- und Versanddaten weitergeleitet.
- Amazon verpackt und verschickt die Waren an Kunden.
- Amazon verwaltet auch die Retouren. Hierfür kann ein Aufbereitungsservice in Anspruch genommen werden. Die retournierten Produkte werden wieder in einen verkaufsfähigen Zustand gebracht und zum Verkauf neu eingelagert.

Merke: Der Versand durch Amazon kann einem Unternehmen Aufwand bei der Logistik ersparen.

2.7 Über eBay verkaufen

Verkauf über eBay.

Als eBay 1995 ans Netz ging, wurde es vor allem von Privatpersonen genutzt, die Gebrauchtwaren er- und versteigerten. Diese Fokussierung hat sich mit der Möglichkeit geändert, Käufe sofort und zu einem festgelegten Preis durchzuführen. Das Auktionshaus entwickelte sich zum Marktplatz. Die Kennzeichen:

- Im Gegensatz zu Amazon verfügt eBay als Plattformbetreiber über kein eigenes Sortiment.
- Neue und gebrauchte Waren sind zugelassen.
- Private und professionelle Händler sind zugelassen.

eBay für Gewerbetreibende

Als gewerblich bezeichnet eBay alle Verkäufer, die „planmäßig und dauerhaft Waren und/oder Leistungen gegen Entgelt bei eBay anbieten". Für Sie als Gewerbetreibender gelten folgende Regeln:

- Sie dürfen Ihr eBay-Konto nicht als privat kennzeichnen. Sie würden damit sowohl gegen gesetzliche Vorschriften wie auch die eBay-Geschäftsbedingungen (AGB) verstoßen. Gewerbliche Verkäufer sind beispielsweise zur Akzeptanz von Retouren verpflichtet.
- Als gewerblicher Verkäufer müssen Sie damit rechnen, von Mitbewerbern oder Verbraucherschutzverbänden kostenpflichtig abgemahnt und gerichtlich auf Unterlassung verklagt zu werden.
- Ihre Einstufung als gewerblicher Verkäufer ist Voraussetzung für den Betrieb eines eigenen Shops unter dem Dach von eBay.

Merke: Gewerbliche Verkäufer benötigen einen gewerblichen Account.

Die Verkaufsmodelle bei eBay

eBay bietet drei unterschiedliche Verkaufsmodelle an:

1. **Verkauf gegen Höchstgebot:** Ein Produkt wird mit einem Mindestgebot (Startpreis) und einer Laufzeit eingestellt. Der Bieter mit dem höchsten Preis zum Laufzeitende erhält den Zuschlag.
2. **Verkauf zum Festpreis:** Ein Produkt wird mit einem festen Preis und mit einer festen Laufzeit eingestellt. Der erste Kunde, der den Festpreis annimmt, erhält den Zuschlag. Es handelt sich um ein zeitlich befristetes Kaufangebot.
3. **Shop unter dem Dach von eBay:** Verkauf von Produkten ohne zeitliche Befristung im eigenen eBay-Shop.

Private Händler bevorzugen das erste, gewerbliche in der Regel das zweite und dritte Verkaufsmodell. Für das dritte Modell, den Shop unter dem Dach von eBay, stehen vier Tarife zur Verfügung:

- Basis-Shop
- Top-Shop
- Premium-Shop
- Platin-Shop

Merke: Der eigene eBay-Shop ermöglicht den Verkauf von Produkten ohne Befristung.

Die Shoptarife von eBay

Allen Tarifen gemeinsam sind Marketing-Tools (z. B. für Verkaufs- und Sonderaktionen), ein Basis-Abmahnschutz der Händlerorganisation *Trusted Shops* und bestimmte Analysetools. Auch die Verkaufsprovision, die eBay von Ihnen verlangt, unterscheidet sich nicht in ihrer Höhe.

Nach einer kräftigen Gebührenerhöhung im Jahr 2021 beträgt sie für die meisten Produktkategorien für gewerbliche Verkäufer 11 % des Gesamtpreises, die auch für die Versandkosten fällig werden. Hinzu kommt eine Bestellpauschale von 35 Cent (bei Einkäufen unter 10 Euro 5 Cent). Noch höhere Provisionen werden von Verkäufern verlangt, deren Servicestatus von eBay als „unterdurchschnittlich" eingestuft wurde.

Die wichtigsten Unterschiede der Shoptarife von eBay zeigt die folgende Tabelle (Stand November 2021):

	Basis-Shop	Top-Shop	Premium-Shop	Platin-Shop
Monatliche Gebühren	39,95 €	79,95 €	299,95 €	4999,95 €
Anzahl der Festpreisangebote ohne Angebotsgebühr pro Monat	400	2500	unbegrenzt	unbegrenzt
Auktionen mit einer Laufzeit von 7 oder 10 Tagen ohne Angebotsgebühr pro Monat	40	100	250	400
Anzahl der Angebote, die pro Tag als Sonderaktionen erstellt bzw. bearbeitet werden können	50	1000	2500	2500

Merke: Höherwertige eBay-Tarife sind vor allem für Händler mit einer hohen Anzahl an Produkten relevant.

Die Zahlungsabwicklung bei eBay

Die Zahlungsabwicklung verläuft bei eBay in drei Schritten:

1. Ihre Käufer wählen zwischen diesen Zahlungsarten:
   Kreditkarte, Lastschrift, PayPal, Apple Pay (nur über die eBay-App und die mobile Website von eBay), Google Pay und Klarna Sofortüberweisung.
2. eBay verwaltet den gesamten Zahlungsprozess.
3. Sie erhalten Ihr Geld von eBay auf Ihr Bankkonto überwiesen.

Merke: Die Zahlungsabwicklung wird von eBay komplett verwaltet.

Kundenbewertungen

Eine sehr wichtige Rolle spielen die Kundenbewertungen. Sie sind auf eBay für alle einsehbar, auch für nicht eingeloggte User. Als Unternehmen müssen Sie peinlich genau darauf achten, Ihre Kundinnen und Kunden in jeder Hinsicht zufrieden zu stellen. Worauf es ankommt:

- schnelle und zuverlässige Lieferung
- sicherer Versand
- genaue Produktbilder und Beschreibungen

Fingerspitzengefühl ist vor allem beim letzten Punkt nötig. Einerseits müssen Bilder und Beschreibung besonders attraktiv sein, um sich von der Masse abzuheben. Andererseits sollten keine unrealistischen Erwartungen geweckt werden. Fühlen sich die Kundinnen und Kunden nämlich von Ihnen getäuscht, drohen nicht nur Retouren, sondern auch schlechte Bewertungen.

Bewertungen werden auf eBay nicht nur mit der betroffenen Ware in Verbindung gebracht, sondern vor allem auch mit Ihnen, dem Anbieter. Ein Unternehmen mit zu vielen negativen Userbewertungen gilt auf eBay schnell als unseriös.

Die Anlaufstelle für eBay-Verkäufer finden Sie hier: *https://verkaeuferportal.ebay.de/*.

Merke: Schlechte Kundenbewertungen verursachen auf eBay einen besonders hohen Schaden.

2.8 Der B2B-Shop

Wohl jedes Unternehmen, ob traditionell oder im E-Commerce unterwegs, möchte seine Umsätze steigern. Die üblichen Maßnahmen dafür sind:

- Preispolitik und Rabatte
- Sortimentserweiterung und Zusatzleistungen
- Marketing und Gewinnspiele
- Speziell im E-Commerce: technische Verbesserungen im Onlineshop und Optimierungen im Bestellprozess, besseres Design und neue Produktbilder

Es steht Ihnen aber auch eine ganz andere Methode zur Verfügung. Denken Sie größer und überlassen Sie all die eben genannten Maßnahmen doch Ihrer Konkurrenz. Steigen Sie lieber in das B2B-Geschäft ein. Das klingt zunächst gewagt, aber im E-Commerce ist das viel einfacher zu realisieren als im traditionellen Handel. Ein wichtiges Kriterium ist allerdings Ihr Sortiment.

B2B – welche Produkte sind geeignet?

Wenn Sie als eigenständiger B2B-Händler Erfolg haben möchten, müssen Sie sich in einer Marktnische platzieren und bestimmte Voraussetzungen erfüllen. Hierzu eine kleine Checkliste:

- Sie haben die für den Großhandel bestimmten Produkte selbst hergestellt oder selbst herstellen lassen.
- Sie haben die für den Großhandel bestimmten Produkte in hoher Stückzahl auf Lager.
- Sie sind in einer besonderen Nische tätig.

Ein Beispiel: Sie stellen Kalender für ganz spezielle Zielgruppen her, etwa für Städte und Urlaubsziele. Diese Kalender haben Sie bisher über folgende Kanäle verkauft:

- B2C über Ihren eigenen Onlineshop.
- Stationär über einige regional bekannte Einzelhändler, mit denen Sie Geschäftsbeziehungen unterhalten.

Merke: Nicht jedes Produkt ist für den B2B-Handel geeignet.

Auf B2B erweitern

Mit der Erweiterung auf einen modernen B2B-Shop kommen Sie Ihren Bestandskunden entgegen, können aber auch leicht Neukunden gewinnen. Die Vorteile im Vergleich zur Bestellung per Anruf oder E-Mail sind:

- Bessere Übersicht
- Komfortable Bestellmöglichkeit
- Einzelhändler können Kundenkonten anlegen und unkompliziert nachbestellen.
- Übersichtliche Darstellung von Mengenrabatten
- Über das Anlegen von Kundengruppen können Sie besonderen Kunden auch besondere Konditionen einräumen.

Merke: Ein B2B-Shop ist komfortabler als eine telefonische Bestellmöglichkeit.

Rechtsvorschriften im B2B-Handel

Allerdings gelten für den B2B-Handel auch spezielle rechtliche Regelungen. Was Sie wissen müssen:

- In einem Großhandelsshop ist es üblich, die Preise in der Übersicht und auf den Produktseiten netto anzugeben (ohne Umsatzsteuer).
- Im Warenkorb und auf der Kassenseite sollten Sie die Preise dann wieder brutto, also inklusive der Umsatzsteuer, angeben.
- Von der Preisangabenverordnung (PAngV) ist der B2B-Handel nicht betroffen.
- Sie müssen unbedingt verhindern, dass Ihre für Geschäftskunden bestimmten Angebote von Endverbrauchern gekauft werden können. Standard ist für diesen Zweck eine automatisierte Umsatzsteuervalidierung. Automatisiert heißt: Das Shopsystem verlangt vom Kaufinteressenten die Eingabe seiner Umsatzsteuer-ID und prüft sie sofort. Ist diese nicht korrekt, kann der Kauf nicht abgeschlossen werden.

Merke: B2B-Händler müssen verhindern, dass ihre Produkte von Endverbrauchern gekauft werden können.

Technische Umsetzung

Zur technischen Umsetzung haben Sie zwei Möglichkeiten:

- Sie nutzen einen B2B-Marktplatz.
- Sie betreiben einen eigenen, unabhängigen B2B-Shop.

Populär sind folgende B2B-Marktplätze:

- Alibaba: *german.alibaba.com/*
- Amazon Business: *business.amazon.de/*
- Mercateo: *mercateo.com/*
- Restposten: *restposten.de/*
- Wer liefert was: *wlw.de*
- Wucato: *wucato.de*
- Würth: *wuerth.de*

Falls Sie Ihren B2B-Shop lieber in Eigenregie betreiben möchten, benötigen Sie ein geeignetes Shopsystem. Sie können dafür Shopify nutzen, aber ebenso folgende Konstruktion auf der Basis von WordPress:

- Betrieb einer Website mit WordPress
- Erweiterung der Website mit dem Plugin WooCommerce
- Eindeutschung von WooCommerce mit dem Plugin German Market
- Erweiterung von WooCommerce mit dem Plugin B2B Market

Eine Erklärung zu den ersten drei Schritten finden Sie in den Kapiteln 2.3 und 2.4. Was noch fehlt, ist das Plugin B2B Market. Es stammt vom selben Hersteller wie German Market, nämlich der Firma MarketPress.

Merke: Für einen B2B-Shop muss das Shopsystem die notwendigen Voraussetzungen erfüllen.

B2B Market nutzen

Die WooCommerce-Erweiterung B2B Market.

Bevor Sie mit B2B Market loslegen, sollten Sie kurz Ihr System checken. Die Mindestvoraussetzungen für Ihren Webspace sind:

- PHP ab Version 7.4+
- MySQL ab Version 5.8+
- Das Apache-Modul mod_rewrite
- SSL-Zertifikat
- PHP Memory Limit mindestens 256 MB (512 MB beim Einsatz mit dem Multi-Language-Plugin mit WPML)

Für Ihre WordPress-Installation gelten diese Voraussetzungen:

- WordPress ab Version 5.0, empfehlenswert ist die jeweils aktuelle Version.
- WooCommerce in der aktuellen Version.

Merke: Für den Einsatz von B2B German Market müssen bestimmte Systemvoraussetzungen erfüllt sein.

Einsatz von Staffelpreisen

Was bei der Preispolitik im Großhandel zu den Selbstverständlichkeiten zählt: je größer die Menge eines Produkts, desto billiger der Einzelpreis. Mit B2B-Market und vergleichbaren Shopsystem können Sie Einzelhändler mit Staffelpreisen dazu motivieren, in großen Stückzahlen einzukaufen. Beispiel:

- Bei der Abnahme von 100 bis 299 Stück erhält der Einzelhändler 10 % Rabatt.
- Bei der Abnahme von 300 bis 599 Stück erhält der Einzelhändler 20 % Rabatt.
- Bei der Abnahme von 600 Stück erhält der Einzelhändler 30 % Rabatt.

Möglich ist mit B2B Market aber nicht nur der prozentuale Rabatt, es stehen auch noch zwei weitere Optionen zur Verfügung:

- Festpreis. Beispiel: Ab 200 Stück kostet das Produktpaket 390 €.
- Rabatt (fester Wert). Beispiel: Ab 55 Stück kostet jedes Produkt 5 € weniger.

Merke: Staffelpreise sorgen im B2B-Handel für höhere Umsätze.

Kundengruppen bilden

Mit B2B-Market können Sie Ihre Kunden in Segmente einteilen, also in Kundengruppen. Diesen Gruppen können Sie dann spezielle Konditionen gewähren.

Beispiel: Sie möchten neue Erstbesteller gewinnen? Dann gewähren Sie jedem Erstbesteller auf bestimmte Produkte oder Produktkategorien einen Rabatt von 10 % – unabhängig von der Anzahl der eingekauften Produkte.

> **Merke:** Die Bildung von Kundengruppen ermöglicht die Gewährung rollenbasierter Preise.

2.9 Dienstleistungen verkaufen

Dienstleistungen erobern den E-Commerce

Die Bestellmöglichkeit für Waren ist heute für alle Kundinnen und Kunden eine Selbstverständlichkeit. Ganz anders sieht die Situation bei der Buchung von Dienstleistungen aus, denn es liegt noch sehr viel Potenzial brach. Für Sie als Anbieter heißt das: Sie können sich jetzt mit einer ebenso kundenfreundlichen wie kostensparenden Lösung einen Vorsprung vor der Konkurrenz verschaffen. Doch was bedeutet kundenfreundlich genau? Hierzu eine kleine Einstufung:

- **Kundenfreundlichkeit Stufe 1:** Information plus Kontaktmöglichkeit.
- **Kundenfreundlichkeit Stufe 2:** Information plus strukturierte Anfrage.
- **Kundenfreundlichkeit Stufe 3:** Information, Buchung und Zahlung.

Kundenfreundlichkeit Stufe 1: Information plus Kontaktmöglichkeit

Bei der untersten Stufe nutzen Sie das Internet lediglich dazu, um über Ihre Dienstleistungen zu informieren und auf eine Kontaktmöglichkeit hinzuweisen. Hierzu einige Beispiele anhand sehr unterschiedlicher Einsatzgebiete, nämlich der Buchung von Therapiestunden, einem Entrümpelungsdienst und Veranstaltungsräumen:

- Wir bieten Ihnen eine Auswahl an vier verschiedene Behandlungsmodellen an. Buchen Sie jetzt Ihre Therapiestunde unter der Telefonnummer 0123/456789.

- Unsere Service für Umzüge und Entrümpelungen steht Ihnen gerne zur Verfügung. Schicken Sie uns dazu eine E-Mail unter *service@mein-unternehmen.de*.
- Unser Veranstaltungsraum steht Ihnen für Konferenzen und Feierlichkeiten bis zu 50 Personen zur Verfügung. Buchen Sie jetzt unter 123/456789. Unser Telefon ist werktags von 10:00 bis 18:00 Uhr besetzt.

Die obigen Lösungen sind technisch sehr unkompliziert. Alles, was Sie dazu benötigen:

- Eine E-Mail-Adresse oder eine Telefonnummer.
- Eine Website, um die Beschreibung der Dienstleistung und den Hinweis auf die Kontaktmöglichkeit zu platzieren.

Sehr umfangreich ist allerdings die Liste der mit dieser Methode verbundenen Probleme:

- Für die Kunden ist es nicht ersichtlich, ob die Dienstleistungen zum benötigten Zeitpunkt schon ausgebucht oder noch verfügbar sind.
- Die Kunden können sich vertippen oder verwählen.
- Die Anfragen der Kunden müssen manuell überprüft werden.
- Die Anfragedaten werden unstrukturiert übermittelt.
- Die Anfragen der Kunden müssen persönlich beantwortet werden.
- Bei Anfragen außerhalb der Geschäftszeiten entstehen für die Kunden Wartezeiten.
- Es findet kein Bezahlvorgang statt.

Mit anderen Worten: Die Beschränkung auf Information plus Kontaktmöglichkeit ist umständlich, personalintensiv, fehleranfällig und veraltet. Es genügt heute einfach nicht mehr, eine Dienstleistung nur zu verkünden. Ihre Kunden erwarten, dass Sie ihnen einen oder mehrere Schritte entgegenkommen.

Kundenfreundlichkeit Stufe 2: Information plus strukturierte Anfrage

Bei der strukturierten Anfrage wickeln Sie den Erstkontakt nicht per Telefon oder E-Mail ab, sondern über ein Eingabeformular auf Ihrer Website, ein sogenanntes Kontaktformular. Die Vorteile eines Kontaktformulars sind:

- Es steht rund um die Uhr und sieben Tage pro Woche zur Verfügung.
- Der Kunde muss kein E-Mail-Programm öffnen.
- Der Kunde muss Ihre E-Mail-Adresse nicht eintippen – und kann sich nicht vertippen.
- Sie können das Kontaktformular vorstrukturieren. Auf diese Weise liefert der Absender keinen Roman ab, sondern eine relativ genaue Beschreibung seines Anliegens.

Im Beispiel sehen Sie das Kontaktformular eines Unternehmens für Umzüge und Wohnungsauflösungen. Abgefragt werden dabei nicht nur Name und E-Mail-Adresse von Interessenten, sondern auch die Art der Dienstleistung (Umzug, Wohnungsauflösung oder andere Leistungen) und der Ort, an dem die Leistungen stattfinden sollen. Der Anbieter erhält damit wichtige Vorabinformationen für die Planung und Preiskalkulation.

Vielleicht haben Sie sich schon gefragt, auf welche Weise die Inhalte des Kontaktformulars an den Anbieter weitergegeben werden. Die Verarbeitung funktioniert sehr einfach. Jeder Formularinhalt wird als E-Mail an den Anbieter gesendet.

Falls Sie WordPress zur Gestaltung Ihrer Website einsetzen, können Sie aus einer Vielfalt von Kontaktformular-Plugins auswählen. Besonders populär ist das Plugin *Contact Form 7*. Die kostenlose Version können Sie direkt über das Backend Ihrer WordPress-Installation beziehen.

Über ein Kontaktformular werden Informationen strukturiert eingegeben.

Kundenfreundlichkeit Stufe 3: Information, Buchung und Zahlung

In der vorherigen Stufe sind Sie Ihren Kunden zwar schon ein gutes Stück entgegengekommen, haben aber diese Aufgaben noch nicht gelöst:

- Sofortige Anzeige der zur Verfügung stehenden Buchungszeiträume.
- Sofortige Sperrung eines Zeitraums, nachdem dieser gebucht wurde.
- Sofortige Bezahlung.

Mit diversen Ergänzungen für Kontaktformulare lassen sich zwar einige dieser Aufgaben erledigen, Sie werden dabei aber sehr schnell an die Grenzen dieser Systeme stoßen. In den meisten Fällen ist es besser, Dienstleistungen wie Waren zu verkaufen – über einen Onlineshop, der für Buchungen und Reservierungen erweitert wurde.

Dienstleistungen über ein Shopsystem verkaufen

Die meisten Shopsysteme eignen sich nicht nur für den Absatz von physischen Produkten (Waren zum Anfassen) und Downloads (Produkte in Dateiform wie beispielsweise E-Books), sondern auch für den Verkauf von Dienstleistungen. Sie können Ihren Shop in der Regel auch zur Reservierung und Bezahlung von Yoga- oder Therapiestunden verwenden. Hierzu einige weitere Beispiele, Reservierung und Buchung:

- von Musikunterricht
- einer Kosmetikkabine
- von Plätzen in einer Werkstatt
- von Babysitter-Stunden
- von Entrümpelungsdiensten
- von Sportplätzen
- von Fahrzeugen
- von Proberäumen
- von Konferenzräumen
- von Ferienwohnungen

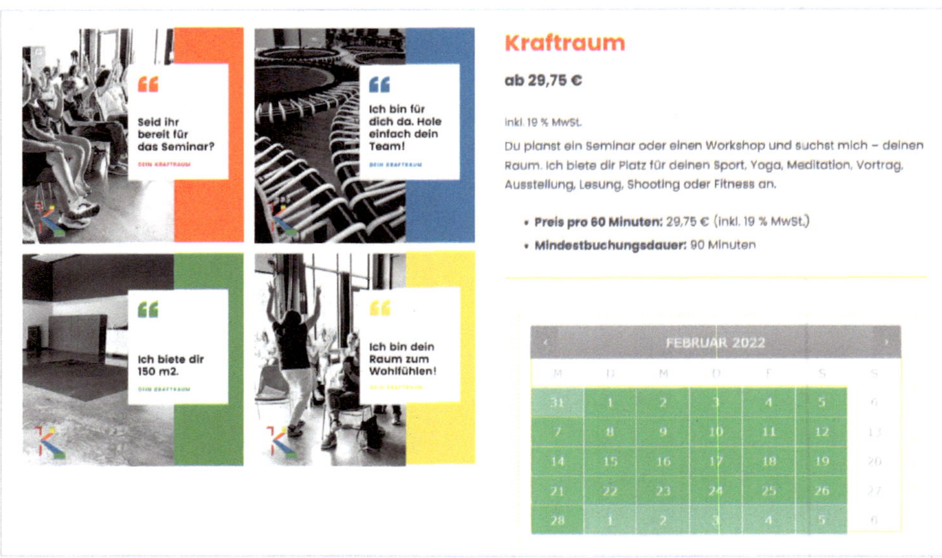

Reservierung und Buchung von Räumlichkeiten: https://kraftraum-lauf.de/shop/kraftraum/.

Das obige Beispiel zeigt das Buchungssystem für einen Veranstaltungsraum. Was dort zu sehen ist:

- Links: Fotos, die typische Verwendungen für den buchbaren Raum zeigen.
- Rechts oben: Preisangaben und eine kurze Beschreibung der Konditionen.
- Rechts unten: ein Kalender, der die noch zur Verfügung stehenden Zeiträume anzeigt. Vom Anbieter prinzipiell ausgeklammert ist der Sonntag.

Für Kunden und Anbieter ist das System sehr einfach zu handhaben. Über das Kalenderfeld wählt der Kunde Datum und Uhrzeit aus. Den Buchungsprozess schließt er dann mit der Bezahlung ab. Mit dem Abschluss blockt das System den gebuchten Zeitraum für weitere Interessenten. Eine Überbuchung ist damit ausgeschlossen.

Ein Buchungssystem mit WooCommerce und WooCommerce Bookings

Falls Sie einen Onlineshop mit WordPress und WooCommerce betreiben, stehen Ihnen verschiedene Erweiterungs-Plugins (Extensions) zur Verfügung, um das System mit einer Buchungsmöglichkeit für Dienstleistungen zu ergänzen. Das Plugin WooCommerce Bookings, es stammt vom gleichen Hersteller wie WooCommerce selbst, erhalten Sie auf dieser Website: *https://woocommerce.com/products/woocommerce-bookings/*.

Nach der Installation und Aktivierung von WooCommerce Bookings können Sie den Buchungskalender konfigurieren und Ihr erstes buchbares Produkt anlegen.

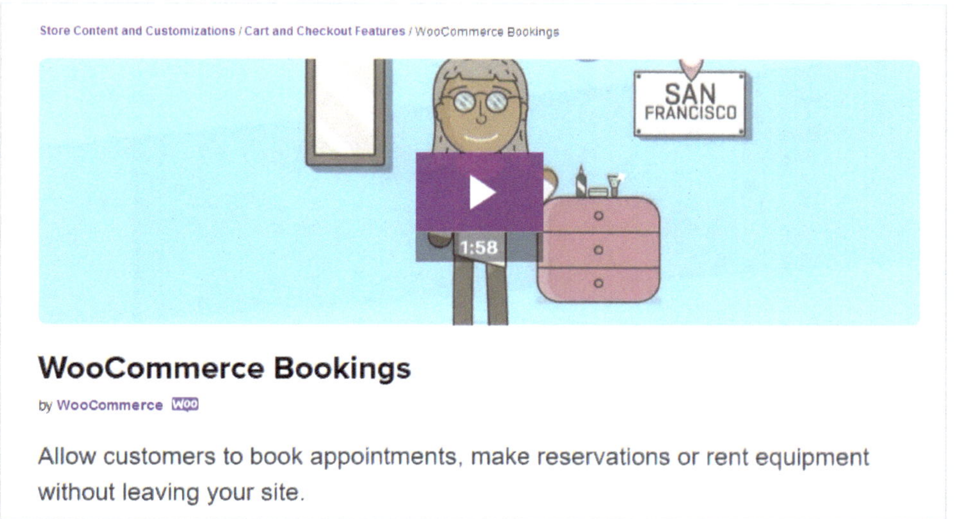

Das Buchungs-Plugin WooCommerce Bookings.

Buchbare Produkte anlegen

So legen Sie in WordPress ein buchbares Produkt an:

1. Klicken Sie auf *Produkte/Erstellen*. Damit gelangen Sie auf die Seite *Neues Produkt hinzufügen*.
2. Scrollen Sie nach unten zum Fenster *Produktdaten*.
3. Wählen Sie *Buchbares Produkt* aus.

Buchbares Produkt steht als neuer Produkttyp zur Verfügung.

Achtung: WooCommerce Bookings ist eine gute Lösung für einfache Buchungs- und Reservierungsvorgänge. Für komplexe Aufgaben, wie beispielsweise die Buchung von Theaterplätzen mit reservierten Sitzen oder Zimmerbuchungen in einem Hotel, sind darauf spezialisierte Systeme erforderlich.

Support und Know-how

Es kann sein, dass Sie für manche Fragen den Support von WooCommerce Bookings benötigen. Dieser steht Ihnen über ein Chatsystem in Echtzeit zur Verfügung, allerdings nur in englischer Sprache. Falls Sie nur wenig Erfahrung mit WooCommerce besitzen, sollten Sie auch Folgendes in Erwägung ziehen:

- **Know-how kostenlos erwerben.** Zugang zu kostenlosen Veranstaltungen zu WooCommerce finden Sie unter dieser Adresse: *https://wp-ecommerce.eu/*.
- **Unterstützung gegen Bezahlung.** Eine auf WordPress und WooCommerce spezialisierte Agentur kann Sie bei der Einrichtung eines Buchungssystems unterstützen.

3 Zahlungsarten

Sie betreiben einen stationären Laden? Dann bezahlen Ihre Kundinnen und Kunden, von wenigen Spezialfällen abgesehen, mit Bargeld, EC-Karte (das EC steht für **E**lectronic **C**ash) oder Kreditkarte. Die prozentuale Verteilung schwankt zwar je nach Sortiment, wird aber bei Ihnen in etwa so aussehen:

- Bargeld: 50 Prozent.
- EC-Karte: 45 Prozent.
- Kreditkarte: 5 Prozent.

Machen Sie nun bitte ein kleines Gedankenexperiment. Stellen Sie sich vor, Sie würden eine der drei Hauptzahlungsarten nicht in Ihrem Laden annehmen. Die Folgen wären:

- Keine Annahme von Bargeld: Ihre Kunden würden Sie für verrückt erklären.
- Keine Annahme von EC-Karten: Ihre Kunden würden Sie für umständlich halten.
- Keine Annahme von Kreditkarten: Kunden, die hochpreisige Produkte kaufen, würden Ihren Laden meiden.

Dieses Kundenverhalten lässt sich auch auf den Internethandel übertragen. Die Zahlung per Nachnahme, Scheck oder Geld im Briefumschlag genügt nicht für das Onlinegeschäft. Das Mindeste, das ein Onlineshop an Zahlungsarten anbieten sollte, ist die Zahlung per:

- PayPal
- Lastschrift
- Kreditkarte

Von der Bildfläche verschwunden sind alle Onlineshops, die nur antiquierte Zahlungsarten anbieten. Das Gleiche gilt für den Versand, und beides hängt miteinander zusammen. Der Kunde erwartet eine schnelle Lieferung, die durch den Geldtransfer nicht verzögert werden darf. Folgender Ablauf von Zahlung und Versand ist im B2B-Geschäft, also dem Handel zwischen Groß- und Einzelhandel, noch tolerierbar, im Verkauf an Endkunden aber viel zu umständlich:

1. Kunde bestellt eine Ware.
2. Kunde erhält eine Rechnung.
3. Kunde bezahlt die Rechnung.
4. Händler prüft den Zahlungseingang.
5. Händler versendet die Ware.
6. Kunde erhält die Ware etwa eine Woche nach der Bestellung.

Wer auf dem Markt bestehen will, muss zeitgemäße Instrumente verwenden. Doch bevor es ins Detail geht, noch eine kleine Anmerkung zur Terminologie: Die korrekte Bezeichnung für Banken und Sparkassen ist zwar Kreditinstitut, aber in diesem Buch wird wegen der besseren Lesbarkeit beides als Bank bezeichnet.

> **Merke:** Ohne zeitgemäße Zahlungsarten keine Umsätze.

3.1 PayPal

Das US-Unternehmen PayPal gehörte bis 2015 zu eBay. Unter dem Dach der populären Auktionsplattform wurde der Dienstleister aufgepäppelt und hat sich trotz diverser Sicherheitsprobleme heute als Standard für Onlinezahlungen etabliert. Beeindruckend sind die Wachstumszahlen. 2016 verfügte PayPal über 16 Millionen Kundenkonten in Deutschland, 2021 sind es über 29 Millionen (beide Zahlen nach eigenen Angaben).

Die Hauptseite von PayPal: https://www.paypal.com/de/.

PayPal im Überblick

Für Sie als Händlerin oder Händler sprechen diese Gründe dafür, in Ihrem Onlineshop PayPal als Zahlungsart anzubieten:

- Hohe Verbreitung. Auch Ihre Konkurrenz setzt auf PayPal. Neun von zehn deutschen Onlineshops bieten diese Zahlungsmethode an.
- Einfache Bedienbarkeit für Kunden.
- Einfache Eröffnung eines Händlerkontos. PayPal verwendet hierfür die Bezeichnung **Geschäftskonto**.
- Technisch ist PayPal der Konkurrenz immer eine Nasenspitze voraus.
- PayPal ist für das mobile Bezahlen mit Tablet und Smartphone gerüstet.
- Problemlose Integration in die meisten Shopsysteme. In WooCommerce kann eine PayPal-Schnittstelle mit einem kostenlosen Plugin schnell eingerichtet werden.

Leicht zu verwechseln sind allerdings die diversen Zusatzangebote des Zahlungsdienstleisters. Kennen sollten Sie **PayPal Plus** und **PayPal Express**. Mit diesem dynamischen Duo lässt sich die Onlinezahlung erweitern beziehungsweise vereinfachen.

Merke: Kein Onlineshop ohne PayPal.

PayPal Plus

Zwar besitzen fast alle jüngeren Kundinnen und Kunden ein eigenes PayPal-Konto, aber bei der zahlungskräftigen Zielgruppe über 50 Jahren ist der Dienst noch relativ gering verbreitet. Um keine PayPal-Verweigerer auszuschließen, hat der Zahlungsdienstleister deshalb ein Rundumangebot auf die Beine gestellt. Mit PayPal Plus lassen sich auch folgende Zahlungen via PayPal abwickeln: Lastschrift, Kreditkarte und Kauf auf Rechnung. Der Zahlungsweg:

1 Der Kunde besitzt kein PayPal-Konto, gibt aber beispielsweise seine Kreditkartendaten über PayPal Plus ein.

2 Der Händler erhält den Zahlungsbetrag abzüglich von Gebühren auf sein PayPal-Geschäftskonto transferiert.

PayPal Express

Einem völlig anderen Zweck dient PayPal Express. Bei diesem Dienst geht es darum, lästige Tipparbeit einzusparen. Zur Nutzung benötigt der Kunde zwingend ein eigenes PayPal-Konto. So funktioniert der auf das mobile Internet zugeschnittene Expresskauf:

1 Über den **Expresskauf-Button** auf der Bezahlseite eines Onlineshops loggt sich der Kunde, vorzugsweise mit dem Smartphone unterwegs, in sein PayPal-Konto ein.

2 Das Shopsystem übernimmt die persönlichen Daten, die der Kunde bei PayPal hinterlegt hat. Das mühsame Eintippen entfällt.

3 Alle für die Zahlung relevanten Daten werden dem Kunden noch einmal zur Kontrolle auf der Kassenseite des Shopsystems angezeigt.

4 Mit dem Antippen des **Bestätigen-Buttons** wird die Zahlung durchgeführt.

> **Merke:** PayPal Plus und PayPal Express sind zusätzliche Funktionen. Vor dem Einsatz sollten Aufwand und Nutzen abgewogen werden.

PayPal auf Käuferseite

PayPal ist auch deshalb so erfolgreich, weil das Anlegen eines Kontos auf Käuferseite schon nach zwei Schritten erledigt ist:

1 Der Käufer legt ein kostenloses PayPal-Konto an.

2 Der Käufer hinterlegt in diesem Konto die Bankdaten seiner Hausbank und erteilt PayPal eine Einzugsermächtigung, sprich ein SEPA-Lastschriftmandat. Möglich ist auch die Hinterlegung einer Kreditkarte.

Tätigt der Kunde einen Onlineeinkauf über den Zahlungsdienstleister, zieht PayPal das Geld bei der Hausbank ein und überweist es an den Händler – abzüglich der Zahlungsgebühren.

So sieht das jedenfalls aus der Perspektive der Kundinnen und Kunden aus. Tatsächlich behält sich PayPal das Recht vor, das Geld aus Sicherheitsgründen nicht sofort an den Händler auszubezahlen. Der Ablauf funktioniert folgendermaßen:

1. Sobald ein Kunde im Onlineshop bezahlt, zieht PayPal den Zahlungsbetrag sofort ein.
2. Auf dem PayPal-Konto des Händlers werden die eingezogenen Gelder abzüglich der Zahlungsgebühren sofort verbucht. Sie stehen aber noch nicht für eine Auszahlung zur Verfügung. Der Händler kann noch nicht auf sein Geld zugreifen.
3. Der Händler baut eine positive Zahlungshistorie auf. Das heißt: Es kommt zu keinen schwerwiegenden Problemen beim Geldeinzug bei den Kunden.
4. Ein Teil der eingezogenen Gelder wird freigegeben. PayPal informiert den Händler durch eine E-Mail mit dem Absender *service@paypal.de* und dem Betreff „Ihr Geld ist verfügbar".
5. Der Händler loggt sich in seinen PayPal-Account ein.
6. Der Händler transferiert die freigegebenen Gelder von seinem PayPal-Geschäftskonto auf das Konto bei seiner Hausbank.

> **Merke:** PayPal ist die Standard-Zahlungsmethode des Internets. Viele Kunden würden gerade bei kleinen und unbekannten Shops nicht ohne diese Zahlungsart einkaufen.

PayPal als Händler einrichten

PayPal unterscheidet zwischen Privat- und Geschäftskonten. Als Inhaber eines Unternehmens dürfen Sie auch ein Privatkonto und ein Geschäftskonto parallel führen. Die Anmeldeprozedur verläuft über die Website von PayPal. Sie haben also keine Möglichkeit, irgendeine Niederlassung von PayPal persönlich aufzusuchen.

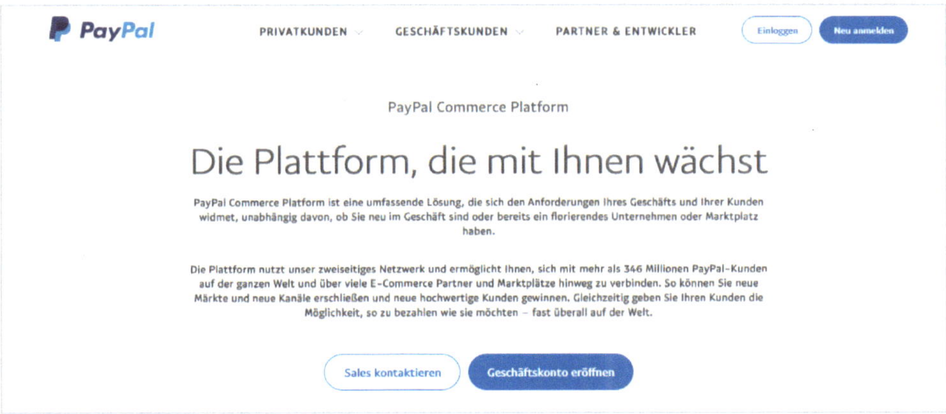

Auf https://www.paypal.com/de/business können Händler ein Geschäftskonto eröffnen.

Wie für ein PayPal-Privatkonto müssen Sie auch beim Anlegen eines PayPal-Geschäftskontos die Bankverbindung Ihrer Hausbank hinterlegen. Was PayPal noch benötigt:

- Die Internetadresse Ihres Shops, also beispielsweise *mein-unternehmen.de* oder *shop.mein-unternehmen.de*.
- Angaben zu Ihrem Unternehmen. Achten Sie darauf, dass alle Daten, die Sie bei PayPal eingeben, mit den Angaben in Ihrem Impressum übereinstimmen.

Ab einem Geldeingang von 2.500 Euro innerhalb eines Kalenderjahrs verlangt PayPal eine erweiterte Prüfung Ihrer Geschäftsangaben. Am besten senden Sie PayPal rechtzeitig vor Erreichen dieses Überweisungslimits (von Ihrem PayPal-Geschäftskonto auf Ihr Konto bei Ihrer Hausbank) die benötigten Unterlagen.

Geschäftskonto anlegen

Vielleicht besitzen Sie aber schon ein privates Konto bei PayPal. Um ein Geschäftskonto zu eröffnen, loggen Sie sich dort ein und klicken im Fenster *Konto/Mein Profil* den Link *Auf Geschäftskonto hochstufen* an. Sie werden dann auf einen Bildschirm weitergeleitet, der diese zwei Optionen bietet:

- **Neues Konto eröffnen** - Mit dieser Option eröffnen Sie ein neues Geschäftskonto, das unabhängig von Ihrem Privatkonto geführt wird. Für den neuen Account benötigen Sie eine neue E-Mail-Adresse.
- **Hochstufen** - Das bestehende Konto wird ganz einfach vom Privat- zum Geschäftskonto hochgestuft. Eine neue E-Mail-Adresse muss nicht eingegeben werden.

In der Regel ist die erste Option die bessere. Grundgebühren bezahlen Sie bei PayPal keine, und mit der Trennung von Privatem und Geschäftlichem bleibt Ihre Verwaltung übersichtlich.

Unternehmensdaten hinzufügen

Für die Anlage eines Geschäftskontos fragt PayPal die wichtigsten Unternehmensdaten ab, darunter fallen die Unternehmensform und die angebotenen Waren oder Dienstleistungen.

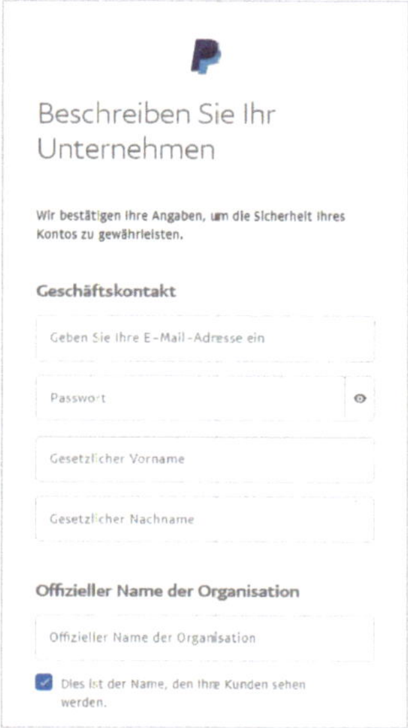

Eingabe von Unternehmensdaten bei PayPal.

Geschäftskonto-Konditionen

Verwirrung stiftet PayPal mit der ganz eigenen Verwendung der Begriffe Händler und Händlerkonditionen. Als Neuling erhalten Sie Letztere nämlich nicht. Sie bezahlen pro Zahlungsempfang einen Betrag, der sich aus einem fixen und einem flexiblen Anteil zusammensetzt. Inlandstransaktionen kosten Sie:

- pro Transaktion 0,35 Euro fix plus

- pro Transaktion 2,49 % vom Kaufpreis bei einem Monatsumsatz bis 2.000 Euro. Bei höheren monatlichen Umsätzen sinkt der variable Anteil. Beispiele: 2,19 % bei einem Monatsumsatz zwischen 2.000 und 5.000 Euro, 1,79 % bei Monatsumsätzen zwischen 25.000 und 100.000 Euro.

Stand: Sept. 2021. Die letzte, kräftige Gebührenerhöhung fand im August 2018 statt.

Individuelle Händlerkonditionen

PayPals günstigere Händlerkonditionen sind an diese Bedingungen geknüpft:

- Umsatz ab 5.001 Euro im Monat.
- Eine nicht näher benannte durchschnittliche Warenkorbgröße.
- Eine nicht näher benannte „dauerhafte Nutzung".
- Keine Beanstandung der Kontoführung, sprich möglichst wenige Rückbuchungen und Streitfälle.

Abgesehen vom Umsatz schweigt sich PayPal über die genauen Kriterien für die Erlangung von Händlerkonditionen aus, und das aus gutem Grund. Eingeräumt werden sie nämlich nicht automatisiert, sondern nach individueller Prüfung. Für den Erhalt von Händlerkonditionen müssen Sie einen Antrag stellen.

PayPal Plus freischalten lassen

Ein PayPal-Kundenkonto ist sehr leicht zu eröffnen, und auch die Hürde für ein Geschäftskonto ist nicht sehr hoch. Andere Spielregeln gelten für PayPal Plus. Händler müssen einen Antrag stellen und bestimmte Voraussetzungen mitbringen:

- Firmensitz in Deutschland.
- Bestehendes PayPal-Geschäftskonto.
- Eine von PayPal vorgenommene Risikoprüfung.

Die Freischaltung erfolgt, ähnlich wie bei der Gewährung von Händlerkonditionen, intransparent. Eine weitere Hürde hat PayPal für den Kauf auf Rechnung via PayPal Plus eingebaut. Diese Zahlungsart erfordert eine zusätzliche Prüfung. Als Faustregel gilt: Je regelmäßiger und unproblematischer Ihre bisherigen Zahlungseingänge waren, desto schneller wird PayPal Plus freigeschaltet.

Merke: PayPal unterscheidet zwischen Kunden- und Geschäftskonten.

Von der PayPal-Sandbox zum Livebetrieb

Aufgrund der hohen Verbreitung ist eine PayPal-Schnittstelle in den meisten, aber nicht in allen Shopsystemen schon integriert. In WooCommerce müssen Sie beispielsweise noch ein kostenloses Plugin herunterladen und aktivieren. Für jedes Shopsystem gilt: Sie haben die Möglichkeit, PayPal zunächst im Probebetrieb zu testen.

Entwicklerkonto und Sandbox

Vorsicht ist die Mutter der Porzellankiste. Für die ersten Gehversuche mit PayPal sollten Sie die sogenannte Sandbox nutzen. Das Ding heißt Sandkasten, weil dort alle Zahlungen nur simuliert werden. Die ersten beiden Schritte:

1. Unter dieser Adresse ein PayPal-Entwicklerkonto anlegen:
   https://developer.paypal.com
   Dazu loggen Sie sich mit denselben Zugangsdaten ein, die Sie für das PayPal-Geschäftskonto verwenden. Das war es schon.
2. Das Shop-Plugin ebenfalls in den Sandkastenmodus setzen. In WooCommerce finden Sie dazu eine entsprechende Checkbox unter *Erweiterte Optionen*.

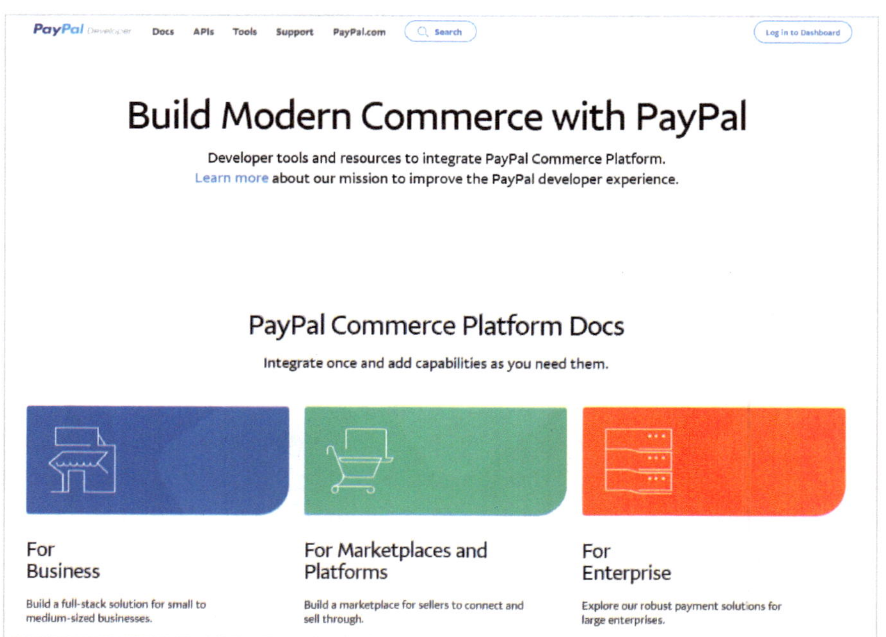

Auf https://developer.paypal.com/ kann ein Entwicklerkonto angelegt werden. Nötig ist dies für das Testen der Transaktionen in einer Sandbox.

Unterschied Sandbox und Entwicklerkonto

Wahrscheinlich sind Sie jetzt wegen der Begrifflichkeiten verwirrt. Heißt das Ding nun Entwicklerkonto oder Sandbox? Der Unterschied:

- Das **Entwicklerkonto** ist notwendig, um die Sandbox-Accounts anzulegen und zu verwalten.

- Die Zahlungen selbst werden in der **Sandbox** simuliert und auf ihre Richtigkeit überprüft.

Das Entwicklerkonto ist also nichts anderes als die Verwaltungsoberfläche der Sandbox. Das klingt jetzt alles komplizierter als es ist. Holen Sie mal tief Luft, dann geht es in drei Schritten weiter:

1 Sandbox-Accounts anlegen.

2 Probekäufe durchführen.

3 Die von den Probekäufen ausgelösten Transaktionen überprüfen.

Sandbox-Accounts anlegen

Los geht es also im *Entwicklerkonto* von PayPal. Dort werden die Sandbox-Accounts angelegt, und zwar via *Sandbox*/*Accounts*/*Create Sandbox Account*.

Bei *Country* wählen Sie *Germany* aus. Für den *Account Type* stehen zwei Möglichkeiten zur Verfügung:

- Für Käufer: *Personal (Buyer Account)*
- Für Händler: *Business (Merchant Account)*

Legen Sie beide Arten von Accounts an. Pflicht ist dabei die Eingabe von E-Mail-Adresse und Passwort.

Das Shopsystem in den Sandbox-Modus setzen

Nachdem Sie die Test-Accounts bei PayPal angelegt haben, wechseln Sie in Ihr Shopsystem. Auch dort soll ein Probelauf stattfinden. Was Sie tun müssen:

- Das Shopsystem in den Sandbox-Modus setzen. In WooCommerce setzen Sie dazu bei *Zahlungen*/*Erweiterte Optionen* ein Häkchen in die Checkbox *PayPal Sandbox aktivieren*.
- Die *E-Mail-Adresse (für Händler)* Ihres Test-Accounts für die Zahlungsart *PayPal* in das Shopsystem eintragen.

Probekauf durchführen

Anschließend schlüpfen Sie in die Rolle des Käufers:

- Führen Sie einen Probekauf im eigenen Shop durch.
- Wählen Sie *PayPal* als *Zahlungsart*.
- Verwenden Sie die *E-Mail-Adresse (für Käufer)* Ihres Test-Accounts, den Sie bei PayPal angelegt haben.

Damit haben Sie Ihren ersten Kauf im Testmodus durchgeführt. Das Ergebnis, also die Auslösung einer Zahlung, überprüfen Sie in der PayPal-Sandbox.

Transaktionen als Händler überprüfen

In der PayPal-Sandbox erkennen Sie, dass Ihr Guthaben und der Zahlungsbetrag nicht deckungsgleich sind. Sie ahnen die Ursache? Richtig, einen Teil zwackt PayPal für seine Dienste ab, auch in der Sandbox-Simulation.

Legen Sie nun noch zwei bis drei weitere Sandbox-Accounts für Käufer an und variieren Sie die Einstellungen ein bisschen. Führen Sie weitere Testkäufe durch, bevor Sie das System live schalten.

> **Merke:** Im Sandbox-Modus kann die Zahlungsmethode PayPal risikolos getestet werden.

PayPal-Tipps

Als Händler sollten Sie sich auch der Risiken bewusst sein, die mit PayPal verbunden sind. Beachten Sie deshalb die folgenden Vorsichtsmaßnahmen:

Konto überwachen

Es ist ratsam, die Transaktionen immer im Auge zu behalten und bei nicht erklärbaren Buchungen das Konto schnell zu schließen. PayPal stoppt daraufhin zwar alle Transaktionen, löscht aber nicht die Buchungen. Diese Vorgehensweise dient der Dokumentation, falls nach der Schließung noch Streitfälle gelöst und betrügerische Aktivitäten aufgeklärt werden müssen.

Käuferschutz beachten

Ihre Kunden haben eine Frist von 180 Tage nach der PayPal-Zahlung, um einen Antrag auf Käuferschutz zu stellen, beispielsweise weil ein Produkt nicht der Beschreibung entspricht. Dabei müssen sie zunächst direkt mit Ihnen als Händler Kontakt aufnehmen.

Sie haben dann 20 Tage Zeit, um sich mit dem Kunden zu einigen. Diese Frist sollten Sie unbedingt nutzen, denn anschließend hat der Kunde die Möglichkeit, den Fall an PayPal zu übertragen. Sie als Händler könnten damit bei diesem Zahlungsanbieter in Misskredit geraten.

Mit Reserven rechnen

Eines muss man der Geldwelt lassen: Sie produziert immer wieder geniale Wortschöpfungen, um Katastrophen zumindest verbal ins Gegenteil zu wenden. PayPal macht hier keine Ausnahme, was das **Reservekonto** beweist.

Es handelt sich dabei nämlich um eine sehr delikate Reserve: gesperrtes Geld. Ihres. Als Händler erkennen Sie es am Zusatz *nicht verfügbar* in Ihrer Kontoübersicht. Wie es dazu kommt? PayPal schiebt ganz unverfroren einen Teil der eingegangenen Zahlungen in die ominöse Reserveschatulle. PayPals Begründung:

„Eine Reserve ist ein Prozentsatz Ihres Geldes, der in Ihrem PayPal-Konto einbehalten wird. Damit werden eventuelle Rückzahlungen aufgrund von Käuferbeschwerden und Rückbuchungen abgedeckt." (siehe https://www.paypal.com/de/smarthelp/article/was-sind-reserven-faq2371).

Wenn Sie Gelder auf Abruf benötigen, ist PayPal also kein geeigneter Lagerort.

Geldbeträge transferieren

Horten Sie keine größeren Summen auf Ihrem PayPal-Konto, sondern transferieren Sie regelmäßig auf Ihr eigenes, »richtiges« Konto bei Ihrer Hausbank. Falls Sie von einer Sperrung seitens PayPals betroffen sind, hält sich der Ärger dann in Grenzen. Die Erfahrung zeigt: Es kann sein, dass eine Sperrung schnell wieder aufgehoben wird, muss es aber nicht.

PayPal nicht ausschließlich einsetzen

Prüfen Sie, ob PayPal Plus, also die Verwendung von PayPal für andere Zahlungsarten, die beste Lösung darstellt. Manchmal ist es zweckmäßiger, bestimmte Zahlungsarten ohne dazwischengeschaltete Anbieter durchzuführen.

Beispiel: Ein Kunde hat eine SEPA-Lastschrift zurückgehen lassen. Wenn Sie den Einzug nicht über PayPal Plus, sondern direkt über Ihre Hausbank veranlasst haben, kann sich auch die Konfliktlösung einfacher gestalten. Vielleicht hat er ja das falsche Produkt bestellt und erhält dann im zweiten Anlauf von Ihnen die passende Ware. Beim Vorgang der erneuten Zahlung sind Sie dann ohne PayPal etwas flexibler. Sie können sich direkt mit dem Kunden auf eine Überweisung oder einen Einzug per SEPA-Lastschrift einigen.

Fazit: Es ist für einen Händler nicht immer vorteilhaft, sämtliche Transaktionen unter dem Dach von PayPal abzuwickeln.

Käufer- und Verkäuferschutz

PayPal verspricht gleichzeitig Käufer- und Verkäuferschutz, nimmt also die Position eines Treuhänders ein. Es liegt in der Natur der Sache, dass dabei Interessenkollisionen auftreten. Zudem ist der Verkäuferschutz für diese Fälle generell ausgeschlossen:

- Käuferschutzanträge, Rückbuchungen oder Rücklastschriften aufgrund der Tatsache, dass der Artikel offensichtlich nicht der Beschreibung entspricht.
- Bestellungen von immateriellen Gütern wie Dienstleistungen und Artikeln, die digital bereitgestellt werden, einschließlich Software und Medien.
- Vorausbezahlte Artikel wie Geschenkkarten und Prepaid-Karten.
- Artikel, die vor Ort bzw. persönlich abgeholt werden.
- Transaktionen über **PayPal Direct**, **Virtual Terminal**, **PayPal Business** oder **PayPal Here**.
- Wenn ein Verkäufer mehrere Zahlungen für einen Artikel erhalten hat.
- Forderungen, die mit einem Händler oder Marktplatz direkt beigelegt wurden.
- Alle verbotenen Artikel gemäß den Nutzungsbedingungen.

- Der Verkäufer kann keinen Versand- oder Lieferbeleg gemäß den Nutzungsbedingungen vorlegen.
- Spenden, PayPal-Sammelzahlungen und persönliche Zahlungen.

Das PayPal-Logo

Das PayPal-Logo erhalten Sie auf dieser Webseite:
https://www.paypal.com/de/webapps/mpp/logo-center

Für die Verwendung gelten folgende Regeln:

- Sie müssen als Händler bei PayPal angenommen worden sein.
- Sie dürfen das Logo nicht ändern, bearbeiten oder umgestalten.
- Sie dürfen es nicht entgegen den PayPal-Richtlinien verwenden, PayPal herabsetzen oder den Anschein erwecken, dass PayPal Ihren Shop in irgendeiner Weise unterstützt.

Diese Klauseln sind keine Spezialität von PayPal, Sie finden ähnliches auch bei den Kreditkartenfirmen. Die Zahlungsdienstleister beharren darauf, ihre Neutralität zu wahren.

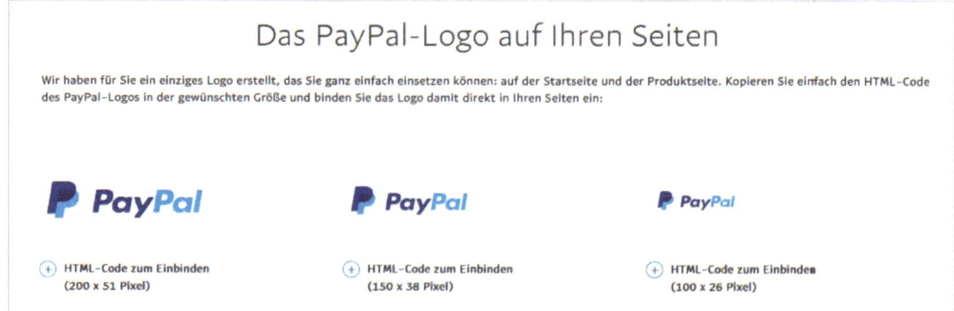

PayPal bietet Händlern Logos zur Einbettung auf der Website.

Phishing erkennen

Ein großes Problem für PayPal sind Phishing-Mails, die an Inhaber von PayPal-Konten verschickt werden. Diese E-Mails stammen angeblich von PayPal, tatsächlich haben es Betrüger darauf abgesehen, die Passwörter ihrer Opfer "abzufischen". Der Begriff Phishing beschreibt die Angriffsmethode sehr gut, darin verschmolzen sind nämlich die Wörter Passwort und Fishing.

Die meisten Phishing-Mails erkennen Sie schon anhand der ersten Zeile. PayPal selbst verwendet niemals eine allgemeine Anrede wie „Guten Tag", sondern den kompletten Vor- und Nachnamen. Allerdings werden die Methoden der Betrüger immer raffinierter. Auf dieser Seite können Sie sich über Phishing und andere Betrugsversuche informieren: *www.paypal.de/phishing*.

Rechtssystem und Gerichtsstand

Bei Streitigkeiten mit PayPal ist zu beachten: Aufsichtsbehörde von PayPal (Europe) ist die luxemburgische Bankenaufsicht CSSF (**C**ommission de **S**urveillance du **S**ecteur **F**inancier).

Um es ganz unverblümt zu sagen: Als kleiner Händler stehen Sie im Falle rechtlicher Auseinandersetzungen mit PayPal ziemlich im Regen. PayPals AGB können Sie hier einsehen: https://www.paypal.com/de/webapps/mpp/ua/legalhub-full.

Merke: Der Einsatz von PayPal ist auch mit Risiken verbunden.

3.2 Die SEPA-Lastschrift

Die Lastschrift ist in Deutschland sehr beliebt und auch für grenzüberschreitende Zahlungen nutzbar – innerhalb des SEPA-Raums.

Der SEPA-Raum

Im Jahr 2014 wurde ein einheitlicher Zahlungsraum geschaffen, und dafür steht auch die Abkürzung SEPA (**S**ingle **E**uro **P**ayments **A**rea). Das **E** wie **E**uro führt allerdings leicht zu Missverständnissen, denn der Zahlungsraum umfasst eine Reihe weiterer Währungen. Die folgende Tabelle verdeutlicht den Unterschied:

	SEPA-Raum	Euroraum
Anzahl der Mitgliedsstaaten	34	23
Anzahl der Währungen	13	1

Merke: Der SEPA-Raum ist größer als der Euroraum.

Die Lastschrift auf Käuferseite

Ein Girokonto ist alles, was der Käufer zur Teilnahme am Lastschriftverfahren benötigt. So funktioniert das Prinzip:

- Der Kunde übermittelt bei der Zahlung seine IBAN (**I**nternational **B**ank **A**ccount **N**umber).
- Der Händler zieht den Zahlungsbetrag ein.

Je nach Zahlungssystem und Art der Transaktion (Inland oder grenzüberschreitend) muss der Käufer zusätzlich auch den BIC (**B**ank **I**dentifier **C**ode) übermitteln.

Keine Kontodeckung notwendig

Kleine Anmerkung am Rande: Das Konto muss zur Teilnahme am Lastschriftverfahren nicht gedeckt sein. Als Händler werden Sie das bemerken, sobald eine Lastschrift von der Bank wieder zurückgegeben wird. Was im Falle einer Rücklastschrift passiert:

- Sie erhalten kein Geld.
- Sie müssen Bearbeitungsgebühren an zwei Banken zahlen: Ihre Hausbank und die Bank des säumigen Kunden.

Merke: Das Girokonto ermöglicht das Lastschriftverfahren auf der Käuferseite.

Lastschrift auf Händlerseite einrichten

Als Händler können Sie zwar „einfach so" eine Rechnung erstellen, aber für den Einzug von Lastschriften müssen Sie einige Hürden überwinden. Doch zunächst: Es führen unterschiedliche Wege zum Ziel. Sie haben diese zwei Optionen:

- Sie nehmen einen Zahlungsdienstleister wie PayPal (in der Variante PayPal Plus) oder eine Zahlungsplattform wie Stripe oder Mollie in Anspruch. Dabei bezahlen Sie zusätzliche Transaktionsgebühren.
- Sie ziehen die Lastschriften direkt ein. Beteiligt sind also nur drei Akteure: Ihre Kunden, Ihre Hausbank und Sie. Bei diesem Modell entfallen die zusätzlichen Transaktionsgebühren.

In diesem Kapitel wird die zweite Variante beschrieben, also der direkte Einzug ohne dazwischengeschaltete Dienstleister. Was Sie dazu zunächst benötigen: eine Gläubiger-ID.

Nicht ohne Gläubiger-ID

Benötigt wird zunächst eine Gläubiger-Identifikations-Nummer, kurz Gläubiger-ID. Falls Sie noch keine besitzen: Sie erhalten sie nicht bei Ihrer Hausbank, sondern der Deutschen Bundesbank. Das ist diese ehrwürdige Bank, die auch noch D-Mark in Euro eintauscht. Vielleicht haben Sie sogar eine Filiale in Ihrer Stadt? Gehen Sie aber nur hin, wenn im Geheimfach von Omas Kommode ein Bündel alter Hundertmarkscheine aufgetaucht ist. Der Antrag auf Zuteilung einer Gläubiger-ID kann nämlich ausschließlich über eine Website gestellt werden.

Gläubiger-ID beantragen

Auf *bundesbank.de* finden Sie alle Informationen zur Beantragung und Vergabe der Gläubigeridentifikationsnummer. Rufen Sie dazu diese Webseite auf: https://www.bundesbank.de/de/aufgaben/unbarer-zahlungsverkehr/serviceangebot/sepa/glaeubiger-identifikationsnummer

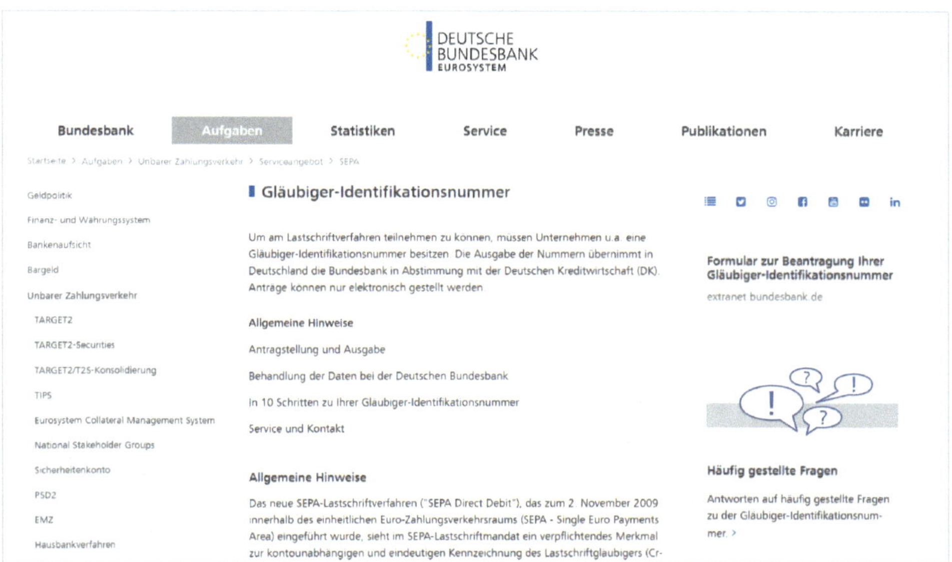

Die Deutsche Bundesbank vergibt die Gläubiger-ID.

Das Antragsformular online ausfüllen

Die Prozedur beginnt mit der Erfassung der Rechtsform Ihres Unternehmens, anschließend werden die Unternehmensadresse und weitere Daten abgefragt. Nach Eingabe aller notwendigen Informationen erhalten Sie eine Bestätigungs-E-Mail. Diese enthält eine Frist, innerhalb der Sie auf einen Bestätigungslink klicken müssen, um das Antragsverfahren abzuschließen. Wenn alles funktioniert hat, wird Ihnen Ihre Gläubiger-ID zugeteilt.

Falls Sie an irgendeiner Stelle stolpern, können Sie die Service-Hotline der Deutschen Bundesbank für Fragen zur Gläubiger-ID in Anspruch nehmen:

- Montag bis Freitag von 08:00 - 15:00 Uhr
- 069 9566-3181

Mit der Gläubiger-ID ist aber noch keine Zulassung zum Einzug von Lastschriften im SEPA-Lastschriftverfahren verbunden. Was Sie noch benötigen: grünes Licht von Ihrer Hausbank.

Gläubiger-ID bei Hausbank vorlegen

Legen Sie die Gläubiger-ID bei Ihrer Hausbank vor, um Ihr Konto für den Einzug von SEPA-Lastschriften freischalten zu lassen. **Achtung:** Für den Lastschrifteinzug aus dem Ausland ist bei vielen Banken eine Extrafreischaltung nötig. Wenden Sie sich hierzu an Ihren Kundenberater.

> **Merke:** Die Deutsche Bundesbank vergibt die Gläubiger-ID, die Hausbank schaltet den Lastschrifteinzug frei.

Das SEPA-Lastschriftmandat

Neben der Freischaltung durch die Hausbank brauchen Sie für den Einzug noch die Zustimmung des Kunden, das sogenannte Lastschriftmandat. Generiert wird es von Ihrem Shopsystem, sobald der Kunde die Option *Lastschrift* gewählt hat. Voraussetzung ist eine im Shopsystem implementierte Schnittstelle für diese Zahlungsart.

Im Shopsystem WooCommerce ist die Zahlungsart SEPA-Lastschrift nach der Installation noch nicht enthalten, Sie benötigen dazu eines dieser beiden Plugins:

- Germanized für WooCommerce in der Pro-Version
- German Market

Nachdem Sie eine Schnittstelle für den SEPA-Lastschrifteinzug im Shopsystem aktiviert haben, müssen dort folgende Gläubigerinformationen hinterlegt sein beziehungsweise ergänzt werden:

- Adresse Ihres Unternehmens
- Name des Kontoinhabers
- IBAN des Unternehmenskontos
- BIC des Unternehmenskontos
- Gläubiger-ID

Einziehen können Sie die Lastschrift dann über den Onlinezugang des Geschäftskontos, das Sie bei Ihrer Hausbank unterhalten. Unter *Sammeleinzug* können Sie dort auch mehrere Lastschriften gebündelt einziehen und sich viel Arbeit sparen.

Merke: Der Sammeleinzug von Lastschriften erspart viel Arbeit.

IBAN-Fehler vermeiden

Das Risiko liegt bei dieser Zahlungsmethode ganz auf der Seite des Händlers. Der Kunde kann eine Lastschrift ohne Begründung bei der Bank zurückgehen lassen. Falls der Kunde sein Kreditlimit überzogen hat, veranlasst die Bank selbst eine Rücklastschrift. In beiden Fällen müssen Sie zusätzlich Bearbeitungsgebühren berappeln. Wie ist das aber, wenn einem Kunden bei der Eingabe seiner SEPA-Nummer unbemerkt ein typischer Zahlendreher unterlaufen ist, der vom Shopsystem nicht erkannt wurde, und Sie dann das Geld unwissentlich mit der fehlerhaften Nummer einziehen?

Prüfziffer schützt vor Fehlüberweisungen

Im SEPA-System spielen die Namen der Gläubiger für die Überweisung keine Rolle, relevant ist allein die IBAN. Buchen Sie, wenn dem Kunden ein Fehler unterlaufen ist, etwa Geld von einem Konto ab, mit dessen Inhaber gar keine Geschäftsbeziehung besteht?

Nein, die Sorge ist unbegründet! Sämtliche SEPA-Nummern sind mit sogenannten Prüfziffern versehen, die Kontoverwechslungen in 99,99 % der Fälle verhindern.

In der Praxis passiert bei einem Zahlendreher Folgendes:

1 Sie geben eine fehlerhafte IBAN in die Eingabemaske für die SEPA-Lastschrift bei Ihrer Hausbank ein.

2 Die „verdrehte" Kontonummer wird nicht angenommen, die Überweisung nicht durchgeführt. Sie bezahlen in diesem Fall auch keine Bearbeitungsgebühren für eine Rücklastschrift.

Merke: Prüfziffern in der IBAN schützen vor Fehlüberweisungen durch Zahlendreher.

Fehlgeschlagene Lastschriften

Nach einer gescheiterten Lastschrift (Rücklastschrift) kontaktieren Sie den betreffenden Kunden per E-Mail oder Brief. Die folgende Textvorlage dürfen Sie gerne übernehmen:

Sehr geehrte Frau Mustermann,

Sie haben das Produkt XY (RE-NR. 1234) in unserem Onlineshop bestellt und am xx.xx.xxxx von uns erhalten. Als Zahlungsoption haben Sie Lastschrift gewählt.

Leider konnten wir keinen Bankeinzug vornehmen. In der Regel wurde die 22-stellige IBAN-Nummer fehlerhaft eingegeben.

Wir möchten Sie deshalb bitten, uns Ihre IBAN-Nummer erneut mitzuteilen oder den Betrag an uns zu überweisen.

Unsere Bankverbindung:

ABC-Bank Musterstadt

IBAN DE12 3456 7890 1234 5678 90

Mit freundlichen Grüßen,

Gerd Geldeintreiber

PS: Bei Fragen zur Rechnung erreichen Sie mich unter dieser Telefonnummer von Montag bis Freitag zwischen 10 und 18 Uhr: 0123 / 456789.

Falls Sie einen Brief schreiben, ist eine persönliche Unterschrift hilfreich. Sie signalisieren damit, dass Sie das Geld auch wirklich haben wollen. In den meisten Fällen wird der Kunde dann selbst aktiv und wechselt das Bezahlverfahren von Lastschrift auf Überweisung.

Merke: Nach einer fehlgeschlagenen Lastschrift muss der säumige Kunde kontaktiert werden.

3.3 Die Kreditkarte

Folgende Situation haben Sie bestimmt auch schon erlebt: Bei einem Restaurantbesuch verkündet ein edler Spender, die Rechnung für die fröhliche Runde zu übernehmen. Einen Augenblick später herrscht peinliche Stille, weil das Bargeld nicht reicht. Aus der Patsche hilft dann am einfachsten die Kreditkarte.

Vorteile der Kreditkarte

Im Ausland hat die Kreditkarte das Bargeld schon weitgehend abgelöst, bei uns ist sie auf dem Vormarsch, auch unabhängig von der Corona-Pandemie. Die Vorteile:

- Das Budget darf überzogen werden.
- Zahlungen in einer Fremdwährung werden unproblematisch abgewickelt.
- Abgerechnet wird später, nicht im Moment des Bezahlens.

Kein Wunder, dass die Nutzung der Kreditkarte immer beliebter wird – im Internet noch stärker als im stationären Handel. Die Marktführer heißen Visa und Mastercard, beide haben ihren Stammsitz in den USA. Wenn Sie die Kreditkartenzahlung anbieten, müssen diese beiden Global Player auf jeden Fall im Boot sein.

Kreditkarte auf Käuferseite

Voraussetzung zur Teilnahme an dieser Zahlungsart auf Käuferseite ist ganz einfach der Besitz einer Kreditkarte. In Deutschland sind über 40 Millionen Karten im Umlauf, Ende 2019 waren es noch 37 Millionen. Die Sättigung ist aber noch lange nicht erreicht, denn im internationalen Vergleich hinkt Deutschland bei der Kartenzahlung hinterher.

> **Merke:** Die Zahl der Kreditkarten verzeichnet ein starkes Wachstum.

Kreditkarteneinzug auf Händlerseite realisieren

Als Händler haben Sie zwei Möglichkeiten, um diese Zahlungsmethode zu realisieren.

- **Direkte Methode:** Sie wenden sich direkt an einen sogenannten Kreditkarten-Acquirer.
- **Indirekte Methode:** Sie nehmen PayPal Plus oder eine Zahlungsplattform wie Stripe oder Mollie in Anspruch.

> **Merke:** Der Einzug der Kreditkarte kann direkt oder indirekt erfolgen.

Direkte Methode: Kreditkarten-Acquirer

Als kleiner Händler ist es gar nicht so einfach, die Kreditkartenzahlung eigenständig, also ohne die Nutzung von PayPal Plus oder einer Zahlungsplattform wie Stripe oder Mollie, in einem Onlineshop zu realisieren. Wenn Sie auf eigene Regie vorgehen wollen, müssen Sie diese zwei Hürden nehmen:

- Die Unterzeichnung eines „Kreditkarten-Akzeptanzvertrags", bzw. für den Onlinehandel eines „Akzeptanzvertrags zur Kartenzahlung für den Fernabsatz". Vor der Unterzeichnung muss Ihr Unternehmen ein Prüfverfahren über sich ergehen lassen.
- Die technische Umsetzung. Ihr Shopsystem muss über eine Schnittstelle verfügen, die die Kreditkartendaten automatisch vom Kunden an den Acquirer weiterleitet.

Was Sie nicht tun sollten: direkt mit Visa oder Mastercard Kontakt aufnehmen. Zwar befindet sich auf der Rückseite jeder Kreditkarte eine Telefonnummer, aber die ist nicht für Onlinehändler gedacht. Man würde am anderen Ende der Leitung gar nicht verstehen, was Sie überhaupt wollen. Wenn es ganz dumm läuft, wird Ihre Karte gesperrt. Doch der Reihe nach: Was ist überhaupt ein Kreditkarten-Akzeptanzvertrag?

Merke: Der direkte Einzug von Kreditkarten benötigt einen Akzeptanzvertrag mit einem Acquirer und eine Schnittstelle im Shopsystem.

Der Kreditkarten-Akzeptanzvertrag

Was sind die wesentlichen Elemente eines Vertrags – egal ob Ehe- oder Geschäftsvertrag? Richtig, zwei Vertragspartner und der Vertragsgegenstand.

Der Vertragsgegenstand ist für den Onlinehändler schnell geklärt: Es geht um die Zahlungsannahme per Kreditkarte. Für Verwirrung kann allerdings die Anzahl der Beteiligten sorgen. Nicht zwei, sondern drei sind da zugange:

- Der Händler.
- Der Kreditkarten-Acquirer - z. B. die Unternehmen BS Payone (Sitz in Frankfurt) und Concardis (Sitz in Eschborn bei Frankfurt).
- Der Kreditkartenanbieter - z. B. Visa oder Mastercard.

Denken Sie jetzt aber nicht an ein Dreiecksverhältnis, denn Sie als Händler kommen mit dem Kreditkartenunternehmen gar nicht in Berührung. Sie schließen den Akzeptanzvertrag direkt mit einem Acquirer, der hierfür vom Kreditkartenunternehmen lizenziert wurde.

Die Shop-Prüfung

Weil ein Acquirer keine Wohlfahrtsorganisation ist, wählt er seine Geschäftspartner aus. Dazu prüft er die Angaben zu Ihrem Unternehmen und Ihrem Onlineshop, die Sie an ihn mit einem Antrag übermitteln müssen. Der Acquirer entscheidet dann nach eigenem geschäftlichem Interesse. Sie sollten sich von vornherein auf diese möglichen Ergebnisse einstellen:

- Annahme Ihres Antrags.
- Aufforderung an Sie, noch Informationen nachzuliefern.
- Ablehnung Ihres Antrags.

Merke: Vor dem Abschluss eines Akzeptanzvertrags wird der Shop einer Prüfung unterzogen.

Integration in das Shopsystem

Ein Akzeptanzvertrag nützt Ihnen wenig, wenn sich die Lösung nicht technisch umsetzen lässt. Was Sie dazu benötigen, ist eine passende Schnittstelle. Für Shopsysteme, die keine eigenen Schnittstellen für die Kreditkartenzahlung zur Verfügung stellen, gibt es zumeist eine externe Lösung beim Anbieter Sellxed. Die entsprechenden Plugins können Sie hier erwerben: https://www.sellxed.com/de.

Merke: Plugins erweitern ein Shopsystem mit einer Schnittstelle für eine Zahlungsart.

Kreditkartenzahlung über PayPal Plus, Stripe oder Mollie abwickeln

Mit dem Einsatz von PayPal Plus, Stripe oder Mollie sparen Sie sich die Verhandlungen mit einem Acquirer. Folgendes wird in diesem Fall für Sie erledigt:

- Aufnahme des Kontakts zu den Kreditkarten-Acquirern.
- Abwicklung der Zahlungstransaktionen.

Voraussetzung ist, dass Ihr Shopsystem auch mit PayPal Plus beziehungsweise Stripe oder Mollie zusammenarbeitet und die entsprechenden Schnittstellen zur Verfügung stellt. Für weit verbreitete Systeme wie WooCommerce, Shopware und Shopify ist dies der Fall. Falls Sie ein anderes Shopsystem verwenden, sollten Sie sich zunächst erkundigen, ob die technischen Voraussetzungen gegeben sind.

Merke: Die Abwicklung von Kreditkartenzahlungen über PayPal Plus, Stripe oder Mollie erspart den Abschluss eines Kreditkarten-Akzeptanzvertrags.

Einsatz von Logos

Wenn Sie Zahlungen per Kreditkarte annehmen, dann dürfen und sollten Sie auch die Logos der entsprechenden Firmen verwenden, z. B. von Visa und MasterCard. Zu beachten sind dabei deren Richtlinien. Erwecken Sie nicht den Eindruck, dass eine Kreditkartenfirma Sie oder Ihre Waren oder Dienstleistungen in irgendeiner Form empfiehlt. Sie dürfen Ihre Kunden lediglich darüber informieren, über welche Kreditkarten eine Zahlung möglich ist.

> **Merke:** Logos einer Kreditkartenfirma dürfen nicht missbräuchlich eingesetzt werden.

Pro und Kontra Kreditkarte

Lohnt es sich, die Kreditkarte als Zahlungsmittel einzusetzen? Als Entscheidungshilfe hier für Sie die Argumente dafür und dagegen:

Pro Kreditkarte

- **Verbreitung** - Die Kreditkarte gewinnt an Verbreitung hinzu.
- **Vertrauen** - Für Kunden unter 50 Jahren ist der Onlinekauf mit PayPal selbstverständlich. Die zahlungskräftigen „Best Ager" vertrauen lieber der Kreditkarte.
- **Währungsübergreifend einsetzbar** - Sie verkaufen im Ausland und außerhalb des Euroraums? Mit der Zahlung per Kreditkarte hat sich die Währungsproblematik erledigt.
- **Geringeres Ausfallrisiko** im Vergleich zu Lastschrift und Rechnung. Rechnungen werden auch mal verbummelt, Lastschriften können leicht zurückgebucht werden.
- **Geringer Aufwand im laufenden Betrieb** - Sie müssen selbst keine Zahlungen veranlassen.
- **Hohe Sicherheit** - Bei der Zahlung mit Kreditkarte können Sie relativ sicher sein, dass das Geld auch ankommt.

Kontra

- **Gebühren** - Die Zahlung per Kreditkarte ist mit Gebühren verbunden, die gerade bei kleineren Transaktionen auf die Gewinnmarge drücken.
- **Aufwand** - Die Einrichtung der Zahlung per Kreditkarte ist für den Händler mit mehr Aufwand verbunden als beispielsweise der Kauf auf Rechnung.

> **Merke:** Kunden ab 50 Jahren vertrauen der Kreditkarte mehr als PayPal.

3.4 Kauf auf Rechnung

Zwei unterschiedliche Abläufe sind für den Kauf auf Rechnung denkbar:

- **Geld zuerst** - Bei der **Vorkasse** erhält der Kunde seine Ware erst nach Überweisung des Rechnungsbetrags.
- **Ware zuerst** - Der Kunde zahlt nach Erhalt der Ware.

Die erste Methode ist für Sie als Händler zwar komfortabel, aber kein Besteller will lange auf eine Sendung warten. Für den Kauf auf Vorkasse müssen Sie schon spezielle Gründe haben. Außerdem ist es wichtig, die richtigen Begriffe zu kommunizieren. Mit dem Begriff **Vorkasse** weiß der Kunde, worauf er sich einlässt.

Kundenfreundlicher ist die Bezahlung nach Erhalt der Ware. Die Rechnung wird dann per E-Mail verschickt oder liegt dem Paket bei.

Voraussetzungen auf Käuferseite

Welche Voraussetzungen braucht der Kunde für den Kauf auf Rechnung? Keine. Zur Zahlung muss er nicht einmal über eine eigene Bankverbindung verfügen. Das Girokonto ist zwar üblich, aber theoretisch kann das Geld auch in einer Bankfiliale am Schalter eingezahlt werden.

Merke: Der Kauf auf Rechnung ist für den Kunden ohne Voraussetzung möglich.

Voraussetzungen auf Händlerseite

Mit einem ganz gewöhnlichen Bankkonto erfüllen Sie als Händler schon alle Voraussetzungen, um Zahlungen per Rechnung empfangen zu können.

Als Gründer eines Onlineshops müssen Sie dafür nicht einmal Ihre Bank kontaktieren. Es ist aber sehr wahrscheinlich, dass sich die Bank bei Ihnen meldet, sobald Sie mit einem privaten Konto eine gewisse Schwelle an Transaktionen überschreiten. Man wird Ihnen dann die Eröffnung eines Geschäftskontos nahelegen - zu höheren Gebühren.

Merke: Für den Verkauf auf Rechnung benötigt ein Händler lediglich eine Bankverbindung.

Integration in das Shopsystem

In den meisten Shopsystemen ist der Kauf auf Rechnung als Zahlungsart schon integriert. Worauf Sie aber achten müssen:

- Das Shopsystem sollte zu jeder Bestellung eine automatisierte Rechnung als PDF erstellen.
- Die PDF-Rechnungen sollten als E-Mail-Anhang an die Besteller versendet werden.

Falls Sie das Shopsystem WooCommerce verwenden, benötigen Sie zur automatisierten Erstellung und Versendung von Rechnungen ein weiteres Plugin, nämlich entweder Germanized für WooCommerce (in der Pro-Version) oder German Market.

Merke: Beim Kauf auf Rechnung sollte ein automatisch generiertes Rechnungs-PDF an den Besteller versendet werden.

Tipps für die Zahlungsart Rechnung

Ob auf Papier, in einem PDF oder auf der Website - kommunizieren Sie Ihre Bankverbindung gut sichtbar. Machen Sie es dem Kunden so einfach wie möglich, der Zahlungsverpflichtung nachzukommen - und so schwer wie möglich, etwas durcheinander zu bringen. Achten Sie unbedingt auf die Darstellung der IBAN in Viererblöcken. Beispiel für eine übersichtliche Lösung:

Überweisen Sie den Rechnungsbetrag an:

Mustershop Online

Musterbank

IBAN: DE12 3456 7890 1234 5678 90

BIC: ABCDEFGH

Verwendungszweck: Ihre Rechnungsnummer

Zahlungsfrist setzen

Üblich ist eine Zahlungsfrist von 14 Tagen. Die beiden folgenden Formulierungen können Sie für Ihren Shop übernehmen:

- Text für die Informationsseite zu den Zahlungsmethoden:

  Beim Kauf auf Rechnung haben Sie nach dem Erhalt der Ware 14 Tage Zeit. Sie bezahlen dann per Überweisung.

- Text für die beiliegende Rechnung:

  Wir bedanken uns für Ihre Bestellung. Bitte überweisen Sie den Betrag innerhalb von 14 Tagen auf unser Konto.

Merke: Die Bankverbindung muss gut lesbar dargestellt werden.

Zahlungserinnerung und außergerichtliche Mahnung

Gerne stapeln sich Sachen auf dem Schreibtisch, die nicht sofort erledigt werden müssen, Rechnungen etwa. Wenn diese nicht bezahlt werden, kommt auf den Händler Arbeit zu. Konkret bedeutet das: Sie müssen Zahlungseingänge regelmäßig kontrollieren und an die säumigen Kunden Zahlungserinnerungen und Mahnungen verschicken.

Am besten gewöhnen Sie sich eine Routine an, um Ihre Gläubiger an ausstehende Zahlungen zu erinnern - allerdings ohne selbst in rechtlich problematisches Fahrwasser zu geraten.

In **§ 286 Abs. 3 BGB** heißt es: „Der Schuldner einer Entgeltforderung kommt spätestens in Verzug, wenn er nicht innerhalb von 30 Tagen nach Fälligkeit und Zugang einer Rechnung oder gleichwertigen Zahlungsaufstellung leistet; dies gilt gegenüber einem Schuldner, der Verbraucher ist, nur, wenn auf diese Folgen in der Rechnung oder Zahlungsaufstellung besonders hingewiesen worden ist."

Im Klartext: Der Kunde (und Schuldner) hat zum Bezahlen nicht nur 30 Tage Zeit, er muss auch vor dem Einleiten rechtlicher Schritte auf sein Versäumnis hingewiesen werden. Kommen Sie also nicht gleich mit dem Holzhammer. Drängen Sie auch dann niemanden in eine bestimmte Ecke, wenn Ihnen innerlich der Kragen platzt. Erboste Kunden können einem Unternehmen einen schwer reparierbaren Imageschaden zufügen, zum Beispiel durch negative Kommentare in Foren und Blogs sowie auf Social-Media-Plattformen und Bewertungsportalen.

Die Zahlungserinnerung

In den allermeisten Fällen genügt eine Zahlungserinnerung, um das Geld einzutreiben. Folgende Elemente sollten enthalten sein:

- das Rechnungsdatum
- die Rechnungsnummer
- die gekauften Produkte
- der fällige Betrag
- eine neue Zahlungsfrist
- Ihre Bankverbindung

Es ist natürlich nicht ganz auszuschließen, dass der Kunde die Sendung samt beiliegender oder per PDF verschickter Rechnung tatsächlich nicht erhalten hat. Verwenden Sie folgende Formulierung, um vorsichtig nachzufragen und ganz allgemein etwas „den Druck vom Kessel" zu nehmen:

> **Die von Ihnen bestellte(n) Ware(n) wurde von uns am xx.xx.xxxx versendet. Leider ist bei uns bisher noch keine Zahlung eingegangen. Wir bitten Sie daher, den Rechnungsbetrag innerhalb der nächsten 14 Tage zu überweisen.**

Übernehmen Sie auch den folgenden Satz, um den Eiertanz zwischen Deeskalation und Nachdruck souverän zu meistern:

> **Falls Sie eine Frage zu Ihrer Rechnung haben, können Sie mich unter dieser Telefonnummer erreichen: 0123/456789.**
>
> **Gerd Geldeintreiber**

Rechnungen werden in der Regel nicht unterschrieben. Bei Zahlungserinnerungen können Sie aber mit dem Setzen einer Unterschrift etwas persönlicher werden.

Die außergerichtliche Mahnung

Wenn die Zahlungserinnerung nicht gefruchtet hat, dürfen Sie einen Gang hochschalten. Ersetzen Sie das Wort **Zahlungserinnerung** durch **Mahnung**. Sie können Ihren Schuldner auch an den entstandenen Materialkosten beteiligen. Üblich sind hier 2,50 Euro für Porto und Versand. Das ist zwar nur ein symbolischer Betrag, aber spätestens jetzt sollte der Kunde bemerkt haben, dass Sie ihn nicht vergessen haben und auf der Forderung bestehen.

Merke: Erst Zahlungserinnerung, dann Mahnung.

Das gerichtliche Mahnverfahren

Das Geld ist trotz der Zahlungserinnerung und der außergerichtlichen Mahnung immer noch nicht da und die Frist von 30 Tagen schon eine Weile überschritten? Dann ist der Schuldner in Verzug geraten und Sie können ein gerichtliches Mahnverfahren einleiten. „Gerichtlich" klingt zwar nach schwerem Geschütz, aber in diesem Falle erheben Sie keine Anzeige, sondern Sie bewegen sich noch auf halbwegs überschaubarem Terrain - auch bezüglich der Gerichtskosten. Kennzeichen des Mahnverfahrens sind:

- Sie können alle Schritte in Eigenregie veranlassen.
- Es gibt weder eine mündliche Verhandlung noch eine dicke Klageschrift.
- Sie schildern kurz den Sachverhalt, um einen gerichtlichen Mahnbescheid zu erhalten.

Und wer ist da am Gericht zuständig? Um ein Mahnverfahren einzuleiten, müssen Sie nicht persönlich bei irgendeinem Amt aufkreuzen - dem Internet sei Dank.

Mahngerichte.de

Ob Verkehrs- oder Arbeitsgericht, für allerlei Rechtsangelegenheiten existieren eigene Gerichte, und das gilt auch für Mahnungen. Anlaufstelle ist die Website
https://www.mahngerichte.de/

Auf dieser gemeinsamen Plattform der Mahngerichte finden Sie:

- die wichtigsten Informationen zum Mahnverfahren sowie
- Formulare zum Ausfüllen und Abschicken.

Hat das Gericht Ihr Anliegen formal geprüft und nichts daran zu mäkeln, dann erhält der säumige Kunde einen amtlichen Brief. Absender sind dann nämlich nicht mehr Sie, sondern das Gericht. Seine drei Reaktionsmöglichkeiten:

- Der Schuldner zahlt.
- Er legt innerhalb von 14 Tagen Widerspruch ein. Ihnen bleibt dann der Weg über eine Zivilklage.
- Er reagiert überhaupt nicht. Dann können Sie einen Vollstreckungsbescheid erwirken und mittels Gerichtsvollzieher durchsetzen.

Anlaufstelle für gerichtliche Mahnverfahren: mahngerichte.de

Kosten und Nutzen abwägen

Entgangene Zahlungen sind zwar immer unerfreulich, aber trotzdem sollten Kosten und Nutzen vor dem Einleiten juristischer Schritte ganz nüchtern abgewogen werden. Jedes gerichtliche Verfahren bringt Aufwand und nicht selten auch Ärger mit sich. In manchen Fällen ist es klüger, auf die Forderung zu verzichten. Geht es um kleine Beträge von problematischen Kunden? Dann belasten Sie sich nicht auch noch mit Mahnkosten. Hauen Sie lieber auf einen Boxsack ein.

Mahnkosten werden nämlich nicht immer vom Schuldner getragen. In diesen Fällen bleibt der Gläubiger darauf sitzen:

- Die Forderung ist nicht berechtigt.
- Der Schuldner ist zahlungsunfähig.
- Der Gläubiger bricht das Verfahren aus eigenem Entschluss ab.

> **Merke:** Vor der Einleitung eines gerichtlichen Mahnverfahrens Kosten und Nutzen abschätzen.

Inkassounternehmen beauftragen

Inkassounternehmen bieten eine alternative Möglichkeit, um das Geld säumiger Zahler zu erhalten. Technisch läuft das Verfahren so ab: Sie treten Ihre Forderung an eine Inkassofirma ab, die das Geld eintreibt und zur Kostendeckung zusätzliche Inkassogebühren erhebt. Weil das Inkassobüro im Gegensatz zum Gericht relativ schnell handelt, kommen Sie also fix zu Ihrem Geld. Allerdings kostet das Verfahren Sympathiepunkte. Niemand freut sich, wenn er plötzlich Post von einem Inkassobüro erhält, und dann auch noch zusätzliche Gebühren berappen soll. Setzen Sie den säumigen Zahler auf jeden Fall in Kenntnis, bevor Sie ihm „die Geldeintreiber auf den Hals hetzen". Und gehen Sie davon aus, dass Sie diesen Kunden los sind.

Merke: Inkassounternehmen sind das letzte Mittel.

Privat- und Geschäftskunden unterscheiden

Zwischen zwei Geschäftskunden ticken die Uhren anders. Im B2B-Handel müssen Sie keine Zahlungserinnerung absenden, um 30 Tage nach Fälligkeit der Zahlung ein gerichtliches Mahnverfahren zu beginnen. Poltern Sie aber trotzdem nicht gleich los. Vielleicht lässt sich das Problem ja mit einer E-Mail oder einem Anruf aus der Welt schaffen. Haben Sie im Hinterkopf, dass ein guter Ruf auch in der Geschäftswelt schnell ruiniert sein kann.

Merke: Im B2B-Geschäft kann schneller gemahnt werden, muss aber nicht.

Pro und Kontra Kauf auf Rechnung

Der Kauf auf Rechnung gehört zu den klassischen Zahlungsarten, hat aber trotzdem in der Welt des Onlinehandels seinen Platz. Hier eine kurze Übersicht der Vor- und Nachteile:

Pro

- Keine besonderen Voraussetzungen nötig.
- Es entstehen keine Transaktionskosten.
- Aufseiten des Händlers muss kein Buchungsvorgang veranlasst werden.
- Der Kunde kann das vom ihm überwiesene Geld nicht einfach zurückbuchen lassen.

Kontra

- Der Kunde muss selbst aktiv werden, was er nach Erhalt der Ware ganz gerne vergisst.
- Ohne Erinnerungsschreiben und Mahnungen geht es bei dieser Methode leider nicht.
- Wenn der Kunde noch nicht bezahlt hat, muss er bei einer Retoure auch keine Transaktion rückgängig machen. Beim Kauf auf Rechnung ist die Retourenquote deshalb sehr hoch.

Merke: Wer auf Rechnung verkauft, muss sich um Zahlungserinnerungen und Mahnungen kümmern.

3.5 Die Zahlungsplattformen Stripe und Mollie

Sie möchten neben PayPal den Lastschrifteinzug, die Zahlung per Kreditkarte und noch weitere Payment-Lösungen abdecken, sich aber nicht bei allen einzelnen Dienstleistern einer Anmeldeprozedur unterziehen und sich um ein halbes Dutzend Schnittstellen in Ihrem Shopsystem kümmern? Dann sind Zahlungsplattformen wie Stripe oder Mollie eine Überlegung wert.

Das Prinzip dieser beiden Anbieter ist gleich:

- Sie legen einen Account für Ihr Unternehmen bei der Zahlungsplattform an.
- Sie erhalten den Zugang zu einer ganzen Reihe von Zahlungsanbietern, die mit der Zahlungsplattform verknüpft sind.
- Sie wählen in Ihrem Shopsystem die von Ihnen gewünschten Zahlungsarten aus.

Voraussetzung dieser Konstruktion ist das Vorhandensein einer Schnittstelle zwischen der Zahlungsplattform und Ihrem Onlineshop. Für populäre Shopsysteme wie WooCommerce oder Shopify ist das aber kein Problem.

Stripe

Die Zahlungsplattform Stripe wurde 2009 gegründet und hat ihren Hauptsitz in San Francisco. Der wichtigste Unterschied zu PayPal: Bei Stripe kann niemand ein privates Konto eröffnen. Stripe wickelt den Zahlungsverkehr, zum Beispiel den Kreditkarteneinzug, im Hintergrund ab. Wenn Sie also einen Onlinebesteller fragen, ob er schon einmal mit Stripe bezahlt hat, wird er dies verneinen. Einen Händler-Account bei Stripe erhalten Sie hier: https://stripe.com/de.

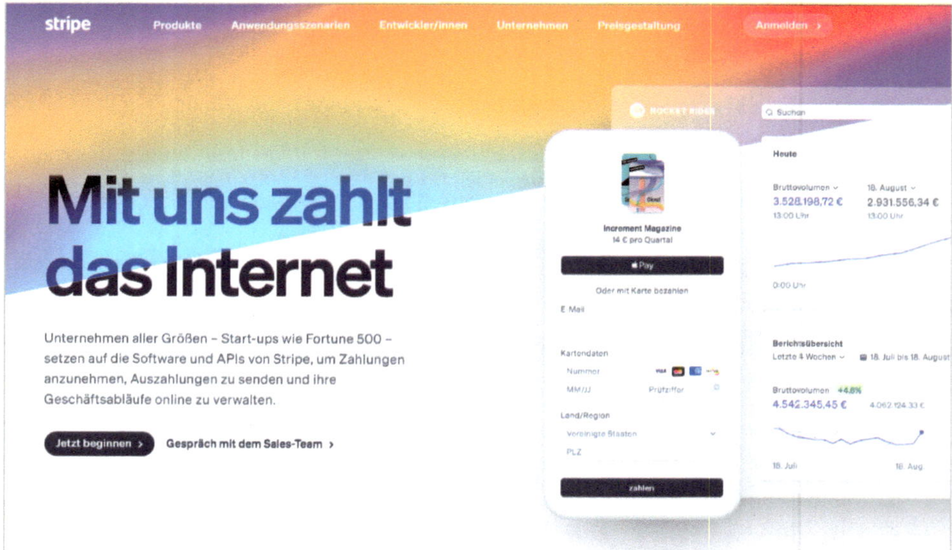

Die Zahlungsplattform Stripe.

Stripe eignet sich prima als Ergänzung zu PayPal in der Standardversion. Wenig Vorteile bietet dagegen die Kombination von PayPal Plus und Stripe. Alle Zahlungsarten, die PayPal Plus zur Verfügung stellt, sind nämlich auch in Stripe enthalten.

Merke: Stripe ist leicht einzurichten und eine gute Ergänzung zu PayPal.

Mollie

Die Zahlungsplattform Mollie wurde 2004 gegründet und hat ihren Hauptsitz in Amsterdam. Wie bei Stripe beschränkt sich das Angebot auf Händlerkonten. Einen Händler-Account erhalten Sie hier: https://www.mollie.com/de.

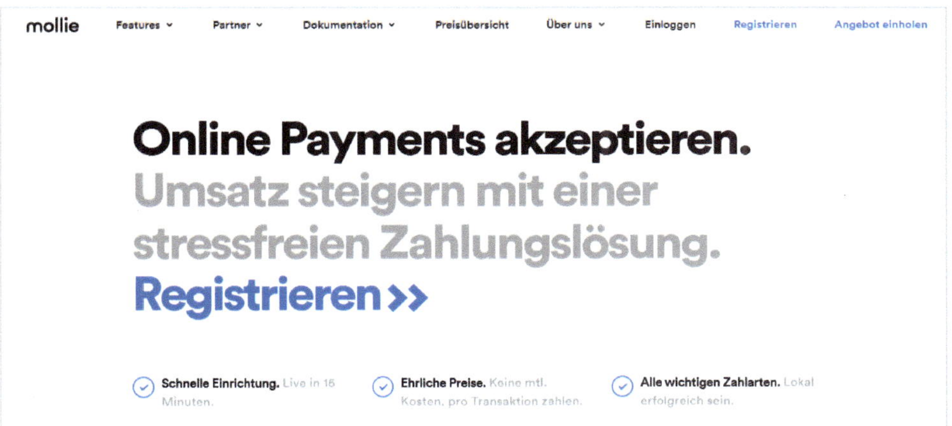

Die Zahlungsplattform Mollie.

Zur Kombination von PayPal und Mollie haben Sie zwei Möglichkeiten:

- Sie verwenden PayPal und Mollie getrennt.
- Sie binden PayPal als Zahlungsart innerhalb von Mollie ein.

Achtung: Die zweite Methode erscheint zunächst sehr verlockend, allerdings müssen Sie dafür trotzdem einen PayPal-Händler-Account anlegen. Diese Prozedur wird Ihnen von Mollie nicht abgenommen.

Merke: Mollie ist eine Alternative zu Stripe.

3.6 Sonstige Zahlungsmethoden

Der Markt der Zahlungsanbieter ist ständig in Bewegung. Für Händler heißt es, das Auf und Ab im Auge zu behalten und den Zahlungsmix gegebenenfalls anzupassen.

Sofortüberweisung

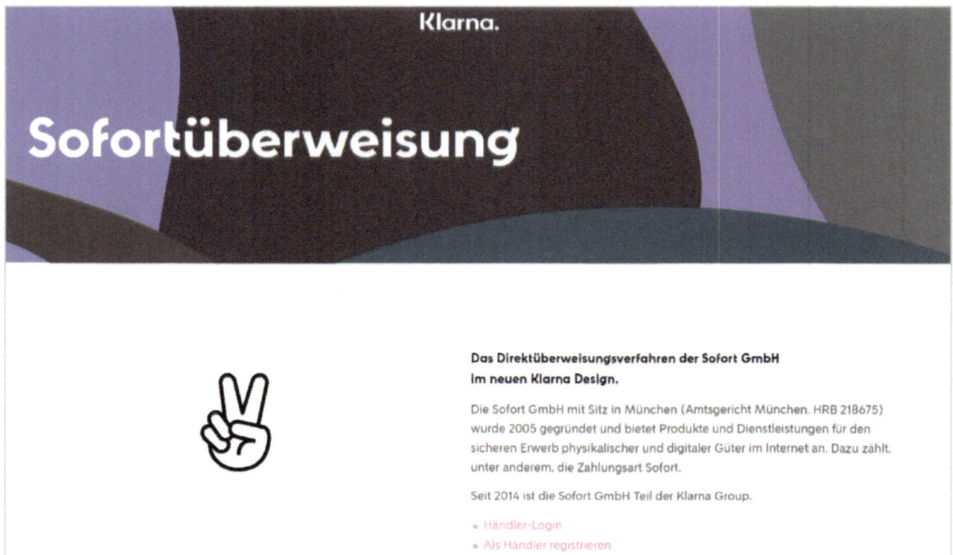

Die Sofortüberweisung: sofort.de

Angenommen, ein Kunde möchte in Ihrem Onlineshop eine Software per Download erwerben oder einen Kurs buchen, der noch am selben Tag beginnt. Diese Schritte wären bei der klassischen Überweisung damit verbunden:

- Der Kunde kauft das Produkt.
- Der Kunde veranlasst die Überweisung.
- Der Händler kontrolliert den Zahlungseingang.
- Der Kunde erhält einen Link zum Download oder einen Zugang zum Kurs.

Der Haken an dieser Prozedur: die Zeitverzögerung. Der Kunde will das Produkt natürlich sofort nach der Bezahlung erhalten bzw. am Kurs noch rechtzeitig teilnehmen.

Das Prinzip der Sofortüberweisung

Bei der Sofortüberweisung schlüpft der Zahlungsdienstleister in die Rolle eines Treuhänders. Er veranlasst die Transaktion und teilt dem Empfänger sofort mit, dass sich das Geld auf dem Weg befindet. Die Kosten hat der Händler zu tragen, die Konditionen sind aber trotz der Einstiegskosten und der monatlichen Grundgebühr im Vergleich zu PayPal und auch Stripe oder Mollie günstiger:

- Einmalig 59,90 Euro.
- Monatliche Grundgebühr: 4,90 Euro.
- Pro Transaktion: 0,9 % plus 0,25 Euro.

Die Gebühren von PayPal, Stripe und Mollie haben zu viele Staffelungen und Sonderfälle. Deshalb bleiben sie unberücksichtigt. Sonderkonditionen bietet die Sofort GmbH, die zur schwedischen Klarna-Gruppe gehört, auf Anfrage für gemeinnützige Organisationen.

Angeschlossene Länder

Die Anzahl der angeschlossenen Länder variiert bei der Sofortüberweisung und ist in den letzten Jahren geschrumpft. Aktuell werden unterstützt: Belgien, Deutschland, Italien, die Niederlande, Österreich, Polen, Schweiz, Spanien und UK. Nicht mehr zur Verfügung steht die Sofortüberweisung für Ungarn, Tschechien und die Slowakei.

Integration in das Shopsystem

Für die Integration der Sofortüberweisung in Ihr Shopsystem haben Sie zwei Möglichkeiten, nämlich die direkte und die indirekte:

- **Direkte Methode:** Sie registrieren sich selbst als Verkäufer auf der Website https://www.sofort.com und nutzen in Ihrem Onlineshop eine spezialisierte Schnittstelle. Für WooCommerce benötigen Sie dazu ein Plugin wie beispielsweise *Klarna SOFORT Überweisung für WooCommerce*. Sie können es hier bei der Firma MarketPress für 49 Euro beziehen:
  https://marketpress.de/shop/plugins/woocommerce/sofort-ueberweisung-fuer-woocommerce/.
  Im Plugin hinterlegen Sie dann einen Konfigurationsschlüssel, den Sie in Ihrem Account bei *sofort.com* abrufen.
- **Indirekte Methode:** Sie sparen sich die Anmeldeprozesse und den Einbau von Schnittstellen und nutzen eine übergreifende Zahlungsplattform wie Stripe oder Mollie.

Kritik an der Sofortüberweisung

In puncto Vertrauensvorschuss und Datenschutz verlangt die Sofortüberweisung den Bestellern einiges ab. Immerhin werden die Zugangsdaten für das Onlinebanking einem externen Dienstleister zur Verfügung gestellt. Bankgeheimnis geht anders. Der Dienstleister kann damit nicht nur die Zahlungstransaktion für den Onlineshop durchführen, er gewinnt auch Einsicht in den Kontostand, andere Transaktionen und erteilte Daueraufträge. Trotzdem hat sich die Sofortüberweisung etabliert, nicht zuletzt durch die im Januar 2018 in Kraft getretenen gesetzlichen Regelungen für den europäischen Zahlungsverkehr. Darin ist festgelegt:

- Die Sofortüberweisung und vergleichbare Dienste unterliegen der Bankenaufsicht.
- Verbraucher dürfen ihre PIN- und TAN-Daten an die Sofort GmbH und vergleichbare Dienste weitergeben.

> **Merke:** Die Sofortüberweisung darf niemals als einzige Zahlungsart angeboten werden.

Giropay

Als Alternative zu PayPal präsentieren die deutschen Banken und Sparkassen den Zahlungsdienst Giropay.

Die deutsche Bankenwelt hat schon mehrere Versuche gestartet, um dem Konkurrenten PayPal Marktanteile abzujagen, ist aber immer wieder gescheitert. Das aktuelle Projekt nennt sich Giropay beziehungsweise „Das neue Giropay", denn es vereint die beiden Vorgängerprojekte Paydirekt und Giropay.

Ziel ist es, die über 50 Millionen deutschen Girokonten für das bequeme Onlineshopping verfügbar zu machen. Und auf den ersten Blick klingen die Argumente von Giropay gar nicht schlecht:

- Giropay ist im Vergleich zu PayPal an höhere Sicherheitsstandards gebunden.
- Die Händler sind von der Bank authentifiziert.
- Die Kunden sind identifiziert und altersverifiziert.
- Einhaltung des Bundesdatenschutzgesetzes (BDSG) und hohe Standards bei der Verschlüsselung.
- Es besteht eine Zahlungsgarantie nach erfolgreicher Transaktion.

Giropay als Alternative zu PayPal?

Paydirekt, der Vorgänger von Giropay, war mit großem Aufwand gestartet, scheiterte aber an folgenden Faktoren:

- Zu geringe Reichweite.
- Zu geringe Nutzerfreundlichkeit für die teilnehmenden Händler.
- Die teilnehmenden Banken betrieben parallel ihre eigenen Projekte.

Diese drei Faktoren sind mit der Neuaufstellung immer noch nicht vom Tisch. Ob sich Giropay gut entwickelt oder in ein paar Jahren wieder eingestampft wird? Es bleibt abzuwarten.

> **Merke:** Die Entwicklung der Reichweite von Giropay sollte beobachtet werden.

Amazon Pay

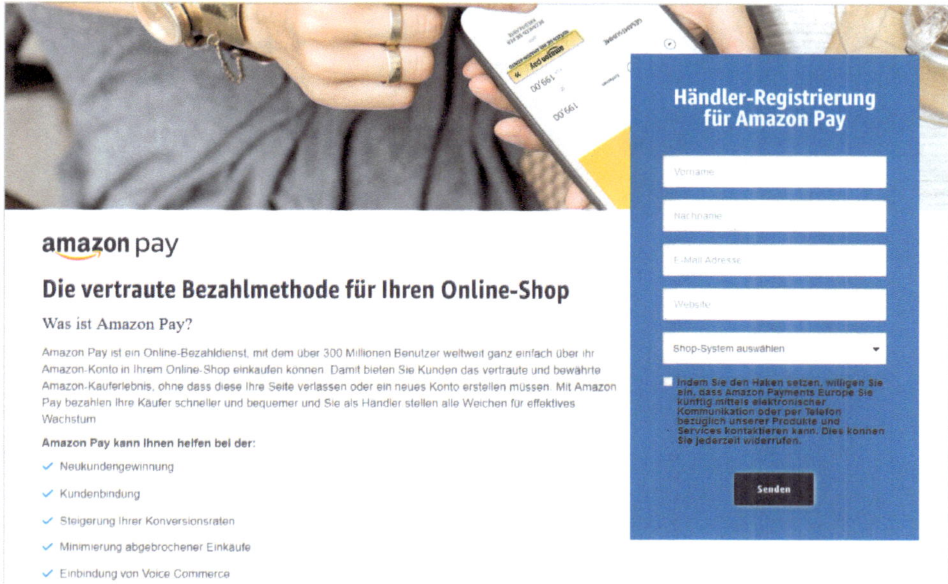

Händler-Registrierung für den Bezahldienst Amazon Pay.

Der Onlineriese Amazon bietet mit Amazon Pay einen Bezahldienst an, den Sie auch für Ihren eigenen Shop, also auf einer von Amazon unabhängigen Domain, nutzen können. Unterstützt werden alle populären Shopsysteme wie beispielsweise JTL, Magento, Prestashop, Shopify, Shopware und WooCommerce.

Die Händler-Registrierung für Amazon Pay finden Sie auf dieser Website:
https://pages.amazonpayments.com/Amazon_Pay_vertraute_Bezahlmethode.html

Integration von Amazon Pay

Die Integration von Amazon Pay in Ihr Shopsystem verläuft in drei Schritten:

1. Einrichtung eines Händlerkontos bei Amazon Pay.
2. Aktivierung von Amazon Pay auf Ihrer Website.
3. Live-Schaltung von Amazon Pay.

Ist die neue Bezahlart eingerichtet und freigeschaltet, so erhalten die Kundinnen und Kunden Ihres Onlineshops bei der Bestellung die Zahlungsoption *Amazon Pay* angeboten. Diejenigen, die sich dafür entscheiden, können sich dann mit ihrem Amazon-Login anmelden und die bei Amazon hinterlegten Daten nutzen. Sie ersparen sich also die händische Eingabe von Bankdaten und Lieferadresse. Besonders effektiv ist Amazon Pay damit für die Gewinnung von Neukunden. Die von Amazon Pay eingezogenen Gelder können Sie dann, abzüglich von Gebühren, auf Ihr persönliches Konto transferieren.

Gebühren für Amazon Pay

Amazon Pay verlangt von Ihnen als Händler dafür eine Festgebühr (Autorisierungsgebühr) von 0,35 Euro pro Buchung plus eine, vom monatlichen Umsatz abhängige Bearbeitungsgebühr. (Stand: Januar 2022)

Monatliches Zahlungsvolumen (EUR)	Bearbeitungsgebühr	Autorisierungsgebühr (EUR)
unter 5.000	1,9 %	0,35
5.000,01 - 25.000	1,7 %	0,35
25.000,01 - 50.000	1,5 %	0,35
über 50.000	1,2 %	0,35

3.7 Der Kunde im Fokus

König Kunde wählt seine Zahlungsart nach ganz speziellen Kriterien aus. Wichtig sind ihm Bequemlichkeit und Sicherheit, aber manchmal führt er auch etwas im Schilde.

Zahlungsart und Produkt

Die Bezahlung auf Rechnung nach Erhalt der Ware bevorzugt, wer von vornherein eine Retoure einplant. Häufig zurückgesendet werden Produkte wie Schuhe, Bekleidung und Accessoires. Aber auch bei der Buchung von Kursen oder Therapiestunden über Ihren Onlineshop dürfen Sie sich als Händler nicht zu früh freuen. Der eine oder andere Kunde wird den reservierten Termin nämlich kurzfristig wieder platzen lassen. Wenn Sie über eine begrenzte Anzahl von Plätzen verfügen, müssen Sie sich hierbei etwas einfallen lassen und dies deutlich kommunizieren. Beispiele:

- Für die Buchung von Kursen steht die Bezahlung auf Rechnung nicht zur Verfügung.
- Kostenfreie Stornierung bis 24 Stunden vor der Veranstaltung. Bei einer späteren Stornierung wird die Hälfte der Kursgebühr rückerstattet.

Merke: Nicht jeder gebuchte Termin wird auch eingehalten.

Zahlungsart und Endgerät

Unproblematisch sind die meisten Zahlungsarten vom Desktop-PC aus, zum Beispiel die Lastschrift. Sind IBAN und BIC nicht zur Hand? Kein Problem, denn diese Daten sind auf der Bankkarte ablesbar, die in der Schublade oder Brieftasche steckt.

Die Bedürfnisse der Smartphone-Shopper

Die Shopper mit dem Smartphone, die mal eben in der Mittagspause etwas bestellen, bevorzugen moderne Methoden. Immer wichtiger werden Zahlungsarten, die dem Kunden diese Qualen abnehmen:

- IBAN eintippen.
- Rechnungsadresse eingeben.

Zahlungsart und Image

Mit jeder verfügbaren, aber auch fehlenden Zahlungsart, ist auch ein gewisses Image verbunden:

- Ein Shop, der auf PayPal verzichtet, ist aus der Zeit gefallen.
- Die Möglichkeit zum Kauf auf Rechnung signalisiert ein hohes Vertrauen auf Händlerseite.
- Mit der Zahlungsmöglichkeit per Kreditkarte signalisieren Sie, dass Ihr Shop eine gewisse Größe und Professionalität erreicht hat.

Merke: Zahlungsarten sind wie Einladungen - oder Ausladungen.

3.8 Der richtige Mix der Zahlungsarten

Bei der Auswahl der Zahlungsarten für Ihren Shop kommt es auf den richtigen Mix an. Die Kriterien:

- Die von den Kunden favorisierte Zahlungsart muss zur Verfügung stehen.
- Retouren vermeiden.
- Abbruchquote beim Bestellvorgang minimieren.
- Minimierung des Aufwands für den Händler.
- Technische Sicherheit gewährleisten.
- Rechtssicherheit gewährleisten.
- Kosten einsparen.

Die von den Kunden favorisierte Zahlungsart bedienen

Finden Sie die beliebteste Zahlungsart Ihrer Zielgruppe heraus, zum Beispiel indem Sie die verfügbaren Zahlungsarten in den Shops Ihrer Konkurrenz studieren. Überall verfügbar ist in der Regel PayPal.

Beachten Sie aber auch altersspezifische Eigenheiten. Kundinnen und Kunden unter 50 Jahren zahlen problemlos mit PayPal. Für Best Ager sollte auch der Kauf auf Lastschrift oder Kreditkarte zur Verfügung stehen.

Merke: Die Zielgruppe bestimmt die Zahlungsart.

Retouren vermeiden

Was dem Kunden nicht gefällt, braucht er nicht zu behalten. Alles, was er dazu tun muss: den Kaufvertrag widerrufen und die Ware zurücksenden. Das Widerrufsrecht kennt hier nur die in **§ 112g BGB** beschriebenen Ausnahmen, beispielsweise für Maßanfertigungen („eindeutig auf die persönlichen Bedürfnisse des Verbrauchers zugeschnittene Produkte") und schnell verderbliche Waren.

Leider machen viel zu viele Onlinebesteller vom Widerruf Gebrauch. Für den Händler ist das sehr ärgerlich. Die Folgen sind:

- Umsatzausfälle.
- Zusätzliche Verwaltungsarbeit bei der Rückabwicklung des Geschäfts.
- Zusätzliche Kosten für Porto und Verpackung.
- Die Ware kommt teilweise in einem schlechten Zustand zurück.
- Retouren kurbeln nicht gerade die Motivation der Mitarbeiterinnen und Mitarbeiter des Unternehmens an.

Hinzu kommen Auswirkungen, die die Allgemeinheit zu tragen hat. Die Umwelt freut sich nicht, wenn der Lieferwagen mehrmals hin und her fahren muss, und wenn die Kosten für Retouren steigen, zahlen letztlich alle Kunden in Form von höheren Preisen.

Was kann der Händler tun, um die Unsitte des „Probekaufens" einzudämmen? Er kann dem Kunden die Retoure nicht zu einfach machen. Geradezu verführerisch ist der Kauf auf Rechnung. Wenn der Kunde dagegen auf Vorkasse bezahlen muss, bestellt er selten fünf teure Winterjacken, um vier davon wieder zurückzusenden.

Eine zu rigide Anti-Rücksendungs-Politik ist allerdings auch nicht ratsam, denn damit besteht die Gefahr, dass die Kaufwilligen zur Konkurrenz wechseln.

Merke: Der Kauf auf Rechnung motiviert die Kunden zum Widerruf.

Abbruchquote beim Bestellvorgang minimieren

Im stationären Handel kommt es eher selten vor, dass ein Kunde mit gefülltem Einkaufswagen zur Kasse geht, dann aber plötzlich umdreht und die Waren wieder in die Regale räumt. Die Gründe sind schnell genannt: Entweder hat er sein Geld vergessen oder er empfindet die Kassenschlange als zu lang. Im Onlinehandel sieht die Sache anders aus. Wenn der Kunde seine bevorzugte Zahlungsmethode nicht findet, lässt er den gefüllten Warenkorb einfach zurück und bricht den Bestellvorgang ab. Haben Sie deshalb insbesondere die mobilen Nutzer im Blick. Das Eintippen der 22-stelligen IBAN ist eine Herausforderung, der sich nicht alle Kunden stellen möchten.

Merke: Ist die Zahlung zu kompliziert, bricht der Kunde den Bestellvorgang ab.

Minimierung des Aufwands für den Händler

„Ich komme nicht dazu, das Loch im Zaun zu flicken. Ich muss andauernd die Hühner wieder einfangen". Der Spruch beschreibt einen typischen Anfängerfehler. Viele Shopbetreiber scheuen den Aufwand für das Einrichten moderner Zahlungsmethoden.

Es bleiben der Kauf auf Rechnung übrig und die Lastschrift ohne den Einsatz eines Zahlungsdienstleisters. Diese Händler müssen dann allerdings viele Zahlungserinnerungen und Mahnungen schreiben bzw. die Lastschriften über ihren Bank-Account manuell in die Wege leiten. Denken Sie hier langfristig.

Von Routineaufgaben entlasten

Wenn Sie auf automatisierte Zahlungsarten wie PayPal verzichten, wächst mit zunehmenden Verkäufen auch Ihr Aufwand für die Veranlassung und Kontrolle der Zahlungen Ihrer Kunden. Auf der Strecke bleiben die Produktpflege und das Marketing. Lassen Sie es nicht so weit kommen und bauen Sie die Zahlungsarten mit den wachsenden Umsätzen aus.

Merke: Automatisierte Zahlungen entlasten den Händler von Routineaufgaben.

Technische Sicherheit

Gehen Sie bei der Implementierung Ihrer Zahlungsarten stufenweise vor, von den narrensicheren bis zu den anspruchsvollen. Aus technischer Perspektive am unproblematischsten ist die Zahlung per Rechnung, denn sensible Bankdaten werden dabei während des Zahlungsvorgangs gar nicht übertragen.

Haben Sie die ersten Waren auf Rechnung verkauft - und leider auch die ersten Zahlungserinnerungen verschicken müssen? Dann legen Sie zahlungstechnisch eine

Schippe drauf! Erweitern Sie zunächst mit PayPal und später einer Zahlungsplattform wie Stripe oder Mollie.

Was Sie zwingend für alle Onlinezahlungsarten benötigen, ist eine verschlüsselte Datenübertragung per SSL. Die Adresse Ihres Onlineshops muss also mit **https** beginnen.

Beispiel:

- https://mein-unternehmen.de
- https://www.mein-unternehmen.de
- https://shop.mein-unternehmen.de
- https://www.shop.mein-unternehmen.de

Wenden Sie sich an Ihren Hoster, falls Ihre Website noch nicht verschlüsselt ist.

Merke: Keine Onlinezahlung ohne Website-Verschlüsselung.

Rechtssicherheit gewährleisten

Onlinehändler sind dazu verpflichtet, mindestens eine ebenso kostenlose wie allgemein übliche Zahlungsart anzubieten. Bei einem Verstoß gegen diese Vorschrift verärgern Sie nicht nur die Kundschaft, sondern handeln sich im schlimmsten Fall eine Abmahnung ein. Vor dem Landgericht Frankfurt am Main (Az.: 2 06 O 458/14) klagte der Bundesverband der Verbraucherzentralen gegen einen Händler, der nur diese beiden Zahlungsarten angeboten hatte:

- Kostenlose Sofortüberweisung.
- Zahlung per Kreditkarte, verbunden mit einer Zahlungsgebühr von 12,90 Euro.

Das Gericht urteilte zugunsten der Verbraucherschützer. Die Begründung: Der Händler müsse mindestens eine „gängige und zumutbare unentgeltliche Zahlungsmöglichkeit" anbieten. Die Sofortüberweisung sei dabei keine gängige Zahlungsart, weil der Kunde hierfür diverse personenbezogene Daten an einen Dritten weitergeben müsse, zum Beispiel den Kontostand, die Höhe des Disporahmens und die Umsätze der letzten 30 Tage. Aus datenschutzrechtlichen Gründen sei dies problematisch.

Merke: Jeder Onlineshop muss eine kostenlose und gängige Zahlungsart zur Verfügung stellen.

Kosten einsparen

Abgesehen von den Gebühren, die Ihre Hausbank möglicherweise pro Buchung verlangt, verursachen diese Zahlungsarten keine Kosten für den Geldtransfer:

- Zahlung auf Rechnung.
- Lastschrift beim direkten Einzug, also ohne die Beteiligung eines Zahlungsdienstleisters.
- Barzahlung bei Abholung im Laden.

Alle anderen Zahlungsarten drücken mehr oder weniger auf die Gewinnmarge. Testen Sie aus, mit welchem Mix Sie die Kosten bei überschaubarem Verwaltungsaufwand am besten minimieren.

Merke: Die Konditionen der Zahlungsdienstleister unterscheiden sich.

3.9 Zahlungsarten kommunizieren

Um das Einkaufserlebnis für die Kunden so angenehm wie möglich zu gestalten, aber auch um sie ein bisschen an die Hand zu nehmen, müssen die zur Verfügung gestellten Zahlungsarten angemessen kommuniziert werden. Aber was gehört auf die Seite zur Erklärung der Zahlungsarten und parallel auf die FAQ-Seite - und was nicht?

Textbausteine aus der Hölle

Jetzt wird es grausam. Mit den folgenden „Fremdsprachen“ verderben Sie den Kunden das weitere Einkaufserlebnis und steigern die Abbruchquote:

Bankenchinesisch

Kunde liest: Bitte halten Sie Ihre 22-stellige IBAN und den BIC-Code bereit!

Kunde denkt: Ich hasse Zahlenreihen. Ich hasse Codes. Ich will mir das nicht merken müssen. Ich kenne ja nicht mal meine eigene Handynummer.

IT- Kauderwelsch

Kunde liest: Bitte nutzen Sie die Eingabemaske!

Kunde denkt: Maske? Bin ich hier beim Theater oder beim Kostümball?

Juristendeutsch

Kunde liest: Sie haben die Berechtigung, aus den Zahlungsarten am Ende des Bestellvorgangs die Ihnen gemäße auszuwählen.

Kunde denkt: Ist das eine gerichtliche Vorladung? Hat irgendwer in der Familie etwas angestellt? Wie schmuggelt man eine Feile in eine Gefängniszelle?

Merke: Komplizierte Formulierungen beeinträchtigen das Einkaufserlebnis.

Mustertexte

Ein positives Einkaufserlebnis wird durch unkomplizierte und freundliche Sätze bestärkt. Am besten verwenden Sie Formulierungen, die die Bequemlichkeit und Sicherheit der jeweiligen Zahlungsart unterstreichen. Die folgenden praxisgetesteten Formulierungen können Sie für Ihren Onlineshop übernehmen:

Zahlung per PayPal

Sie werden von unserem Shop direkt zu PayPal weitergeleitet. Mit einem Klick auf den Zahlungs-Button ist die Bestellung auch schon abgeschlossen.

Bequem per Rechnung bezahlen

Bei dieser Zahlungsart finden Sie in Ihrem Paket / erhalten Sie per E-Mail eine Rechnung. Bitte begleichen Sie diese innerhalb von 14 Tagen nach Erhalt der Ware.

Zahlung per SEPA-Lastschrift

Tragen Sie Ihre Bankverbindung ein. Die Daten werden mit sicherer SSL-Verbindung übertragen.

Zahlung per Kreditkarte

Zahlen Sie bequem mit Ihrer Visa- oder Mastercard. Benötigt werden hierfür Ihre Kreditkartennummer, die Prüfnummer (auf der Rückseite im Unterschriftfeld) und die Gültigkeitsdauer.

Merke: Die Bequemlichkeit für den Kunden muss bei allen Formulierungen im Vordergrund stehen.

4 Versand, Logistik, Warenwirtschaft und Buchhaltung

In diesem Kapitel dreht sich alles darum, wie Sie Ihre Waren zu den Kunden bringen, Ihren Warenbestand verwalten und Ihren Workflow so angenehm wie möglich gestalten. Was dazu beiträgt:

- Die Automatisierung von Routinearbeiten.
- Die Einrichtung von Schnittstellen.
- Die zentrale Verwaltung der Warenbestände.
- Die Anbindung der Buchhaltung.

4.1 Die Basics

Gelungene Geschäftsmodelle sind immer eine gute Inspiration für das eigene Unternehmen. Manchmal erweitert aber auch der Blick auf das Gegenteil den Horizont. Der Autor dieses Buchs wird Sie deshalb zunächst hinter die Kulissen eines Shops mit hohem Optimierungsbedarf führen. Der Kürze halber, und um die Anonymität zu wahren, wird er in diesem Buch als SHO bezeichnet.

Ein Shop mit hohem Optimierungsbedarf (SHO)

Bei diesem Shop, er existiert tatsächlich, handelt es sich um einen Hybrid-Shop. Verkauft wird stationär und im eigenen Onlineshop. Die Eckdaten:

- SHO verfügt über etwa ein Dutzend Angestellte, von denen knapp die Hälfte auch für die Betreuung des Onlineshops zuständig ist.
- Das Shopsystem wurde von einer externen Firma eingerichtet. Die SHO-Angestellten haben von dieser externen Firma eine einmalige, kurze Einweisung in das Shopsystem erhalten.
- Änderungen im Workflow hat es seit dem Einrichten des Onlineshops nicht gegeben.

Der Autor dieses Buchs hat Herrn Günter (Name geändert), der seit vier Jahren zusammen mit seinen Kolleginnen und Kollegen den Shop betreut, telefonisch interviewt. Das Gespräch wurde mit Zustimmung von Herrn Günter aufgezeichnet und wird hier im Wortlaut wiedergegeben:

Guten Tag Herr Günter. Vielen Dank, dass Sie sich für das Interview bereitstellen. Thema ist der Onlineshop, den Sie als Angestellter von SHO mit betreuen. Erzählen Sie mal ... wie viel Aufwand verursacht der Onlineshop?

Der Onlineshop verursacht einen enormen Aufwand. Er macht unserem gesamten Team viel Arbeit.

Wieso das denn, eigentlich sollte ein Onlineshop doch von Arbeiten entlasten?

Das kann ich nicht bestätigen. Im Gegenteil. Der Onlineshop verursacht definitiv mehr Arbeit als der Verkauf im Laden. Und stupide ist die Arbeit auch.

Werden wir doch mal konkret. Wie werden denn die Bestellungen abgearbeitet?

Ich logge mich in das Shopsystem ein und schau mir die Bestellungen an. Unter uns ... ich hoffe, es sind nicht so viele. Für jede Bestellung muss ich nämlich per Hand eine Rechnung schreiben!

Wie bitte? Das erledigt doch jedes halbwegs moderne Shopsystem automatisch?

Ich weiß nicht, ob das in unserem Shopsystem geht, aber das ist auch egal. Es würde nämlich nichts nützen. Alle Bestellungen müssen ja in unserem Warenwirtschaftssystem abgebildet werden. Deswegen schreiben wir Mitarbeiterinnen und Mitarbeiter für jede einzelne Onlinebestellung eine Rechnung per Hand. Wie bei der Annahme einer telefonischen Bestellung.

Dann ist also der Onlineshop nicht mit der Warenwirtschaft verbunden?

Nein, beides läuft voneinander unabhängig.

Und wo genau erstellen Sie diese Rechnungen?

Im Warenwirtschaftssystem.

Schildern Sie bitte genau, welche einzelnen Schritte Sie durchführen, nachdem eine Bestellung eingegangen ist!

Erstens: Ich öffne das Onlineshop-System und logge mich da ein. Zweitens: Ich rufe die Bestellungen ab. Drittens: Ich öffne das Warenwirtschaftssystem in einem anderen Browser-Tab, damit ich alles nebeneinander auf dem Bildschirm habe. Viertens: Ich übertrage alle Bestelldaten Zeile für Zeile vom Onlineshop in das Rechnungsmodul des Warenwirtschaftssystems.

Und wie funktioniert das mit dem Versand?

Früher haben wir die Pakete noch mit der Hand adressiert, jetzt haben wir einen Onlinezugang zu einem Versanddienstleister. Wir drucken Versandetiketten aus, was schon ein bisschen Arbeit spart. Dann füllen wird die Pakete, kleben die Etiketten auf und bringen sie zum Versanddienstleister.

Und wie gelangen die Bestelldaten zum Versanddienstleister?

Ich kopiere die Bestelldaten aus dem Onlineshop, logge mich bei unserem Versanddienstleister ein und füge sie dann Zeile für Zeile dort ein.

Das klingt alles sehr umständlich. Wer hat denn den Workflow so eingerichtet?

Wir machen das schon immer so. Wir haben eine externe Firma, die uns irgendwelche Sicherheitsupdates einspielt, aber ansonsten hilft uns da niemand.

Vielen Dank für das ehrliche Interview!

Fazit: Bei SHO sind Onlineshop, Versand und Warenwirtschaft nicht miteinander verknüpft. Die Betreuung des Shops besteht deshalb überwiegend aus stupiden Tätigkeiten. Die Stimmung in der Belegschaft ist am Tiefpunkt. So macht Onlinehandel überhaupt keinen Spaß.

Was hier hilft? Die Beachtung der fünf goldenen Logistikregeln.

Die fünf goldenen Logistikregeln

Die fünf goldenen Logistikregeln dienen dazu, den Workflow im Onlinehandel zu erhöhen:

1. **Logistikprobleme ernst nehmen**

   Probleme in der Logistik lösen sich nicht von allein. Zu viele manuelle Abläufe brechen Ihrem Unternehmen früher oder später das Genick. Sie müssen handeln und den Workflow durch Automatisierungen verbessern.

2. **Vorhandene Systeme überprüfen**

   Führen Sie eine Bestandsaufnahme aller vorhandenen Systeme durch, die Sie aktuell nutzen. Denken Sie dabei an die Bereiche Versand, Logistik, Warenwirtschaft und Buchhaltung. Gehen Sie systematisch alle Bereiche durch und notieren Sie, was schon miteinander verknüpft ist.

3. **Vorhandene Ressourcen ausschöpfen**

   Ihre vorhandenen Systeme bringen Möglichkeiten zum Verknüpfen mit, die Sie aber noch nicht ausschöpfen? Dann nutzen Sie diese Möglichkeiten jetzt und führen Sie Verknüpfungen durch. Verbinden Sie beispielsweise Ihr Shopsystem so mit der Warenwirtschaft, dass diese jede Bestellung automatisch erfasst.

4. **Externe Tools nutzen**

   Falls eine Schnittstelle nicht vorhanden ist: In manchen Fällen stehen externe Tools zur Verfügung, um eine Verknüpfung zwischen zwei Programmen zu ermöglichen.

5. **So viele Programme wie nötig, so wenig wie möglich**

   Schaffen Sie sich kein Monster. Nutzen Sie nur Programme, die Sie wirklich benötigen.

Die Logistik ist ein Feld, in dem Sie sich leicht verzetteln können. Falls Sie neu im Onlinehandel sind: Sie müssen nicht alles sofort verknüpfen. Beginnen Sie zunächst mit der Erzeugung von Versandetiketten.

4.2 Versandetiketten

Versandetiketten sind für den E-Commerce von zentraler Bedeutung. Versandetiketten sparen nicht nur Zeit und Kosten, sie ermöglichen auch erst das Tracking, also die Nachverfolgung von Paketen.

Die Informationen auf einem Versandetikett

Damit ein Paket an den richtigen Bestimmungsort gelangt, muss das Versandetikett bestimmte Informationen enthalten, die sowohl von Scannern wie auch von Menschen gelesen werden können. Was Sie als Betreiber eines Onlineshops beachten müssen: Jeder Versanddienstleister verwendet sein eigenes Etikettensystem. Sie können also beispielsweise nicht die Etiketten von DHL für eine Sendung verwenden, die Sie mit Hermes verschicken. Was auf den Etiketten aller Anbieter typischerweise zu finden ist:

- Name und Adresse des Absenders.
- Name und Adresse des Empfängers.
- Ein Routing-Code, der für Sortiervorgänge notwendig ist.
- Die Postleitzahl des Bestimmungsortes.
- Eine Nummer zur Sendungsverfolgung.
- Informationen zur Methode des Versanddienstleisters, zum Beispiel Standard oder Express.

Versandetiketten erstellen

Was Ihnen nicht möglich ist: Versandetiketten nach eigenen Vorlagen zu erstellen. Sie müssen sich strikt an die Vorgaben und Vorlagen Ihres Versanddienstleisters halten. Grundsätzlich gibt es dazu zwei Alternativen:

- Sie gehen persönlich zu einer Postfiliale oder einem anderen Dienstleister und bezahlen dort für Ihr Versandetikett. Das Versandetikett wird dann vor Ort für Sie erstellt.
- Sie drucken Ihre Versandetiketten in Ihrem Unternehmen selbst aus.

Fast jedes E-Commerce-Unternehmen arbeitet mit der zweiten Methode, also dem Selbst-Ausdruck. Was Sie dazu an Hardware benötigen:

- Einen Drucker, empfehlenswert sind spezielle Labeldrucker.
- Selbstklebende Etiketten, die speziell für den von Ihnen verwendeten Labeldrucker zugeschnitten sind.

Die Online-Tools der Versanddienstleister

Am einfachsten können Sie ein Versandetikett über die Online-Tools der Versanddienstleister erstellen. Die einzelnen Schritte:

- Sie legen einen Geschäftskunden-Account an, zum Beispiel bei DHL.
- Nach einer Bestellung tragen Sie die benötigten Informationen im Geschäftskundenportal ein. Sie füllen dazu eine Etikettenvorlage aus.
- Sie drucken das fertige Etikett mit Ihrem Labeldrucker aus.
- Sie kleben das ausgedruckte Etikett auf die Vorderseite des Pakets.

Der Nachteil dieser Methode ist, dass Sie die Daten für jede einzelne Bestellung manuell eingeben müssen. Viel Zeit und Arbeit ersparen Sie sich, wenn Sie eine Schnittstelle zwischen Ihrem Shopsystem und Ihrem Versanddienstleister nutzen.

Integration zwischen Shopsystem und Versanddienstleister

Um Versandetiketten direkt aus dem Shopsystem zu erzeugen, muss eine Schnittstelle zwischen Shop und Versanddienstleister vorhanden sein. Zur Nutzung dieser Schnittstelle sind typischerweise folgende Schritte notwendig:

- Abruf eines Codes im Geschäftskundenportal des Versanddienstleisters, bei DHL entspricht dieser Code Ihrer Kundennummer.
- Eingabe des Codes und weiterer Daten, beispielsweise Benutzername und Passwort (beides beim Versanddienstleister hinterlegt) im Shopsystem.

Nach Einrichtung der Schnittstelle können Sie Versandetiketten mit wenigen Klicks direkt in Ihrem Shopsystem erzeugen.

4.3 Den Versand organisieren

Wie kommt die Ware zum Kunden? Im Onlinehandel geschieht dies in den meisten Fällen über die Post oder einen Paketdienst. Geliefert wird an die Haustür oder an eine Annahmestelle.

Paketversand

Darauf müssen Sie beim Versand achten:

- **Größe des Versandpakets** – Ist das Paket zu klein, könnte die Ware beschädigt werden, ist es zu groß, fühlt sich der Kunde veräppelt. Es sieht dann so aus, als ob Sie mit Mogelpackungen arbeiten oder die dem Kunden abverlangten Versandgebühren zum Fenster hinauswerfen.

- **Transportsicherheit** – Verwenden Sie einen stabilen Karton, um Transportschäden zu vermeiden. Sichern Sie die Ware mit Luftpolsterfolie und verwenden Sie weiteres Polstermaterial, damit im Paket nichts hin und her rutschen kann.
- **Paket zukleben** – Nicht geeignet sind Schnüre oder einfache Klebestreifen. Verwenden Sie geeignetes Paketband.
- **Klare Formulierung** – Kommunizieren Sie die Bestimmungen zu Lieferung und Rücksendung klar und leicht auffindbar auf Ihrer Website. Geben Sie die Lieferzeiten pro Land an, in das Sie ausliefern. Weisen Sie auf die Möglichkeit der Sendungsverfolgung hin, falls Ihr Versanddienstleister diesen Service anbietet.
- **Rechtssicherheit** – Beachten Sie die Vorgaben des Verpackungsgesetzes. Weitere Informationen finden Sie in Kapitel 6.7 dieses Buchs.
- **Marketing** – Vergessen Sie nicht, Ihre Pakete auch für das Marketing zu nutzen. Weitere Informationen finden Sie in Kapitel 5.5 dieses Buchs.

Mit Versandbelegen Lieferungen nachweisen

Bei Streitigkeiten spielen Versandbelege eine wichtige Rolle. Sie als Händler müssen im Zweifelsfall nachweisen, dass die Ware auch verschickt wurde. Wesentliche Elemente eines Versandbelegs sind:

- Name des Versandunternehmens
- Versanddatum
- Name und Adresse von Sender (Verkäufer) und Empfänger

Versand von Büchern und Waren mit der Deutschen Post

Beim Versand von Büchern (aber auch kleineren Waren) haben Sie zwei Möglichkeiten:

- Sie versenden das Buch oder die Ware in einem Kuvert, Päckchen oder Paket mit der Deutschen Post oder einem anderen Dienstleister.
- Sie nehmen einen speziellen Service in Anspruch: die Bücher- und Warensendung (Büwa) oder die Warenpost.

Einfach macht es Ihnen die Deutsche Post nicht, denn die Bezeichnungen und Leistungen ändern sich sehr häufig. Was Sie unterscheiden müssen (Stand Dezember 2021):

- Die **BüWa** (Bücher- und Warensendung).
- Die **Warenpost**. Diese Dienstleistung ist Geschäftskunden vorbehalten. Sie können Sie aber natürlich auch dann nutzen, wenn Sie an Endkunden versenden.

Die BüWa (Bücher- und Warensendung)

Die Bücher- und Warensendung.

Früher unterschied die Post noch zwischen Büchersendung und Warensendung, zum 01.01.2020 wurde diese Unterscheidung aufgehoben. Es gibt jetzt nur noch die einheitliche Bücher- und Warensendung BüWa.

Relevant ist nicht mehr der Inhalt, sondern Gewicht und Größe (Stand Dezember 2021):

- Bücher- und Warensendung bis 500 Gramm: 1,90 Euro.
- Bücher- und Warensendung bis 1000 Gramm: 2,20 Euro.

Für beide Gewichtsklassen gelten diese maximalen Maße:

- Länge: bis 35,3 cm
- Breite: bis 25 cm
- Höhe: bis 5 cm

BüWa-Regelungen, die Sie beachten müssen

- Briefliche Mitteilungen sind in einer BüWa nicht erlaubt. Lediglich eine Rechnung, ein Lieferschein oder andere warenbegleitende Unterlagen können der Ware beigefügt werden.
- Lieferungen an Packstationen sind möglich.
- Die Kombination mit Einschreiben oder Nachnahme ist nicht möglich.
- Die Regellaufzeit beträgt vier Werktage.
- Die Sendungen müssen von Ihnen speziell als BüWa gekennzeichnet werden.

Bis vor wenigen Jahren galt noch die Regel, dass bei Büchersendungen die Kuverts nicht verschlossen werden durften, damit die Post die Inhalte kontrollieren konnte.

Diese Vorgabe ist nun abgeschafft. Trotzdem ist die Bücher- und Warensendung nicht für jedes Einsatzgebiet geeignet. Diese Kriterien sollten erfüllt sein:

- Die versendeten Bücher oder Waren sind nicht edel oder teuer.
- Ihre Kundschaft verzeiht Ihnen die etwas längere Laufzeit.
- Sie und Ihre Kunden können auf die Sendungsverfolgung verzichten.

Was Sie tun müssen, um BüWas zu versenden

- Kaufen Sie einen dicken Stempel „BüWa" und stempeln Sie alle Kuverts über der Empfängeradresse ab.
- Frankieren Sie die Sendungen.
- Werfen Sie die Sendungen in einen Briefkasten oder liefern Sie sie bei der Post ab.

FAQs zur Bücher- und Warensendung finden Sie hier:
https://www.deutschepost.de/de/w/buecherundwarensendung.html

Die Warenpost

Die Warenpost.

Die professionellere Versandlösung der Deutschen Post wird von der Tochter DHL betrieben und nennt sich Warenpost. Die Eckpunkte:

- Sendungsverfolgung möglich.
- Gewicht bis 1.000 g.
- Mindestmaß: Länge 10,0 cm, Breite 7,0 cm, Höhe 0,1 cm.
- Höchstmaß: Länge 35,3 cm, Breite 25,0 cm, Höhe 5,0 cm.
- Zustellung in der Regel innerhalb eines Werktags nach Einlieferung. Die Einlieferung kann von Montag bis Samstag erfolgen.

Die Einlieferung der Warenpost

- Kunden mit bis zu 6.000 Sendungen pro Jahr müssen die Warenpost selbst einliefern.
- Kleinere Sendungen können über den Briefkasten eingeliefert werden, größere über die Filiale.
- Die Einlieferung über Packstationen bzw. Paketshops oder die Mitnahme durch den Paketzusteller ist nicht möglich.

Die Auslieferung der Warenpost

- Die Auslieferung wird durch den Zusteller dokumentiert.
- Möglich ist auch eine Auslieferung an eine Packstation oder in ein Postfach.
- Eine Zustellung per Filiale Direkt ist nicht möglich.
- Weitere Empfangsoptionen wie die Ablage an einem anderen Ort, die Abgabe beim Nachbarn und eine Sendungsankündigung können hinzugebucht werden.

Achtung: Etwas skurril ist der Zugang zum Warenpostprogramm. Sie müssen nämlich zunächst mit dem Vertrieb der Deutschen Post Kontakt aufnehmen, um dann ein Angebot zu erhalten und einen persönlichen Vertrag abzuschließen.

Weitere Informationen finden Sie unter
https://www.dhl.de/de/geschaeftskunden/paket/leistungen-und-services/dhl-warenpost.html

Bevor Sie sich die Mühe machen: Prüfen Sie zunächst, ob Ihr Shopsystem reibungslos mit DHL zusammenarbeitet. Für folgende Systeme ist dies der Fall:

- Magento
- Oxid
- Shopify
- Shopware
- WooCommerce

Falls Sie ein anderes Shopsystem verwenden, sollten Sie sich zunächst über mögliche Schnittstellen kundig machen.

4.4 Mit Logistikdienstleistern zusammenarbeiten

Im letzten Kapitel haben Sie die Möglichkeiten des einfachen Versands kennengelernt. Für komplexere Anforderungen benötigen Sie allerdings einen leistungsfähigen Logistikdienstleister.

Leistungsspektrum der Logistikdienstleister

Was moderne Logistiker leisten:

- Möglichkeit zur Sendungsverfolgung
- Internationaler Versand
- Dokumentation von Zöllen
- Dokumentation von Steuern
- Versandrechner

Auswahl der Logistikdienstleister

Auf dem Markt der Logistikdienstleiser tummeln sich eine Reihe von Anbietern. Aus diesen wählen Sie den Partner, der am besten zu Ihnen passt. Beispiele:

- Deutsche Post/DHL
- DHL Express
- dpd
- FedEx
- GLS
- Hermes
- TNT (Tochterunternehmen von FedEx)
- UPS

Ihre Entscheidungskriterien sind dabei:

- Verfügbare unkomplizierte Schnittstellen zu Ihrem Shopsystem
- Leistung und Preis
- Art der Einlieferung

Die Art der Einlieferung kann eine große Rolle spielen, wenn Ihr Unternehmen auf dem Land tätig ist. Einige Unternehmen bieten, wie beispielsweise dpd, auch die Abholung Ihrer Pakete an. Sie ersparen sich damit tägliche Fahrten zu einer Postfiliale oder einem Paketshop.

Sendungen ins Ausland

Worauf Sie bei der Auswahl des Logistikdienstleisters achten müssen, wenn Sie ins Ausland versenden:

- Internationale Lieferbenachrichtigungen und Paketverfolgung.
- Automatisierte Versand- und Steuerberechnungen, damit Ihre Kunden alle Kosten im Voraus kennen.
- Optionen für die Zustellung auf der letzten Meile, einschließlich Paketschließfach oder Servicepunktabgabe.
- On-Demand-Lieferung, damit Kunden ihre Lieferzeiten selbst steuern können.

Logistikplattformen nutzen

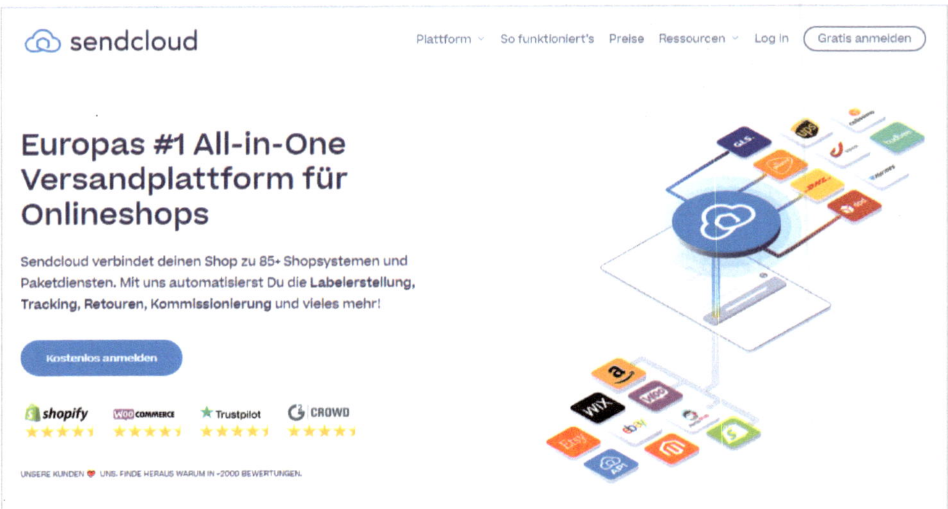

Die Versandplattform sendcloud.

Sie möchten die Auswahl des Versanddienstleisters Ihren Kundinnen und Kunden überlassen? Dann benötigen Sie eine Versandplattform wie beispielsweise sendcloud oder shipcloud. Achten Sie auch hier wieder darauf, dass entsprechende Schnittstellen zu Ihrem Shopsystem vorhanden sind. Die Auswahlmöglichkeit für einen bestimmten Dienstleister muss nämlich im Bestellprozess eingebunden werden, also auf der Kassenseite Ihres Onlineshops. Falls Sie WooCommerce verwenden, können Sie folgende Plugins nutzen:

- **sendcloud** – Plugin: https://de.wordpress.org/plugins/sendcloud-shipping/
- **shipcloud** – Plugin: https://de.wordpress.org/plugins/shipcloud-for-woocommerce/

Je nach Versandplattform und je nach dort gewähltem Tarif stehen Ihnen unterschiedliche Dienste zur Verfügung. Das Angebot von sendcloud umfasst u. a. folgende Services:

- Automatisierte Erstellung von Versandlabels.
- Automatisierte Erstellung von Retourenlabels.
- Tracking, also Nachverfolgung der Pakete für Sie und Ihre Kunden.
- Buchung von Abholungen.
- Automatisierung bei der Abwicklung von Retouren.
- Analyse-Tools zum Stand der eingehenden und bearbeiteten Retouren.
- Drucken von Kommissionierlisten.

Spezielle Auslieferungsverfahren nutzen

Prüfen Sie auch die Nutzung folgender Dienste zur Auslieferung Ihrer Waren:

- **Amazon FBA** – Mit dem Amazon-Dienst FBA (Fulfillment by Amazon) übertragen Sie Ihre Logistik auf Amazon.
- **Nutzung regionaler Lieferdienste** – Betreiben Sie auch ein Ladengeschäft und steht Ihnen ein regionaler Dienstleister zur Verfügung, der beispielsweise per Lastenrad ausliefert? Eine Nutzung dieses Dienstes könnte Ihre regionale Bekanntheit erhöhen.
- **Abholung im Laden** – Falls Sie ein Ladengeschäft betreiben, sollten Sie auch die Abholung im Laden anbieten. Sie sparen sich damit Arbeit und Kosten. Außerdem ist es gut möglich, dass der Kunde bei der Abholung spontan noch etwas dazukauft. Kommunizieren Sie in Ihrem Onlineshop deutlich Ihre Adresse und Ihre Öffnungszeiten, falls Sie diese Art der Auslieferung bevorzugen möchten.

4.5 Verknüpfung mit Warenwirtschaft und Buchhaltung

Zunächst ist es wichtig, zwischen Warenwirtschaft und Buchhaltung zu unterscheiden. Die Anforderungen an die Schnittstellen sind nämlich sehr unterschiedlich:

- **Warenwirtschaft:** Ein Warenwirtschaftssystem wie beispielsweise JTL Wawi oder billbee verknüpft unterschiedliche Vertriebskanäle miteinander. Beispiel: Ein Unternehmen verkauft auf drei Vertriebskanälen: stationär, im eigenen Onlineshop und über den Marktplatz eBay. Die Verwaltung der Artikel und der Abgleich der Lagerbestände findet im Warenwirtschaftssystem statt. Die Daten fließen aus den Vertriebskanälen in die Warenwirtschaft und von dort wieder zurück. Auf diese Weise wird die Anzahl der noch verfügbaren Produkte in allen Vertriebskanälen synchron angezeigt. Es handelt sich also um eine bidirektionale Anbindung.
- **Buchhaltung:** Das Shop- oder das Warenwirtschaftssystem überträgt die Bestelldaten an ein Buchhaltungssystem, zum Beispiel an lexoffice oder sevDesk. Die Informationen fließen aber nicht wieder aus der Buchhaltung in das Shop- bzw. Warenwirtschaftssystem zurück.

JTL Wawi (Warenwirtschaft)

Der Dienstleister JTL bietet sowohl ein eigenes Shopsystem wie auch ein unabhängiges Warenwirtschaftssystem an. Letzteres können Sie hier herunterladen und kostenlos ausprobieren: https://www.jtl-software.de/warenwirtschaft.

Die Warenwirtschaft des Anbieters JTL.

Der JTL-Connector

Der JTL-Connector verknüpft die Warenwirtschaft von JTL mit folgenden Shopsystemen:

- Shopware
- WooCommerce
- Gambio
- Shopify
- PrestaShop
- Modiefied

Beachten Sie bitte, falls Sie den JTL-Connector für die Verknüpfung mit WooCommerce einsetzen: Dieser verträgt sich nicht mit allen WordPress-Plugins. JTL hat eine Warnung vor dem Einsatz im Zusammenspiel mit diesen Plugins veröffentlicht:

- Wordfence
- WP Cerber Anti-Spam
- WP Fastest Cache
- Antispam Bee
- Smush

billbee (Warenwirtschaft)

billbee ist ein umfangreicher Dienst mit zahlreichen Features für die Auftragsabwicklung, den Versand, die Warenwirtschaft und die Prüfung von Zahlungseingängen. Grundgebühren werden nicht erhoben. Das System verfügt über Schnittstellen zu allen großen Shopsystemen und Markplätzen. Von den Versanddienstleistern werden folgende unterstützt:

- Deutsche Post
- dpd
- Hermes
- DHL
- GLS
- UPS

Der Anbieter billbee.

xentral (Warenwirtschaft und ERP)

Ein System, das weitere Unternehmensbereiche mit einbezieht, wird auch als ERP bezeichnet. Die Abkürzung steht für **E**nterprise **R**esource **P**lanning. Folgendes ist mit ERP gemeint:

- Alle Ressourcen eines Unternehmens werden zentral gespeichert und verwaltet.
- Alle Geschäftsprozesse, darunter auch die Warenwirtschaft, laufen im ERP zusammen.

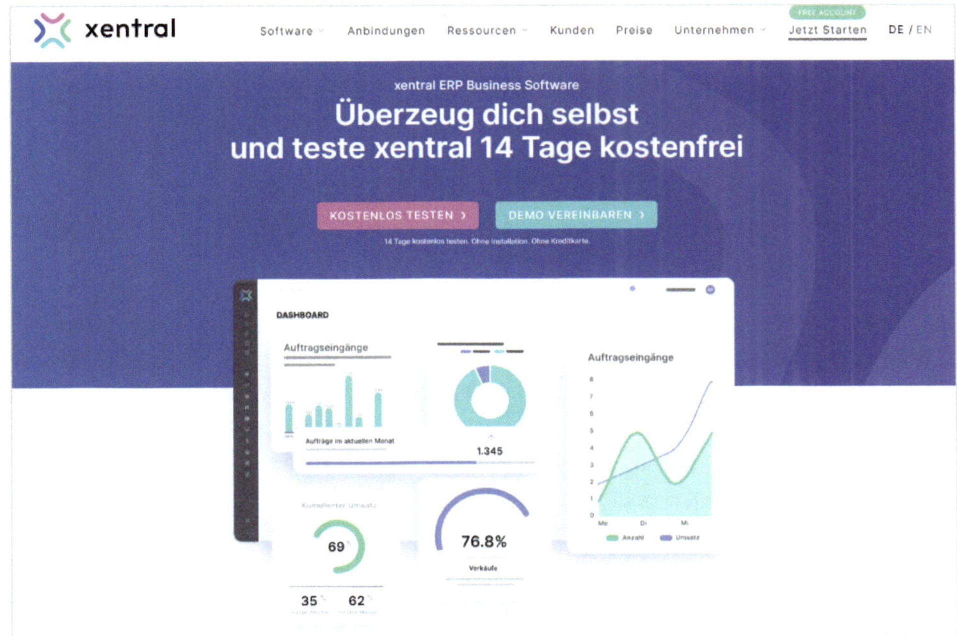

Der Anbieter xentral.

xentral verfügt über Anbindungen zu folgenden Shopsystemen:

- Shopware
- Shopify
- Spryker
- WooCommerce
- Magento
- ePages
- gambio
- PrestaShop
- Oxid

Die Preise für ein ERP-System liegen naturgemäß höher als für eine reine Warenwirtschaft. Das günstigste Paket für xentral liegt bei 130 Euro im Monat.

lexoffice (Buchhaltung)

Der Anbieter lexoffice.

Das Cloud-Buchhaltungsprogramm lexoffice, Hersteller ist der Buchhaltungsspezialist LEXWARE, beinhaltet die Erstellung von Angeboten und Rechnungen, eine Kundenverwaltung und eine Unterstützung bei der Steuererklärung. Warenwirtschaftsfunktionen sind nicht enthalten. Lexoffice kostet je nach Version zwischen 5,90 und 24,90 Euro pro Monat.

Integration in Shopsysteme

Für folgende gängige Shopsysteme und Marktplätze bietet lexoffice eine Schnittstelle an. Über diese Schnittstelle werden die Bestelldaten, die Sie von Ihren Kunden erhalten haben, automatisch zu lexoffice übertragen.

- Amazon
- eBay
- etsy
- ePages
- Gambio
- Shopify
- Shopware
- WooCommerce
- xtCommerce

Lösungen bestehen auch für weitere Systeme. Immer eine gute Idee ist es, vor der Entscheidung für oder gegen eine Software einen Test durchzuführen. Lexoffice bietet Ihnen auf dieser Website eine kostenlose Version für 30 Tage an: https://testen.lexoffice.de/.

Integration in WooCommerce

Falls Sie WooCommerce als Shopsystem verwenden: Die Integration von lexoffice funktioniert am besten mit der Unterstützung der WooCommerce-Erweiterung German Market. Dieses Plugin, Hersteller ist die Firma MarketPress, ist nämlich mit einem Add-on für lexoffice ausgestattet. Mit folgenden Schritten verknüpfen Sie Ihren Shop und Ihre Buchhaltung:

- German Market erwerben, installieren und aktivieren.
- Das lexoffice-Add-on aktivieren.
- In lexoffice einloggen und den sogenannten Berechtigungscode abrufen und kopieren.
- Den Berechtigungscode im Add-on von MarketPress einfügen.

5 Marketing

Was passiert, nachdem Sie einen perfekten Onlineshop aufgesetzt haben? Nichts! Denn Ihr Shop geht unter Millionen anderer Websites unter. Sie müssen auch gefunden werden, Besucher erhalten und Vertrauen gewinnen. Willkommen bei der Suchmaschinenoptimierung und dem Marketing.

5.1 Die Suchmaschinenoptimierung (SEO)

Die Suchmaschinenoptimierung wird auch als SEO bezeichnet. Das Kürzel leitet sich vom englischen Begriff **S**earch **E**ngine **O**ptimization ab.

Über SEO kursieren zwei extreme Meinungen:

- SEO ist fauler Zauber. Damit beschäftigen sich nur seltsame Leute. Wichtig sind alleine die Inhalte einer Website. Google findet schon, was auf einer Website steht, und zeigt das dann auch an.
- Mit SEO lässt sich jede Website nach oben bringen. Inhalte sind Nebensache.

Die Wahrheit liegt dazwischen.

Merke: Mit einer umfassenden SEO-Strategie gewinnen inhaltlich gut aufgestellte Websites zusätzliche Besucher.

Wie Suchmaschinen funktionieren

Die Informationen von Google und anderen Suchmaschinen basieren auf Crawlern. Diese kleinen Programme durchforsten das Internet ständig nach Inhalten. Was sie gefunden haben, melden sie an den Betreiber der jeweiligen Suchmaschine zurück.

Texte, Bilder und Videos werden dort katalogisiert und stehen dann für die Suchanfragen bereit. Doch zuvor nehmen die Suchmaschinen Bewertungen vor. In den Trefferlisten für die Suchanfragen erscheint vorne, was als besonders wichtig eingestuft wurde.

Aufgrund der komplexen Algorithmen ist die Suchmaschinenoptimierung zu einer eigenen kleinen Wissenschaft geworden. Sie als Betreiber einer Website haben nun zwei Möglichkeiten:

- Sie nehmen gegen Bezahlung einen externen SEO-Dienstleister in Anspruch, der die Feinheiten kennt und die Änderungen im Google-Algorithmus ständig auf dem Radar hat.
- Sie sparen sich das Geld für eine SEO-Agentur und versuchen selbst, bei den wesentlichen und langfristig relevanten Faktoren zu punkten.

Merke: SEO ist keine Hexerei.

Sie haben sich für die zweite Alternative entschieden? Dann schöpfen Sie das Potenzial Ihrer Website aus.

Die wichtigsten Google-Kriterien

Welche Kriterien sind für die Bildung der Trefferliste einer Suchmaschine wichtig? Diese Frage ist gar nicht so einfach zu beantworten, denn Google und andere Suchmaschinenbetreiber geben ihre Bewertungsformeln aus gutem Grund nicht preis. Sie wollen verhindern, dass sich unseriöse Websites nach oben mogeln. Zudem schrauben sie ständig an den Parametern herum. Mit Sicherheit spielen aber diese Faktoren heute und auch in Zukunft eine gewichtige Rolle:

- Qualität und Anzahl der Backlinks, also der Links, die von anderen Seiten auf eine Seite verweisen.
- Qualität der Texte.
- Länge der Texte und Größe der Website. Länger und größer ist besser.
- Begriffe in den URLs der Domains und der einzelnen Seiten.
- Titel der Startseite und der einzelnen Seiten.
- Ladezeit der Website. Je kürzer, desto besser.
- SSL-Verschlüsselung. Websites ohne Verschlüsselung werden abgestraft.
- Verweildauer der Besucher. Je länger, desto besser.
- Absprungrate. Je geringer, desto besser.
- Tauglichkeit für alle Endgeräte vom Desktop-Computer bis zum Smartphone.
- Intervall, in dem neue Inhalte auf der Website erscheinen. Je kürzer, desto besser.
- Das Alter einer Website. Lang existierende Websites, die regelmäßig neue Inhalte vorweisen können, ranken besonders gut.

Relevanz für das Endgerät

Die Suchmaschinen haben die Bewertung von Websites verfeinert:

- Google früher: Ist eine Webseite für die Suchanfrage relevant?
- Google heute: Ist eine Webseite für die Suchanfrage relevant und für das Endgerät optimiert?

Der Google-Algorithmus gibt in Abhängigkeit vom Endgerät unterschiedliche Ergebnisse aus. Eine Website, die nicht responsiv ist, also ihre Darstellung nicht auf das jeweilige Endgerät anpasst, erhält einen schlechteren Rang, falls der Kunde eine Suchanfrage via Tablet oder Smartphone abgeschickt hat.

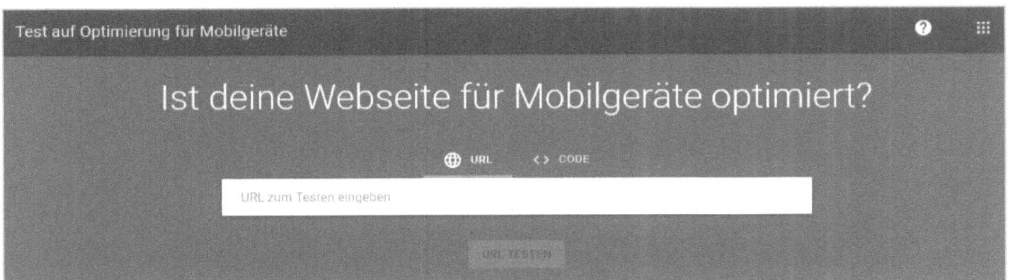

Überprüfung einer Website auf die Optimierung für mobile Geräte.

Die Seite *www.google.de/webmasters/tools/mobile-friendly/* bietet die schnellste und beste Möglichkeit, Ihre Website zu testen. WordPress-Sites schneiden hier erfahrungsgemäß sehr gut ab. Falls es Probleme gibt, kann es nur am Theme liegen. Wechseln Sie es gegebenenfalls aus!

Ist Google das Maß aller Dinge?

Ja, die Suchmaschine von Google ist das Maß aller Dinge, der Marktanteil liegt nämlich bei weit über 90 Prozent. Richten Sie Ihre SEO auf Google aus, andere Suchmaschinen, wie beispielsweise Bing, sind ähnlich konzipiert.

> **Merke:** Eine bei Google gut platzierte Website wird auch von anderen Suchmaschinen gut platziert.

Grundeinstellungen der Website überprüfen

Bevor Sie ins Detail gehen, kontrollieren Sie zunächst, ob Ihre Website mit einer Barriere für die Suchmaschinen versehen ist. Dies kann der Fall sein, wenn sich die Website in einem Wartungs- oder Testmodus befindet.

Vorsicht Falle: Ist unter Einstellungen/Lesen etwa ein Häkchen bei Suchmaschinen davon abhalten, diese Website zu indexieren. gesetzt? Damit wären sämtliche Suchmaschinen ausgesperrt.

Suchmaschinen nicht aussperren

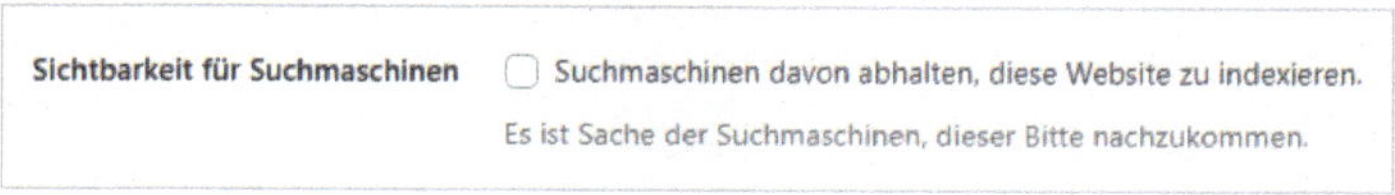

Sichtbarkeit für Suchmaschinen	☐ Suchmaschinen davon abhalten, diese Website zu indexieren. Es ist Sache der Suchmaschinen, dieser Bitte nachzukommen.

Falls Sie Ihre Website mit WordPress betreiben: Rufen Sie das *Dashboard* auf und klicken Sie im Menü links unten auf *Einstellungen/Lesen*. Scrollen Sie dann bis zum Punkt *Sichtbarkeit für Suchmaschinen* und überprüfen Sie, ob in der Checkbox vor *Suchmaschinen davon abhalten, diese Website zu indexieren.* ein Häkchen gesetzt ist. Falls ja, dann schnell raus damit. Nur so werden Ihre Inhalte überhaupt von den Suchmaschinen durchforstet.

Seitentitel und Untertitel

Als besonders relevant stuft Google den Seitentitel und den Untertitel der Startseite ein. Am besten wählen Sie gleich nach der Installation aussagekräftige und suchmaschinen-freundliche Begriffe, die mit der Domain und der Thematik des Projekts im Einklang stehen.

Beispiel:

- Titel: Frankfurter Modehaus
- Untertitel: Mode für Damen und Herren

> **Merke:** Die Suchmaschinenoptimierung beginnt mit der Überprüfung der Grundeinstellung einer Website.

Keywords auswählen

Jeder Betreiber einer Website erhält früher oder später ungefragt E-Mails von selbst ernannten SEO-Experten, die einen ersten Platz in den Trefferlisten von Google versprechen. Gehen Sie solchen Verkündigungen aber nicht auf den Leim. Nicht in jedem Fall ist die Topplatzierung nämlich eine große Kunst. Es kommt immer auf das jeweilige Keyword an.

Keywords haben unterschiedliche Qualitäten

Sind Sie bereit für ein Experiment? Dann werfen Sie Google an und geben diese drei Begriffe ein:

- Kleid
- Brautkleid
- Brautkleidverleih

Als Ergebnisse gibt Google aus:

- etwa 120.000.000 Treffer für Kleid
- etwa 18.000.000 Treffer für Brautkleid
- etwa 55.000 Treffer für Brautkleidverleih

Allgemeine Begriffe erhalten mehr Treffer als spezifische. Sehen Sie sich nun die besten Plätze auf den Trefferlisten genauer an. Beim Keyword *Kleid* sind es nicht unbedingt die kleinen Shops, die sich ganz oben breitmachen. Newcomer haben es schwer, bei einem so allgemeinen Begriff auf die ersten Ränge zu gelangen. Die Konkurrenz ist einfach zu groß. Die etablierten Marktteilnehmer haben diesen Begriff in Beschlag genommen. Besser sieht es für Begriffe wie *Brautkleidverleih* oder *Rückenfreies Brautkleid* aus.

Hier bestehen durchaus Chancen, mit Keyword-starken Texten im Google-Ranking nach oben zu gelangen. Überlegen Sie deshalb genau, welche Keywords oder kurze Phrasen für eine Anreicherung Ihrer Texte infrage kommen. Einige Beispiele finden Sie in der folgenden Matrix.

Thema	sehr gute Keywords	gute Keywords	zu allgemein für ein Keyword
Hochzeit	weißes Brautkleid rückenfreies Brautkleid kurzes Hochzeitskleid	Brautkleid Hochzeitskleid Heiraten	Kleid Mode Hingucker
Italienreisen	Rom Neapel Verona	Italienreise Opernreise	Italien Südeuropa Reisen
Musikinstrumente	Gitarre Klavier Saxofon	Musikinstrumente Blasinstrumente	Musik Instrument Tonkunst

Starke Keywords sind griffig. Wer nach einem Brautkleid sucht, gibt genau dieses Wort bei Google ein, und nicht etwa *Mode*. Für einen Hochzeitsausstatter ist *Brautkleid* ein stärkeres Keyword, *Mode* ein schwächeres.

Keywords brauchen die richtige Umgebung

Bevor Sie mit Keywords experimentieren: Vergewissern Sie sich, dass die dazugehörigen Inhalte auf Ihrer Website heimisch sind, im Idealfall als Produkte in Ihrem Shop.

Beispiel: Ein neues Smartphone ist erschienen. Sie haben es unter die Lupe genommen und möchten in Ihrem Unternehmensblog darüber berichten. Jetzt könnten Sie natürlich einen ausführlichen Blogbeitrag schreiben und mit passenden Keywords anreichern. Diese Methode ist aber nur dann erfolgreich, wenn Sie von Ihren Website-Besuchern als glaubwürdiger Experte eingestuft werden, zum Beispiel weil Sie das Smartphone auch in Ihrem Onlineshop verkaufen oder sich auch sonst ausführlich mit Smartphones beschäftigen.

Andernfalls werden viele Besucher den mit Keywords „angefütterten" Beitrag gar nicht lesen, und Ihre Seite sofort wieder verlassen. Eine hohe Absprungrate würde Sie dann bei Google in Misskredit bringen.

Es ist keine gute Idee, das Thema einer Website aus SEO-Gründen über Bord zu werfen. Die Kunst besteht darin, ohne inhaltliche Verbiegungen auf die vorderen Plätze zu gelangen!

> **Merke:** Inhalte, die vom Grundthema einer Website abweichen, sind für die Suchmaschinenoptimierung ungeeignet.

Keywords platzieren

Eine bloße Wiederholung von Keywords richtet meist mehr Schaden als Nutzen an:

Falscher Ansatz: Dieses Brautkleid ist das beste Brautkleid unserer Brautkleid-Kollektion. Jetzt Brautkleid ansehen.

Pfropfen Sie das Keyword nicht viermal in zwei Zeilen, gehen Sie taktisch geschickter vor. Platzieren Sie es im Text mehrmals, aber nicht übertrieben oft.

Beispiel: Dieses Brautkleid ist der Star unserer Brautkleid-Kollektion.

Anschließend platzieren Sie das Keyword an weiteren Stellen Ihrer Website. Beispiele:

- Innerhalb der Seiten-URL: **https://mein-unternehmen/brautkleider.**
- Im Seitentitel: **Brautkleid kaufen.**
- Innerhalb der Seitenbeschreibung, der sogenannten *Description*: **Brautkleider in allen Größen und Farben.**

- Im Namen des Brautkleidbilds: **brautkleid-mit-spitze.jpg**.
- Im *ALT-Tag* des Brautkleidbilds, also der Beschreibung für Suchmaschinen und blinde User: **Brautkleid mit Spitze**.
- In der Bildunterschrift: **Elegantes Brautkleid mit Spitze**.
- In den H2-Überschriften, also den Zwischenüberschriften, die einen Text gliedern: **Brautkleid kaufen oder leihen?**
- Innerhalb von Ankertexten von Links, also den Wörtern, die mit einem Link hinterlegt sind: **Brautkleid-Tipps**.

> **Merke:** Auf einer Website können Keywords an vielen Stellen platziert werden.

Suchmaschinengerecht texten

Ihre Website hat eine Mission? Dann formulieren Sie sie klar und deutlich in der Überschrift und den ersten Sätzen. Weg mit den Füllwörtern, her mit klaren und selbstbewussten Statements:

- Schlecht: **Es gibt ja sehr viele schöne Cocktailkleider.**
- Gut: **Dieses Cocktailkleid macht Dich zum Star!**

Texte mit Zwischenüberschriften gliedern

Gliedern Sie Ihre Texte mit Zwischenüberschriften. Darüber freuen sich alle - Leser und Suchmaschinen. Markieren Sie die Zwischenüberschriften so, dass sie von den Suchmaschinen auch als solche erkannt werden. Üblicherweise wird dazu das *H2*-Tag verwendet. Die größere *H1*-Überschrift ist nämlich für den Seitentitel reserviert und sollte, im Gegensatz zu allen anderen H-Tags, nur einmal pro Seite vergeben werden. Der Buchstabe **H** steht für das Wort **Heading** (Überschrift). Nutzen Sie *H3* und *H4*, falls Sie einen Text in weitere Ebenen untergliedern möchten. Achten Sie darauf, in den Zwischenüberschriften Keywords einzuflechten.

> **Merke:** Gute Zwischenüberschriften sorgen für eine bessere Lesbarkeit und einen besseren Platz bei den Suchmaschinen.

Bilder-SEO

Auf diesem Terrain können Sie viel gewinnen. Nehmen Sie sich an den anderen Onlineshops kein Beispiel, denn das Bilder-SEO findet dort meistens gar nicht statt. In vielen Unternehmen läuft das nämlich so:

Von einem Brautkleid müssen atemberaubende Bilder her. Der Fotograf knipst aus mehreren Perspektiven und achtet sorgsam auf die richtige Ausleuchtung, ob mit oder ohne Model. Nach dem Shooting genießt er ein Weinchen in seinem Stammlokal. Am nächsten Tag poliert er die Bilder mit Photoshop auf.

Weil sich mit dem Shooting und der Nachbearbeitung eine Menge Bildmaterial sammelt, speichert der Fotograf die Aufnahmen so ab, dass er sie auf seiner Festplatte oder in der Cloud schnell wiederfindet. Das funktioniert für ihn am einfachsten mit der Einflechtung relevanter Informationen in den Dateinamen. So reicht der Fotograf die Brautkleidbilder dann üblicherweise an das Shopteam weiter:

- **artnr1735-bk-vorder460x850.jpg**
- **artnr1735-bk-rueck460x850.jpg**
- **artnr1735-bk-model750x1200.jpg**

Mit den Artikelnummern kann Google so wenig anfangen wie mit **bk** als Abkürzung für Brautkleid. Tun Sie den Suchmaschinen und sich einen Gefallen und nennen Sie die Bilder um. Verwenden Sie Keywords und Synonyme. Beispiele:

- **brautkleid-tuell.jpg**
- **brautkleid-spitze.jpg**
- **brautkleid-hochzeitskleid.jpg**

Merke: Die Dateinamen von Bildern sollten Keywords enthalten.

Produktbeschreibungen optimieren

Weil Produktbeschreibungen nicht wie die Satzung eines Schrebergartenvereins klingen dürfen, verwenden die Werbetexter gerne szenetypische Begriffe und Slogans.

- **typisch für Mode:** aktueller Look, Eleganz, Vintage.
- **typisch für Technik:** Enterprise-Technologie, Ultrapower, High Performance.
- **typisch für Möbel:** ergonomisches Design, Wohlfühlfaktor, Markenqualität.

Für gedruckte Kataloge, Prospekte und Schaufenster sind diese Bezeichnungen prima, aber für die Suche im Internet sind sie völlig irrelevant. Die Kundinnen und Kunden geben bei Google nämlich keine Marketingwörter, sondern ganz handfeste Begriffe ein.

- **im Bereich Mode:** Bikini, Brautkleid, Umstandskleid.
- **im Bereich Technik:** Arbeitsspeicher, Motorsäge, Batterien.
- **im Bereich Möbel:** Schreibtisch, Schlafsofa, Kühlschrank.

Produkt in Stichworten beschreiben

Sie wollen es bei Google so richtig krachen lassen? Dann schießen Sie in der Produktbeschreibung einfach eine ganze Salve an relevanten Suchbegriffen ab. Mit einer Aufzählung von Stichpunkten lässt sich eine Menge an Keywords „abgrasen", ohne die Kundschaft mit langen Texten zu nerven. Beispiel einer effektiven Stichwortliste für ein Cocktailkleid:

- Ausschnitt: Rundhals
- Design: 50ies Pettycoat
- Saumlänge: kurz
- Taille: schmal
- Ärmellänge: ärmellos
- Verzierung: Falten
- Stoff: Taft
- Rücken: Reißverschluss
- Farbe: Rot oder Schwarz
- Anlass: Abiball, Cocktailparty, Hochzeitsparty, Tanzparty, Abschlussball
- Stil: Retro, Swing, Rock & Roll
- Jahreszeit: Frühling, Sommer und Herbst
- Passende Accessoires: Schultertasche und Handschuhe

Mit einer solchen Liste wird eine ganze Reihe an Zielgruppen bedient, im Beispiel sind es Schüler, Tänzer, Partybesucher, Nostalgiker und Heiratswillige. Etwas schwieriger als Listen ist die Erstellung von Fließtexten. Denken Sie auch hier an Keyword-Anreicherungen, um möglichst viele Google-Anfragen abzudecken. Im Beispiel sind die Keywords **fett** markiert:

- Ob auf dem **Abiball**, der **Hochzeit** oder der **Tanzparty** – mit diesem **Cocktailkleid** im **Petticoat-Stil** der **50er-Jahre** machst du auf jedem Parkett eine gute Figur.

Synonyme verwenden

Stümperhaft optimierte Texte werden sowohl von Google wie auch von den Lesern schnell als »überoptimiert« erkannt. Vermeiden Sie Wortanhäufungen. Abhilfe schaffen Synonyme und verwandte Wörter. Wechseln Sie zum Beispiel zwischen Cocktailkleid und Abendkleid. Sie erzielen damit zwei Effekte:

- Der Text bleibt locker und natürlich.
- Sie erreichen Interessenten, die nicht die exakte Bezeichnung Ihres Produkts eingegeben haben.

Variieren Sie auch mit deutschen und fremdsprachigen Bezeichnungen.

Beispiel:

- Kapuzenpullover – Hoodie
- Handtasche – Clutch
- Arbeitsspeicher – Memory

Merke: Synonyme decken unterschiedliche Suchanfragen ab.

Interne und externe Verlinkungen

Machen Sie es wie Wikipedia – glänzen Sie vor Google mit vielen internen Querverbindungen. Außerdem lässt sich der Besucherstrom Ihrer Website über interne Links beeinflussen. Nicht jeder Kunde hangelt sich gerne durch Menüs. Häufig verlinkte Seiten erhalten früher oder später auch einen höheren Traffic. Achten Sie, um das Potenzial voll auszuschöpfen, vor allem bei internen Links auf griffige, „sprechende" Ankertexte. Google registriert nämlich, welche Wörter mit Links hinterlegt sind.

- Falsch: Hier finden Sie einen **Link** zu unserem neuen Cocktailkleid.
- Richtig: Hier finden Sie unser neues **Cocktailkleid**.

Besonders effektiv sind Links von den Beiträgen im Unternehmensblog zu den Produkten im Shop!

Links von anderen Seiten gewinnen

Eine Website wird bei Google hoch bewertet, wenn sie über zahlreiche Backlinks verfügt, also von anderen Seiten verlinkt wird. Allerdings achten die Suchmaschinen dabei auf Qualität. Es nützt Ihnen wenig, wenn es sich hierbei um schlecht besuchte oder fachfremde Seiten handelt. Kommen Sie also nicht auf die Idee, bei dubiosen Anbietern Links zu kaufen, oder sich in unseriöse Linkkataloge einzutragen. Im schlimmsten Fall werden Sie dabei ertappt und erhalten eine Abstrafung, Google nennt diese **Penalty**. Die Folge: Sie rutschen auf den Trefferlisten weit nach hinten.

Gegenseitige Verlinkung

Sinnvoll ist immer eine gegenseitige Verlinkung thematisch verwandter und seriöser Seiten. Es spricht nichts dagegen, als Chefin eines Hochzeitsshops einen Gastartikel in einem Fotografieblog zum Thema Modefotografie zu verfassen und dabei auch auf die eigene Webpräsenz zu verweisen.

Merke: Eine gegenseitige Verlinkung thematisch ähnlicher Websites nützt beiden Partnern.

5.2 Google Ads und Affiliate Marketing

Ideal ist es natürlich, wenn Sie viele Website-Besucher über die organische Suche erhalten, also das, was Google in seinen Trefferlisten anzeigt. Das Problem ist allerdings, dass es eine gewisse Zeit dauert, bis Ihre Website dort auf einem guten Platz angezeigt wird. Mit diesen Methoden können Sie, gegen Bezahlung, sofort Besucher erzielen:

- Google Ads (Anzeigendienst von Google)
- Affiliate Marketing

Google Ads

Der Preis einer Google-Anzeige hängt nicht nur vom Anzeigentyp ab, sondern auch vom gewünschten Keyword. **Beispiel:** Sie möchten eine Anzeige für das Keyword *Hochzeitskleid* schalten. Ihre Konkurrenz bietet für einen bestimmten Anzeigentyp einen Preis von 3,50 Euro pro Klick. Diesen Preis müssen Sie überbieten, damit Ihre Anzeigenkampagne laufen kann.

Mit Google Ads starten

Für die Teilnahme an Google Ads benötigen Sie ein allgemeines Google-Konto. Dieses besitzen Sie bereits, falls Sie einen YouTube-Kanal betreiben oder einen anderen Google-Dienst. Ist dies nicht der Fall, legen Sie sich einen neuen Google-Account an. Was Sie dann noch tun müssen: Gehen Sie auf https://ads.google.com und lassen Sie sich für eine Teilnahme freischalten.

Auf ads.google.com können Google-Anzeigen geschaltet werden.

Kampagnen erstellen

Die wesentlichen Faktoren einer Google-Ads-Kampagne:

- **Auswahl des Ziels der Kampagne:** Empfehlenswert ist das Ziel *Zugriff auf die Website*.

- **Geographische Ausrichtung:** Entscheiden Sie, in welcher Region Ihre Anzeigen erscheinen sollen.
- **Festlegung der Geburtsstrategie:** Der Preis einer Google-Anzeige schwankt in Abhängigkeit der Bieter für ein bestimmtes Keyword. Google Ads schlägt Ihnen verschiedene Gebotsstrategien vor. Bei der automatischen Gebotsstrategie überbieten Sie Ihre Konkurrenz, bis Ihr Budget erschöpft ist. Diese Einstellung ist mit Vorsicht zu genießen, wenn Sie nicht über die entsprechenden Geldreserven verfügen. Beachten Sie den nächsten Punkt und legen Sie am Anfang kein zu hohes Budget fest.
- **Festlegung des Budgets:** Legen Sie eine Obergrenze fest.
- **Gestaltung der Anzeige:** Überlegen Sie, wonach Ihre Kunden suchen, und bieten Sie ihnen Lösungen. Kommen Sie in wenigen Worten zum Kern der Sache. Texten Sie nicht „Hochzeitskleider und Hingucker", sondern „Hochzeitskleid online kaufen".
- **Demographische Merkmale:** Klicken Sie im Kampagnentool auf Demographische Merkmale, um Ihre Kampagne auf Ihre Zielgruppe anzupassen. Wichtige Merkmale sind Alter, Geschlecht und Haushaltseinkommen.

Mit kleinem Budget beginnen

Setzen Sie am Anfang eher kleinere Beträge für eine Kampagne ein. Verschleudern Sie nicht Ihr Budget, solange Sie Ihre Zielgruppe nicht genau definiert und die Wirkung der Anzeigen nicht mithilfe eines Statistiktools überprüft haben. Unterbrechen Sie gegebenenfalls die Kampagne.

Keywords ausschließen

Ordnen Sie einer Anzeige mehrere Keywords zu und arbeiten Sie auch mit ausschließenden Keywords, um keine Streuverluste zu erleiden.

Beispiel: Sie starten eine Kampagne für Konzertflügel und legen die Keywords **Piano**, **Konzertflügel** und **Flügel** fest. In diesem Fall sollten Sie die Wörter **Flugzeug**, **Tragfläche** und **Vogel** als ausschließende Keywords setzen. Andernfalls würden Sie Geld für Besucher bezahlen, die auf Ihrer Website nicht das finden, was sie bei der Suche im Sinn hatten.

Anzeigenvorschläge von Google nur mit Bedacht übernehmen

Google arbeitet ständig daran, Ihnen die Anzeigenerstellung zu erleichtern. Bei der Nutzung von Anzeigenvorschlägen, die Ihnen Google unterbreitet, ist allerdings Skepsis angebracht. Oft sind die automatisch generierten Begriffe nämlich zu allgemein und gehen nicht auf das konkrete Produkt ein.

Beispiel: Google Ads schlägt Ihnen **Damenoberbekleidung** als Begriff vor, obwohl Sie ganz konkret einen **Blazer** verkaufen möchten.

Merke: Mit Google-Ads-Kampagnen erhält eine Website sofort Besucher.

Affiliate Marketing

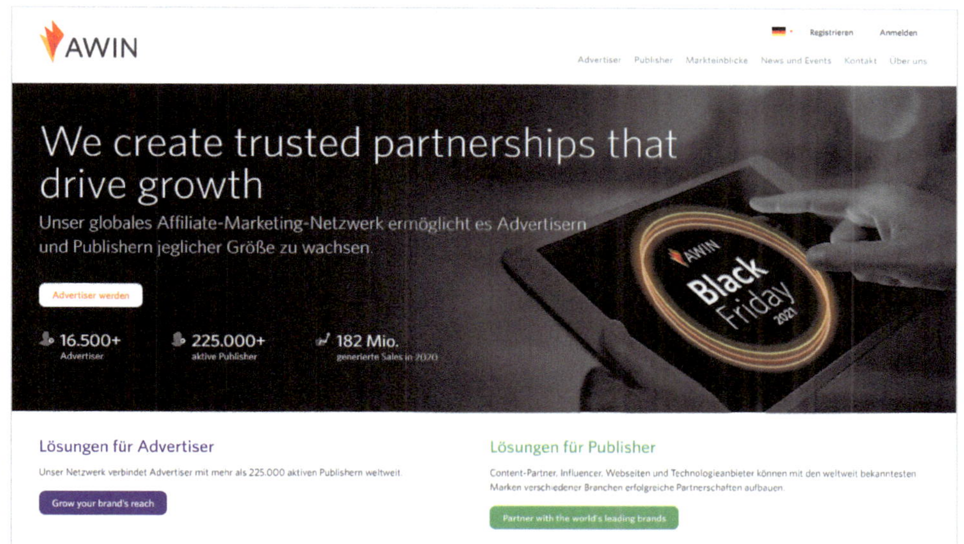

Affiliate-Anbieter vermitteln zwischen Unternehmen und Partnern.

Beim Affiliate-Marketing handelt es sich um ein Vermittlungssystem für Waren und Dienstleistungen, das im E-Commerce nach folgendem Prinzip funktioniert:

- Ein Unternehmen arbeitet mit Partnern (Affiliates) zusammen, um zusätzliche Umsätze zu generieren.
- Die Partner unterstützen den Vertrieb des Unternehmens. In der Regel platziert der Partner einen Link auf seiner Website, der zum Onlineshop des Unternehmens führt. Dieser Link wird auch als Affiliate-Link bezeichnet.
- Im Affiliate-Link ist ein Code enthalten, der die getätigten Klicks misst und zuordnet.
- Je nach Vereinbarung erhält der Partner vom Unternehmen eine Provision, z. B. pro Klick auf die Website oder pro Kauf. Der große Vorteil für das Unternehmen ist, dass es nur für konkrete und vereinbarte Ergebnisse bezahlen muss.

Motivation der Partner

Die Motivation für die Partner ist Provision. Je mehr User auf den Affiliate-Link klicken und Einkäufe tätigen, desto besser für ihn. Dieser Anreiz motiviert die Partner, auch für das passende inhaltliche Umfeld zu sorgen. Im Idealfall präsentieren sie nicht nur werbliche Inhalte, sondern auch Tipps und Tricks in Form von Texten und Videos. Sie sorgen dafür, dass die Produkte des Unternehmens ins Gespräch kommen. **Achtung:** Aus rechtlichen Gründen müssen Inhalte und Affiliate-Link werblich gekennzeichnet sein.

Beteiligte für das Affiliate-Marketing

Zur Realisierung des Affiliate-Geschäfts ist es üblich, ein Affiliate-Netzwerk einzuschalten. Dieses Netzwerk vermittelt nicht nur zwischen Unternehmen und Partnern, es kümmert sich auch um die technische Umsetzung, die Verfolgung von Verkäufen und die Abrechnung der Provisionen. Insgesamt sind also vier Parteien beteiligt:

- **Das Unternehmen**, auch **Merchant** oder **Advertiser** genannt. Das Unternehmen möchte den Umsatz seiner Waren und Dienstleistungen steigern.
- **Der Affiliate-Anbieter**, auch **Affiliate-Network** genannt. Der Affiliate-Anbieter vermittelt zwischen Unternehmen und Partner und betreut beide Seiten.
- **Der Partner**, auch **Vertriebspartner, Affiliate** oder **Publisher** genannt. Er veröffentlicht Inhalte, die durch den Affiliate-Link auf das Unternehmen verweisen. Er stellt also seine Website für werbliche Inhalte zur Verfügung.
- **Der Kunde**, auch **Customer** genannt. Durch sein Verhalten löst er im Idealfall einen Kauf und damit auch das Affiliate-Geschäft aus.

Die Auslösung des Kaufs wird auch als **Konversion** bezeichnet. Der Begriff stammt eigentlich aus der Religionswissenschaft, konvertiert wird hier nicht zwischen zwei Glaubensrichtungen, sondern vom Interessenten zum Käufer.

Die Zeitspanne für den Kauf

In den wenigsten Fällen tätigt der Kunde einen Kauf spontan. Aus diesem Grund arbeiten die meisten Affiliate-Systeme mit Cookies, die im Browser der User gesetzt werden, die einem Affiliate-Link gefolgt sind. Die Cookies messen das Userverhalten über einen längeren Zeitraum, zum Beispiel 180 Tage. Tätigt der User die vereinbarte Aktion innerhalb dieser Zeitspanne, so wird die Provision ausgeschüttet, ansonsten verfällt sie.

Der Affiliate-Link

Der im Affiliate-Link eingebettete Code enthält eine einmalige ID (eine Zeichenfolge) mit folgenden Funktionen:

- Identifizierung des Partners. Damit kann das Unternehmen feststellen, von welchem Affiliate eine Aktion ausgelöst wurde. In der Regel sind ja sehr viele Partner mit einem Unternehmen verbunden.
- Setzen eines Cookies im Browser desjenigen, der den Affiliate-Link geklickt hat. Über das Cookie werden Aktionen wie beispielsweise ein Kauf getrackt.

Affiliate-Provisionsmodelle

Die Höhe der Provision ist je nach Affiliate-Anbieter und Provisionsmodell unterschiedlich. Übliche Provisionsmodelle sind:

- **Pay per Click:** Bezahlung pro Klick auf den Affiliate-Link.
- **Pay per Lead:** Bezahlung pro Lead, also einer vorher festgelegten Aktion, z. B. der Teilnahme an einem Gewinnspiel oder der Registrierung für einen Newsletters.
- **Pay per Sale:** Bezahlung pro Kauf, den ein Kunde beim Unternehmen abgeschlossen hat.

Affiliate-Anbieter finden

Falls Sie sich für das Affiliate-Marketing entscheiden, sollten Sie die Konditionen und Referenzen der Anbieter miteinander vergleichen. Zu den populären Anbietern zählen:

- **AWIN:** https://www.awin.com/de
- **belboon:** https://belboon.com/
- **Digistore24:** https://www.digistore24.com/de/

Merke: Affiliate-Anbieter vernetzen Unternehmen mit geeigneten Partnern und wickeln die Provisionen ab.

5.3 Content-Marketing und Unternehmensblog

Beim Content-Marketing werden Inhalte (Content) so erstellt und platziert, dass sie eine bestimmte Zielgruppe erreichen: die potenziellen Käufer von Produkten. Content-Marketing dient also der Vorfeld-Pflege für einen Kauf.

Content-Marketing

Beim Content-Marketing ist es besonders wichtig, die Bedürfnisse der Zielgruppe möglichst genau zu bestimmen und zu bedienen.

Beispiel: Beworben werden soll ein Onlineshop für Bastelbedarf. Diese Zielgruppe ist sicherlich mit Tutorial-Videos gut ansprechbar.

Den einheitlichen Stil bewahren

Zur Erhöhung des Wiedererkennungswerts ist es notwendig, auch beim Content-Marketing einen einheitlichen Stil zu bewahren. Beispiele:

- **Informierender Stil:** Der Fokus liegt auf der neutralen Präsentation von Produkten und der Abwägung von Vor- und Nachteilen.
- **Beratender Stil:** Der Zielgruppe wird mit praktischen Beispielen erklärt, wie ein Produkt funktioniert.
- **Unterhaltender Stil:** Die Zielgruppe wird mit Elementen bei Laune gehalten, die in der Showbranche üblich sind.

Die Platzierung des Contents

Typische Orte zur Platzierung des Contents sind:

- Auf der Website eines Unternehmens.
- Innerhalb von Unternehmenspräsenzen auf Social-Media-Netzwerken, zum Beispiel auf dem eigenen YouTube-Kanal.

- Im unternehmenseigenen Newsletter.
- Im Unternehmensblog.
- Als Gastbeiträge auf fremden Blogs.

> **Merke:** Content-Marketing sorgt für Bekanntheit von Unternehmen und Produkten.

Der Unternehmensblog

Was sind eigentlich Blogs? Das Wort Blog ist die Kurzform von Weblog, was sich im Deutschen ganz gut mit Internettagebuch übersetzen lässt. Vor 20 Jahren wurden Blogs hauptsächlich von Privatpersonen betrieben, heute nutzen auch viele Firmen dieses Instrument. Die Funktionsweise eines Unternehmensblogs (gebräuchlich sind auch die Begriffe Corporate Blog oder Firmenblog):

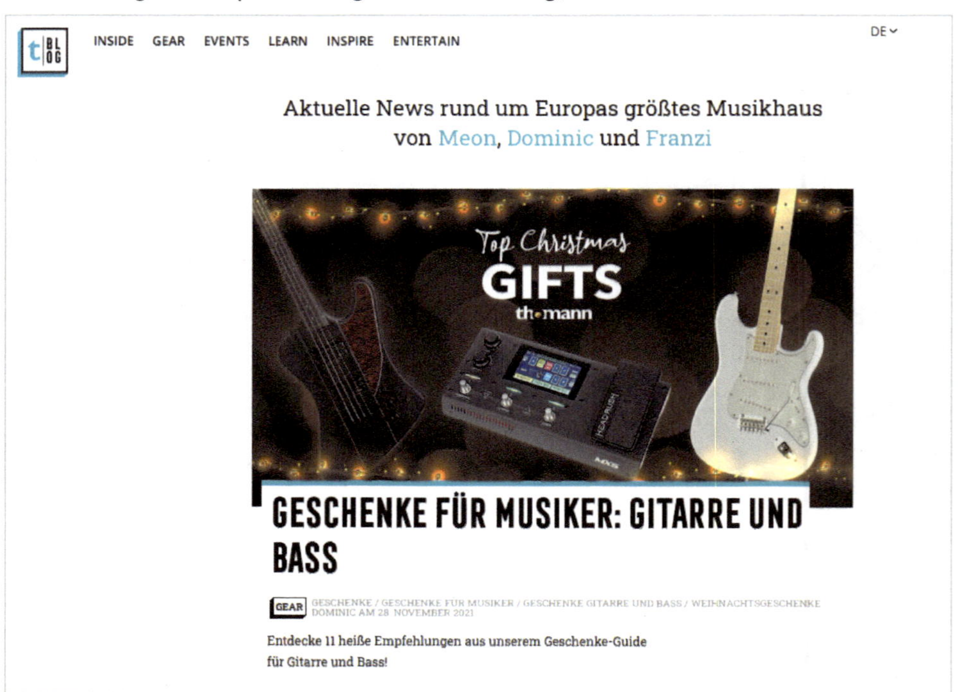

Das Musikhaus Thomann betreibt unter https://www.thomann.de/blog/de/ einen Unternehmensblog.

- Ein Unternehmen veröffentlicht regelmäßig Neuigkeiten auf seiner Website. Diese Neuigkeiten werden auch als Blogbeiträge bezeichnet. In der Regel bestehen Sie aus Text und einigen Bildern.
- Die Blogbeiträge sind zumeist mit einem Datum und einem Autorennamen versehen.
- Die Blogbeiträge werden chronologisch dargestellt. Die neuen Beiträge schieben die älteren nach unten. Der Besucher eines Blogs sieht zuerst die neuen Beiträge.

- Die älteren Beiträge verbleiben auf der Website und sind weiterhin zugänglich.
- Die Leserinnen und Leser haben die Möglichkeit, einige oder alle Beiträge zu kommentieren.
- Die Kommentare werden vom Betreiber eines Blogs beantwortet, Diskussionen werden moderiert.
- Es findet zwar kein direkter Verkauf auf dem Blog statt, aber die Produkte eines Shops können auf dem Blog präsentiert und verlinkt werden.

Merke: Ein Unternehmensblog bietet den Lesern regelmäßig Neuigkeiten.

Der Blog unterstützt den Shop

Mit einem eigenen Blog haben Sie eine hervorragende Möglichkeit, Ihr Unternehmen und Ihre Produkte einer Öffentlichkeit darzustellen und Besucher für Ihren Shop zu gewinnen. Die Argumente im Detail:

- **Einfache technische Umsetzung:** Ein Blog ist kein Hexenwerk. Die meisten Baukastensysteme für Websites lassen sich in irgendeiner Form mit einem Blog erweitern. Ideale Voraussetzungen zum Bloggen haben Sie, wenn Sie Ihre Website mit WordPress betreiben. WordPress startete nämlich vor zwei Jahrzehnten als Blogsystem und hat seine Wurzeln nie aufgegeben. Der große Vorteil: Sie können Shop und Blog verbinden, ohne die Einheit Ihrer Website zu zerbrechen – weder optisch noch technisch.
- **Fachwissen unterhaltsam verbreiten:** Blogs sind ein hervorragendes Mittel, um Fachwissen auf unterhaltsame Weise zu vermitteln. **Beispiel:** Sie betreiben einen Shop für Schottenröcke? Dann berichten Sie im Unternehmensblog doch auch über die Highlandgames. Sie waren vor Ort und haben Bilder von Männern in Röcken geschossen und rechtlich abgeklärt, dass Sie Ihre Aufnahmen veröffentlichen dürfen? Dann rein damit in den Firmenblog. Mit witzigen Reportagen gewinnen Sie Sympathie, Leserschaft und Kundschaft.
- **Kunden informieren:** Sie erwarten ein neues Produkt oder möchten ein kleines Tutorial veröffentlichen? Im Unternehmensblog ist dafür Platz. **Tipp:** Verweisen Sie bei Nachfragen zu einem Produkt, die Sie per Mail oder auf Social-Media-Netzwerken erhalten, auf den entsprechenden Blogbeitrag.
- **Suchmaschinenoptimierung:** Google bevorzugt Websites, die oft aktualisiert werden. Mit regelmäßigen Blogbeiträgen liefern Sie den Suchmaschinen neues Futter.
- **Marktforschung betreiben:** Aktivieren Sie die Kommentarfunktion Ihres Blogsystems. Lob und Kritik Ihrer Leser sind aufschlussreich, um Wünsche Ihrer Kunden zu erforschen.
- **Kundenbindung:** Verweisen Sie in Ihrem Newsletter auf neue Blogbeiträge und generieren Sie Stammleser.

- **Vertrauensbildung:** Vor einer Kaufentscheidung will der Kunde nicht nur über das Produkt informiert sein, er muss dem Händler auch vertrauen. Eine vertrauensbildende Maßnahme ist die Platzierung von Content auf „neutralem" Terrain. Zwar ist dies bei einem Unternehmensblog nicht ganz der Fall, aber Sie haben hier wesentlich mehr Möglichkeiten als in den Produktbeschreibungen, wo Ihnen das Wettbewerbsrecht Grenzen setzt. Auf dem Blog können Sie subjektiv und emotional schreiben, mit anderen Worten: Begeisterung wecken.
- **Unverwechselbarkeit herstellen:** Berichten Sie über Ihre Produkte, aber auch über Kurioses. Entfachen Sie einen Kult um Ihr Unternehmen. Denken Sie dabei auch an den inneren Zusammenhalt. Eine gelungene Selbstdarstellung erhöht die Motivation Ihres Teams.
- **Social-Media-Netzwerke anfüttern:** Die Netzwerke verhalten sich ein Leben lang wie hungrige Jungvögel. Sie sperren die Schnäbel auf und gieren nach Aufmerksamkeit und Futter. Um dauerhaft Content für Facebook, Instagram, Twitter und Konsorten zur Verfügung zu stellen, müssen Sie mit Ihren Kräften haushalten. Legen Sie Blogbeiträge an und verlinken Sie diese von Ihren Social-Media-Präsenzen.
- **Produkte präsentieren und verlinken:** Erstellen Sie Blogbeiträge zu Ihren Produkten und verlinken Sie von dort zu den entsprechenden Produktseiten in Ihrem Shop.
- **Entspannen:** Natürlich verfolgen Sie als Unternehmen in erster Linie wirtschaftliche Ziele. Aber im Blog dürfen Sie dieses Verwertbarkeitsdenken mal völlig vergessen und Ihre Leser auch an einem Bild von einem schönen Sonnenuntergang teilhaben lassen.

Merke: Aufgabe eines Unternehmensblogs ist die Unterstützung des Vertriebs.

Die Platzierung eines Blogs

Zur Platzierung des Blogs haben Sie drei Möglichkeiten:

- Separate Platzierung des Blogs
- Blog dominiert die Website des Unternehmens
- Blog unterstützt die Website des Unternehmens

Separate Platzierung des Blogs

Bei dieser Konstruktion befindet sich Blog und Website auf separaten Domains beziehungsweise Domain und Subdomain.

Beispiele: Sie besitzen eine Website mit Shopfunktion auf der Domain *mein-unternehmen.de*. Den dazugehörigen Blog betreiben Sie auf einer der folgenden Domains:

- *mein-unternehmensblog.de*
- *blog.mein-unternehmen.de*

Bei dieser Konstruktion haben Sie völlige Freiheit bei der Gestaltung und können den Blog ausreizen, ohne mit dem Shop ins Gehege zu kommen. Es kommt nichts durcheinander, auch nicht bei der Lösung mit der Subdomain, denn Haupt- und Subdomain sind technisch eigenständig. Die Aufspaltung in zwei Präsenzen wirkt sich allerdings negativ auf die Gewichtung bei den Suchmaschinen aus. Mit einer großen, integrierten Website auf einer einzigen Domain erreichen Sie einen insgesamt besseren Rang.

Der Blog dominiert die Website des Unternehmens

Sie können den Blog auch auf die Startseite Ihrer Website legen, und sich damit als Shop mit angeschlossenem Blog präsentieren. Sinnvoll ist diese Konstruktion unter diesen Umständen:

- Sie verkaufen nur ein einziges oder sehr wenige unterschiedliche Produkte.
- Sie bauen sich über einen Blog eine Fanbase auf.

Anwendungsbeispiel: Sie haben ein Brettspiel selbst produziert, das Sie im Online-Shop verkaufen. Im Blog, dem Hauptteil der Site, informieren Sie über die Spielregeln und geben taktische Hinweise. Innerhalb Ihrer Blogbeiträge setzen Sie Links auf die Verkaufsseite.

Der Blog unterstützt die Website des Unternehmens

Dies ist der Regelfall. Beim Aufruf von mein-unternehmen.de erscheint die Startseite des Shops mit dem Produktkatalog selbst. Der Blog ist dagegen nur über ein Menü erreichbar.

> **Merke:** Ein Blog kann separat, im Vordergrund oder im Hintergrund eines Onlineshops platziert werden.

Tipps zum Bloggen

Mit wertvollen Beiträgen im Blog rücken Sie das Verhältnis zwischen diesen beiden „Orten“ wieder zurecht:

- **Orte, an denen Sie die Spielregeln bestimmen:** Ihre Website, Ihr Onlineshop, Ihr Blog.
- **Orte, an denen andere die Spielregeln bestimmen:** Marktplätze und Ihre Präsenzen auf Facebook oder anderen Social-Media-Netzwerken. Platzieren Sie dort nur kleine Häppchen. Wer fundierte Informationen will, muss von dort auf Ihren Blog wechseln.

Blick hinter die Kulissen gewähren

Gewähren Sie Einblicke, um Ihrem Unternehmen ein menschliches Antlitz zu geben. Eine Mitarbeiterin ist neu im Team? Sie waren zum Wandern in den Dolomiten? Ein neuer Computer wurde angeschafft? Dann bloggen Sie das auch. Sie machen den Kunden damit klar, dass er es mit Menschen zu tun hat, und keiner Verkaufsmaschinerie.

Auch ein bisschen Personenkult darf im Blog nicht fehlen. Präsentieren Sie sich beim Anstreichen Ihres Büros, mit der Leiter in der Hand und einer Mütze aus Zeitungspapier auf dem Kopf. Die Botschaft: Der Chef packt an, er ist ein Mensch wie ich und du.

Persönlichkeitsrecht beachten

Beachten Sie das Persönlichkeitsrecht! Bevor Sie im Firmenblog etwas über Ihre Mitarbeiter verbreiten, sollten Sie den geplanten Artikel den betreffenden Personen vorlegen und absegnen lassen.

Blog als Instrument zur Deeskalation und Information nutzen

Falls ein Kunde mit einer Leistung unzufrieden ist und Ihnen eine erboste Mail gesendet hat, können Sie einer Eskalation entgegenwirken, indem Sie die Umstände erklären und etwas Hintergrundinformationen liefern.

Beispiel:

> Vielleicht haben Sie es im Blog gelesen? Während der letzten Wochen haben wir renoviert, aber jetzt liefern wir wieder in gewohnter Geschwindigkeit. PS. In diesem Beitrag (den Sie in der Mail verlinken) finden Sie ein kleines Tutorial zu Ihrem Produkt.

Retouren verringern

Ein großes Problem aller Onlineshops sind hohe Retourenquoten. Es scheint so, als ob viele Kunden gar nicht wissen, dass Sie mit ihrem nicht gerade sozialen Verhalten für einen erheblichen Aufwand sorgen. Diesen Text dürfen Sie anpassen und in Ihrem Blogbeitrag einbauen:

> Wochenende, Hurra! Und es war mal wieder eine gute Woche. Exakt 85 Bestellungen bei null Retouren. Vielen Dank! Sie helfen uns damit, die Kosten niedrig und die Preise stabil zu halten! PS: Der Rekord liegt bei 127 Bestellungen ohne Retoure!

Kommentarfunktion nutzen

Sie haben zwei Möglichkeiten, wie Sie die Kommentarfunktion eines Blogs nutzen.

- Die Kommentarfunktion deaktivieren und den Blog als reine „Verkündigungsplattform" betreiben.
- Die Kommentarfunktion aktivieren und die Kommentare Ihrer Leserschaft beantworten und moderieren.

Eine aktivierte Kommentarfunktion schafft Ihnen zwar etwas Arbeit, Sie gewinnen aber wertvolle Einblicke in die Bedürfnisse Ihrer Kunden. Zudem punkten Sie bei der Suchmaschinenoptimierung, da mit jedem Kommentar auch neue Inhalte platziert werden.

> **Merke:** Kommentare schaffen wertvolle, nutzergenerierte Inhalte.

Kleiner Blog-Knigge

„Wo sich persönliches, politisches und geschäftliches Interesse treffen, sorgt der richtige Umgangston für ein angenehmes Miteinander." So oder hätte es vielleicht Freiherr von Knigge in einem Buch über das richtige Benehmen im Internet formuliert. Der kleine Blog-Knigge für Unternehmen:

Nicht nur Marketing betreiben

Im Blog darf es auch familiär und persönlich zugehen. Der Besucher ist hier auch Mensch und nicht nur Kunde.

Fasse dich nicht zu kurz

Ein guter Blogartikel ist so lange, dass er dem Leser etwas Stoff bietet und auch bei Google als gehaltvoll eingestuft wird. Verfassen Sie keine Mini-Beiträge, denn die verärgern nicht nur Ihr Publikum, sie werden auch bei Google als dünner Inhalt (**Thin Content**) eingruppiert. Mit etwa 500 Wörtern pro Blogbeitrag liegen Sie im grünen Bereich.

Nicht langweilen

Langweilige Beiträge gibt es im Internet genug, die will niemand lesen. Ein Blog sollte entweder unterhaltsam oder informativ sein. Oder beide Elemente miteinander vermengen.

Thema am Anfang des Beitrags auf den Punkt bringen

Das dürfen nur Professoren in philosophischen Diskussionsrunden: mit langen Einleitungen beginnen und dann aus einer Inspiration heraus die ganze Welt erklären. Sie als Normalsterblicher müssen das Thema schon im ersten Satz jedes Blogbeitrags schnell auf den Punkt bringen. Andernfalls springen Ihre Leser sofort ab.

Niemand in die Bleiwüste schicken

Der Begriff Bleiwüste entstammt dem klassischen Journalismus. Er bezeichnet einen Zeitungstext ohne Bilder und Absätze. Damit ein Text im Internet gut lesbar ist, muss das Auge einen Halt finden. Schreiben Sie deshalb nur kurze Absätze und strukturieren Sie Ihre Beiträge mit Zwischenüberschriften, Listen und Zitaten.

Mäßig, aber regelmäßig bloggen

Sie müssen zwar nicht täglich Neuigkeiten verkünden, aber eine gewisse Regelmäßigkeit sollte eingehalten werden. Wenn kurz vor Weihnachten noch der Bericht über die Ostereiersuche erscheint, lässt das die Kunden an der Dynamik Ihres Unternehmens zweifeln. Anderseits wirkt es verdächtig, wenn Sie mehrmals am Tag Beiträge veröffentlichen. Man könnte daraus den Schluss ziehen, dass Sie mit Ihrer eigentlichen Tätigkeit nicht so recht ausgelastet sind.

> **Merke:** Ein Blog braucht mindestens zwei qualitativ hochwertige Inhalte pro Monat.

5.4 Empfehlungsmarketing, Kundenkommentare und Support

Beim Marketing über Empfehlungen, Kundenkommentare und Support funktioniert, im Gegensatz zur Anzeigenschaltung, nichts ohne Vertrauen. Dieses Vertrauen muss sich ein Unternehmen hart erarbeiten und immer wieder neu beweisen.

Die Ziele des Empfehlungsmarketings sind:

- Die Gewinnung von Neukunden.
- Die Pflege von Bestandkunden.

Empfehlungen von Kunden

Besonders wirkungsvoll ist das Empfehlungsmarketing, wenn die Empfehlungen nicht vom Unternehmen selbst stammen, sondern aus unabhängiger Quelle. Im Idealfall sind es zufriedene Kunden, die ein Unternehmen weiterempfehlen.

Die Voraussetzung für Kundenempfehlungen

Sie als Unternehmen müssen für zwei Dinge sorgen:

- Begeisterte Kunden
- Öffentliche Plattformen, auf denen diese zufriedenen Kunden ihre Empfehlungen äußern.

Wenn Sie im Onlinehandel tätig sind, erhalten Sie von begeisterten Kunden auch Fanpost z. B. in Form von Mails dieser Art: „Danke, ihr habt richtig schöne Sachen. Bin begeistert... wollte ich nur mal loswerden."

Über solche Kunden dürfen Sie sich zwar persönlich freuen, aber noch schöner ist es, wenn solche Fanpost auch andere Menschen erreicht – Ihre potenziellen Kunden und Ihre Bestandskunden. Tabu ist eine Veröffentlichung dieser Mail, Sie würden damit nämlich einen Vertrauensbruch begehen. Die Mail war schließlich an Sie gerichtet und nicht an die Allgemeinheit.

Bei der Platzierung von Kundenmeinungen sollten Sie zwischen zwei Kategorien entscheiden:

- **Orte in Ihrem Einflussbereich.** Die Kommentarbereiche in Ihrem eigenen Onlineshop und in Ihrem Unternehmensblog.
- **Orte außerhalb Ihres Einflussbereichs.** Bewertungen bei Google, auf Marktplätzen, speziellen Bewertungsplattformen und Social-Media-Netzwerken.

Im Idealfall werden beide Kategorien von Ihren Kunden genutzt. Kommentare in Ihrem Einflussbereich wirken sich, da neuer Content erzeugt wurde, auch positiv auf Ihr Ranking bei Suchmaschinen aus. Zudem befinden sie sich in unmittelbarer Nähe zu den Produkten. Orte außerhalb Ihres Einflussbereichs gelten als neutraler. Problematisch wird diese Konstruktion allerdings, sobald sich eine hohe Anzahl negativer Kommentare anhäuft.

Kunden motivieren

Eine gute Idee ist es, besonders zufriedene und loyale Kunden für Produktbewertungen und Kommentare zu motivieren. Diese finden Sie mit Sicherheit unter Ihren Newsletter-Abonnenten. Folgende Textvorlage können Sie für Ihren Newsletter anpassen und übernehmen:

> Hat Ihnen unser (Produktname) gefallen? Dann zeigen Sie auf Instagram unter #Produktname, was Sie damit gezaubert haben! Oder schreiben Sie eine kleine Rezension: mein-unternehmen.de/produkt/produktseite/.

Testimonials

Was unsere Kunden sagen

Wir sind sehr zufrieden und empfehlen es gerne weiter! Robert S., Handwerksmeister

— Unkompliziert und schnell

Ein Unternehmen hat eine Kundenempfehlung auf der eigenen Website platziert, ein sogenanntes Testimonial.

Als Quelle für Empfehlungen kommen neben Kunden auch Mitarbeiter Ihres oder eines anderen Unternehmens in Betracht. Vielleicht verfügen Sie über ein kleines berufliches Netzwerk? Dann fragen Sie bei geeigneten Partnern nach.

Was für eine Eignung spricht:

- Der Empfehlende verfügt über einen hohen Bekanntheitsgrad.
- Der Empfehlende ist ein glaubwürdiger Experte für das Produkt, das Sie vermarkten möchten. Beispiel: Sie verkaufen Werkzeuge, der Experte ist Handwerker.

Merke: Empfehlungen von Kunden sind besonders glaubwürdig.

Empfehlungsmarketing vom Unternehmen selbst

Damit Eigenempfehlungen nicht als aufdringlich empfunden werden, müssen Sie es richtig und gezielt anpacken, z. B. mit **Querverkäufen**. Bei dieser Methode, auch **Cross Sales** genannt, empfehlen Sie zum ursprünglich ausgewählten Produkt noch weitere und passende Produkte hinzu.

Diese Form des Empfehlungsmarketings erleben Sie aber auch im stationären Handel, und zwar in jedem anständig geführten Schuhgeschäft. Gut sichtbar auf der Ladentheke, gleich neben der Kasse, sind da nämlich die passenden Pflegeprodukte im Blickfeld der Kunden. Verstärkt wird der visuelle Anreiz durch die suggestive Stimme der Verkäuferin, die kurz vor dem Bezahlen folgende Frage stellt: „Haben Sie noch Schuhcreme?" Empfehlungsmarketing ist also keine neue Verkaufstechnik, sondern gehört zum Standard-Repertoire des Handels.

Geeignete Produkte

Welche Produkte eignen Sich am besten für Querverkäufe? Die passenden Beispiele:

- Zum Bild empfehlen Sie einen Rahmen.
- Zum Laptop empfehlen Sie eine Tasche.
- Zur Hose empfehlen Sie einen Gürtel.
- Zum Fahrrad empfehlen Sie eine Luftpumpe.
- Zur entspannenden Gesichtsbehandlung empfehlen Sie das Zupfen der Augenbrauen.

Empfehlungen im Shopsystem umsetzen

Je nach Shopsystem gibt es unterschiedliche Methoden, um Empfehlungen umzusetzen. WooCommerce bietet folgende Option an: Wer ein bestimmtes Produkt in den Warenkorb gelegt hat, bekommt bei der Betrachtung des Warenkorbs weitere, passende Produkte angezeigt. Zur Einrichtung dieser Funktion öffnen Sie zunächst die *Produktverwaltung* unter *WooCommerce/Produkte/Alle Produkte*. Anschließend wählen Sie das „Hauptprodukt" aus und klicken auf die betreffende Produktseite.

Passende Produkte verlinken

Den Käufern eines Kartenspiels sollen weitere Produkte empfohlen werden.

Im Beispiel geht es um Querverkäufe für ein Kartenspiel, und zwar für ein Quartett mit 32 Cargobike-Modellen. Die Eckdaten:

- Das Produkt kostet 9,90 Euro.
- Das Produkt hat eine klare Zielgruppe: Liebhaber von Lastenrädern.
- Es handelt sich um eine zweite Edition. Es gibt also auch eine erste Edition.
- Die erste Edition des Quartetts ist ebenfalls im Shop verfügbar.
- Zur Zielgruppe passt auch ein Postkarten-Set mit lustigen Fahrradsprüchen.

Das Eingabefenster für Querverkäufe in WooCommerce

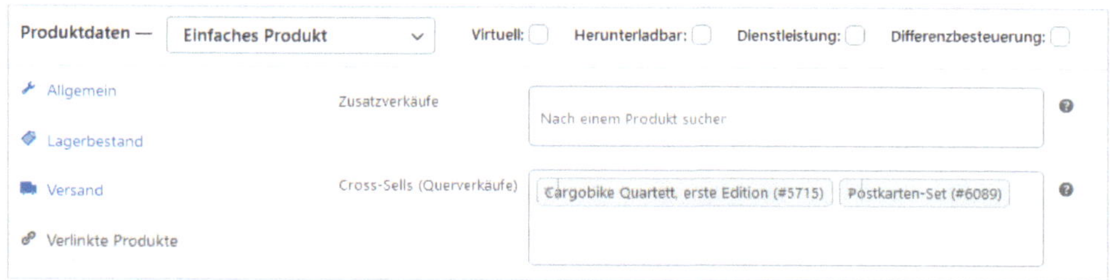

Das Eingabefenster für Querverkäufe.

Die Zuordnung für Querverkäufe funktioniert in jedem Shopsystem etwas anders. In WooCommerce müssen Sie auf *Verlinkte Produkte* klicken. Anschließend sehen Sie zwei Eingabefenster:

- **Zusatzverkäufe.** Das Feld Zusatzverkäufe ist für Produkte konzipiert, die den Kunden anstatt des angebotenen Produkts empfohlen werden. Im Marketing wird dieses Prinzip auch als Up-Selling bezeichnet. Die Idee dahinter: Der Kunde soll anstatt des ursprünglich gewählten Produkts eine höherwertige Ware in den Korb legen. Die Bezeichnung Zusatzverkäufe ist also nicht ganz korrekt, es müsste eigentlich Höherwertige Verkäufe heißen.
- **Cross-Sells (Querverkäufe).** Dieses Eingabefeld ist für die Empfehlung zusätzlicher Produkte das richtige. Hier werden die passenden, ergänzenden Produkte eingetragen.

Die passenden Zusatzprodukte tragen die Namen *Cargobike Quartett, erste Edition* und *Postkarten-Set*. Mit einem Klick auf die ersten drei Buchstaben hat WooCommerce die gewünschte Zuordnung auch schon vorgenommen und blendet die kompletten Produktnamen ein. Nach dem Klick auf den Button *Speichern* folgt die Überprüfung im Frontend, also der Besucheransicht des Shops.

Die Empfehlung in der Besucheransicht

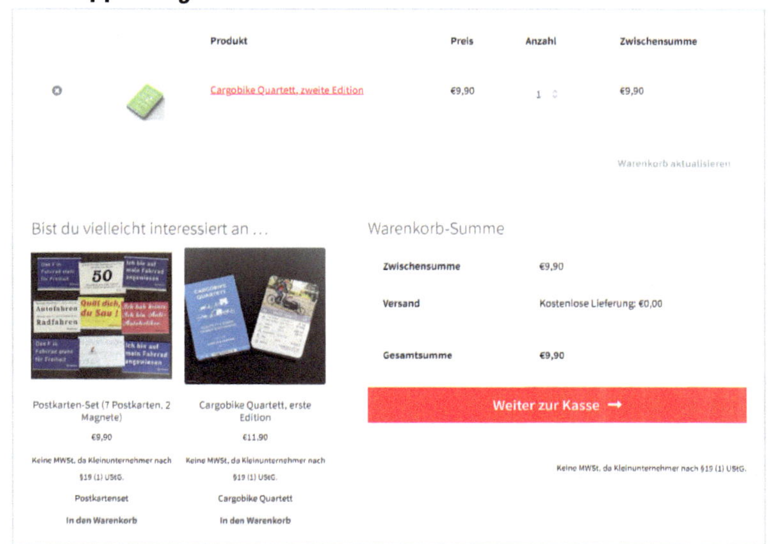

Zum ausgewählten Produkt werden zwei weitere empfohlen.

Zur Kontrolle der Empfehlungsfunktion dient ein kleiner Probekauf in der Besucheransicht:

- Das ursprüngliche Produkt wird in den Warenkorb gelegt.
- Nachdem der Button *Warenkorb anzeigen* angeklickt wurde, erscheinen unter der eingeblendeten Schrift *Bist du vielleicht interessiert an …* die beiden **Vorschaubilder** (auch **Thumbnails** genannt) und Produktnamen.
- Ein Klick auf Vorschaubild oder Namen eines empfohlenen Produkts öffnet die entsprechende Produktseite. Mit einem weiteren Klick – auf den Button *In den Warenkorb* – wandert das empfohlene Produkt nun ebenfalls in den Warenkorb.

Merke: Passende Empfehlungen bringen volle Warenkörbe.

Trusted Shops als Empfehlungsplattform

Für Shopbetreiber stehen eine Reihe von Dienstleistern zur Verfügung. Zu den bekanntesten zählen:

- **Bundesverband Onlinehandel:** https://bvoh.de
- **Geprüfter Webshop:** www.gepruefter-webshop.de
- **Händlerbund:** www.haendlerbund.de
- **Trusted Shops:** www.trustedshops.de

Diese bieten typischerweise folgende Dienstleistungen an:

- Prüfung des Onlineshops auf Funktionalität und Rechtssicherheit.
- Informationen über Gesetzesänderungen.
- Rechtstexte zur Verfügung stellen und aktualisieren.
- Rechtsberatung.
- Anwaltliche Vertretung.
- Schlichtung zwischen Händler und Händler.
- Schlichtung zwischen Händler und Kunde.
- Käuferschutz und Verbraucherschutz.
- Inkasso-Service.
- Verleihung eines Siegels zum Einbau auf die Shopsite.
- Bereitstellung eines Tools, mit dem Kunden einen Shop bewerten können.

Kundenbewertungen generieren

Die meisten Dienstleister stellen auch Tools für Bewertungen in Form von Sternen und Text zur Verfügung. Trusted Shops bietet dabei folgende Möglichkeiten an:

- Einbindung eines Gütesiegels in die Shopsoftware.
- Sammeln von Kundenbewertungen.
- Verwaltung von Kundenbewertungen.
- Anzeige der Bewertungssterne im Rahmen des Anzeigenprogramms Google Ads. Voraussetzung hierfür sind mindestens 100 Bewertungen und eine Teilnahme des Unternehmens an Google Ads.

Kundenbewertungen über Trusted Shops generieren.

Merke: Kundenbewertungen können auch über Dienstleister generiert werden.

Der Support unterstützt das Marketing

Der Support eines Unternehmens ist deshalb so wichtig, weil er negativen Bewertungen vorbeugen kann. Nehmen Sie das Thema Support also nicht auf die leichte Schulter und betreiben Sie Schadensbegrenzung.

Unzufriedenen Kunden zuhören

Im stationären Handel kann der Kunde seinem Ärger vor Ort Luft machen. Das ist zwar für das Verkaufspersonal ärgerlich, aber der Imageschaden hält sich dabei in Grenzen. Im E-Commerce gelten andere Spielregeln: Wenn unzufriedene Kunden extrem negative Bewertungen über Sie im Internet verbreiten, kann dies ganz erhebliche Konsequenzen nach sich ziehen. Fangen Sie solche Kunden deshalb rechtzeitig ab, indem Sie Ihnen eine einfache Möglichkeit zum persönlichen, nichtöffentlichen Dialog bieten.

Kontaktmöglichkeiten kommunizieren

Eine sehr gute Möglichkeit zur Besänftigung empörter Kunden ist das Telefon, und zwar aus folgenden Gründen:

- Im Telefongespräch finden Sie schnell heraus, wo einem Kunden der Schuh drückt.
- Im E-Mail-Verkehr besteht die Gefahr, dass ein Kunde eine Antwort von Ihnen missversteht. Im Extremfall veröffentlicht er einen Screenshot einer unglücklich verlaufenen Kommunikation.

Informationen zu Produkten bieten

Je spezieller die Ware, desto hochwertiger muss Ihre Beratung sein. Wenn Sie beispielsweise mit Fair Trade Produkten handeln, sollten Sie die entsprechenden Hintergrundinformationen stets zur Verfügung haben und Fragen nach Produktionsbedingungen, Lieferketten und Qualitätssiegeln schnell und kompetent beantworten. Bei Massenware wird die Beratung hingegen weniger in Anspruch genommen.

Es ist also stark vom Sortiment abhängig, welches Gewicht Sie Ihrer Beratung beimessen. Eine gute Idee ist es, feste Telefonzeiten und Reaktionszeiten im E-Mail-Verkehr zu kommunizieren. **Beispiel:**

> Für Fragen zu unseren Produkten stehen wir Ihnen montags bis freitags von 10:00 bis 19:00 Uhr unter dieser Telefonnummer zur Verfügung: 0123 456789. E-Mails beantworten wir werktags innerhalb von 24 Stunden. Mailadresse: beratung@mein-unternehmen.de.

> **Merke:** Ein guter Support macht die Zufriedenen glücklich und hält die Unzufriedenen davon ab, ein Unternehmen negativ zu bewerten.

5.5 Gutscheine, Rabattaktionen und Gewinnspiele

Mit Gutscheinen und Rabattaktionen kurbeln Sie Ihre Umsätze an, mit einem gut konzipierten Gewinnspiel steigern Sie zusätzlich Ihren Bekanntheitsgrad.

Gutscheine konzipieren, einrichten und verteilen

Das Wort Gutschein hat sich noch aus der Zeit vor dem Internet erhalten, gebräuchlich sind aber auch die Begriffe Rabattcode und Coupon. Und so funktioniert ein Gutscheinsystem für einen Onlineshop:

1. **Planung:** Festlegung der Höhe für den Preisnachlass. **Beispiel:** 10 Prozent auf die Summe des Warenkorbs im Monat August.
2. **Planung:** Festlegung einer Gruppe, für die der Rabatt bestimmt ist. **Beispiel:** Die Abonnenten eines Newsletters.
3. **Planung:** Festlegung einer Methode zur Versendung des Gutscheins. **Beispiel:** Versendung über den Newsletter.
4. **Umsetzung:** Einrichtung von Gutscheincode, Preisnachlass und Zeitspanne im Shopsystem. **Beispiel:** Der Gutscheincode AUGUST22 reduziert die Summe des Warenkorbs vom 1. Bis 31. August um 10 Prozent.
5. **Umsetzung:** Eingabefeld im Shopsystem überprüfen.
6. **Umsetzung:** Versendung oder Platzierung des Gutscheincodes.

Gutscheine aktivieren ☑ Verwendung von Gutscheincodes aktivieren

Gutscheine können von den Warenkorb- und Kasse-Seiten aus angewendet werden.

Aktivierung der Gutscheine in WooCommerce.

Je nach Shopsystem ist die Gutscheinoption entweder bereits enthalten oder als Erweiterung verfügbar. Falls Sie WooCommerce verwenden: Klicken Sie auf *WooCommerce/Einstellungen/Allgemein* und setzen Sie einen Haken in die Checkbox vor *Gutscheine aktivieren*. Unter *WooCommerce/Marketing/Gutscheine* können Sie dann Ihren ersten Gutschein einrichten. Bevor Sie Gutscheine versenden oder auf Ihrer Website platzieren, führen Sie am besten noch einen Testkauf durch. Tragen Sie den Gutscheincode in das Eingabefeld ein, das kurz vor dem Bezahlvorgang angezeigt wird und überprüfen Sie, ob der Rabatt abgezogen wird.

Wenn Du einen Gutscheincode hast, wende ihn bitte unten an.

Gutscheincode **Gutschein anwenden**

Feld zur Eingabe des Gutscheincodes.

Merke: Gutscheine erhöhen die Anzahl der Käufe für einen begrenzten Zeitraum.

Rabattaktionen umsetzen

Im Unterschied zu Gutscheinen sind Rabattaktionen nicht auf eine bestimmte Kundengruppe beschränkt. Was Sie benötigen, um eine Rabattaktion effektiv zu kommunizieren:

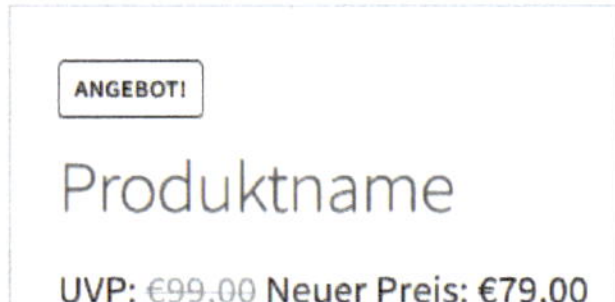

Der alte Preis ist als Streichpreis dargestellt. Die Kunden haben einen sofortigen Vergleich.

- Den alten Preis, also den Preis ohne Rabatt. Dieser wird auch als **regulärer Preis** bezeichnet.

- Den neuen Preis, also den Preis mit Rabatt. Dieser wird auch als **Angebotspreis** bezeichnet.
- Optional: Angaben zur Rabatthöhe, zum Beispiel: „30 % billiger".

Je nach Shopsystem werden Rabatte, weil der alte Preis „gestrichen" wurde, auch als Streichpreise bezeichnet. Falls Sie WooCommerce als Shopsystem verwenden, finden Sie direkt auf der jeweiligen Produktseite eine Möglichkeit zur Eingabe von Preisen.

Eingabe von regulärem Preis, Angebotspreis und Zeitraum für eine Rabattaktion. Mit dem Hinweis auf den UVP des Herstellers haben die Kunden einen Anhaltspunkt.

Je nach Shopsystem haben Sie unterschiedliche Möglichkeiten, Rabattaktionen zu konfigurieren und für Ihre Besucher darzustellen. Achten Sie darauf, Ihre Glaubwürdigkeit zu wahren und geben Sie Ihren Kunden einen Anhaltspunkt. Eine gängige Methode ist die Angabe der **UVP**, der **u**n**v**erbindlichen **P**reisempfehlung des Herstellers, als regulären Preis.

Merke: Rabattaktionen sind besonders wirksam, wenn der Kunde zwischen dem ursprünglichen und dem neuen Preis vergleichen kann.

Gewinnspiele konzipieren und realisieren

Der Mensch ist nun mal ein Jäger und Sammler geblieben. Er trachtet danach, etwas zu erbeuten. Diesen Trieb können Sie wunderbar für Ihr Marketing nutzen. Mit einem Gewinnspiel erzeugen Sie Aufmerksamkeit, ohne Ihr Budget für Anzeigen strapazieren zu müssen. Als Orte geeignet sind Ihre Social-Media-Präsenzen ebenso wie Ihr Unternehmensblog und Ihr Newsletter.

Was Ihnen als Gewinn winkt: Publicity und Käufe von Gewinnspielteilnehmern, die keinen Preis ergattern konnten. Voraussetzung ist, dass Sie die Sache richtig anpacken.

Basics zu Gewinnspielen

Das Internet ist geflutet mit Gewinnspielen und auch Ihre Fangemeinde lässt täglich Teilnahmeaufforderungen links liegen. Wenn Sie ebenfalls ignoriert werden möchten, preisen Sie ein Gewinnspiel in dieser Art an:

Schicken Sie eine E-Mail an unsere Adresse und beantworten Sie diese Frage:

Wie heißt die Hauptstadt der USA

- A) New York
- B) Washington

Mit der richtigen Antwort erhalten Sie von uns einen Einkaufsgutschein im Wert von 50 €.

Was ist an dieser Konzeption so schlimm? Die Probleme im Detail:

- Der Zugang erfordert vom User das Öffnen eines E-Mail-Clients. Besser wäre ein niederschwelliger Zugang über ein Eingabefeld.
- Falls Sie nicht gerade einen USA-Fanshop vermarkten, ist die Frage thematisch belanglos.
- Besser ist es, im Gewinnspiel einen Bezug zu Ihrem Unternehmen herzustellen. Der Gewinn sollte aus Produkten Ihres Sortiments bestehen. Rücken Sie die Leistungen Ihres Unternehmens in den Vordergrund und spekulieren Sie darauf, dass sich bis zu 10 % derjenigen, die nichts gewonnen haben, später für einen Kauf entscheiden.
- Der Text ist zu allgemein und mit bürokratischen Wörtern verunstaltet. „Beantworten Sie diese Frage" und „erhalten Sie von uns" klingt so sexy wie eine gerichtliche Vorladung.
- Weil die Teilnehmer per E-Mail antworten, generieren Sie weder öffentlich einsehbaren Content noch wertvollen Traffic.

Konzipieren Sie Ihr Gewinnspiel nicht aus dem Bauch heraus, sondern mit Vorüberlegung.

Vorüberlegung zu Gewinnspielen

Ihr Spiel ist perfekt, wenn Sie selbst den Hauptgewinn einfahren. Definieren Sie zunächst Ihre konkreten Ziele. Typisch sind:

- Ein Produkt oder eine Marke ins Gespräch bringen.
- Eine Dienstleistung oder ein Event bewerben.
- Die Sichtbarkeit auf YouTube oder einer anderen Social-Media-Präsenz erhöhen.
- Abonnenten (auch Follower genannt) auf einer Social-Media-Präsenz gewinnen.
- Newsletter-Abonnenten gewinnen.

Gewinnspieltyp auswählen

Ganz grob lassen sich Gewinnspiele in drei Typen einteilen:

- **Einfache Verlosung.** Damit grenzen Sie niemanden aus. Die einfache Verlosung ist gut geeignet, wenn Sie besonders viele Interessenten erreichen möchten oder zum ersten Mal ein Gewinnspiel veranstalten. **Beispiel:** Sie betreiben einen YouTube-Kanal und möchten die Zahl der Kommentare zu Ihren Videos erhöhen. Dazu genügt es, wenn Sie in Ihren Clips folgenden Hinweis geben:

> Wir haben ein kleines Gewinnspiel für euch. Alle, die unter dem Video einen Kommentar hinterlassen, nehmen an einer wöchentlichen Verlosung teil. Der Sieger darf sich aus unserem Sortiment ein kostenloses Produkt bis zum Wert von 9,90 Euro auswählen.

- **Verlosung mit Fragen.** Etwas anspruchsvoller ist eine Verlosung, bei dem produktbezogene Quizfragen beantwortet werden müssen. Der Vorteil: Sie zwingen Ihre Teilnehmer dazu, sich mit Ihren Waren oder Dienstleistungen zu beschäftigen. Wählen Sie diesen Typ, wenn Sie ein neues Produkt einführen möchten. Beispiel für die Einführung von Outdoor-Bekleidung:

  > Wie heißt unsere neue Funktionsjacke und auf welchen Touren würdet Ihr sie am liebsten anziehen? Schreibt den Namen und eure Lieblingstour unter diesen Blogbeitrag. Damit nehmt Ihr an der Verlosung der Jacke teil. Mitmachen könnt Ihr bis 15. September 2022. Am 16. September ziehen wir unter allen, die richtig geantwortet haben, die Siegerin oder den Sieger.

- **Echter Wettbewerb.** Bei einem echten Wettbewerb fällt das Zufallsprinzip weg. Sie benötigen dann ausgefeilte Teilnahmebedingungen und eine Jury. Außerdem müssen Sie die Siegbedingungen nennen und sich juristisch absichern. **Beispiel:** Sie suchen ein Foto, auf dem Ihr Produkt in ungewöhnlicher Umgebung abgebildet ist. Wenn Sie die eingesendeten Bilder in irgendeiner Form präsentieren möchten, benötigen Sie zwingend eine rechtssichere Erlaubnis von den Urhebern.

Mit Hashtags Gewinnspiele verbreiten

Hashtags sind ein hervorragendes Mittel, um ein Gewinnspiel bei Instagram, Twitter oder anderen Social-Media-Netzwerken zu verbreiten. Am besten kreieren Sie einen Begriff, der auch die wesentlichen Bedingungen umreißt.

Beispiel für einen Geschenkeshop, der einen Fotowettbewerb zu Nikolaus veranstaltet: *#NikolausFotoChallenge*.

Die passende Aufforderung dazu:

> Poste am 6. Dezember ein cooles Selfie mit Nikolausmütze auf Instagram und füge #NikolausFotoChallenge hinzu. Unter allen Teilnehmern der Challenge verlosen wir zehn Nikolaustassen.

Wettbewerbsrecht und Promotion-Guidelines beachten

Für die Durchführung von Gewinnspielen müssen Sie das Wettbewerbsrecht beachten, insbesondere die Vorgaben aus dem UWG (Gesetz gegen den unlauteren Wettbewerb). Falls Sie Gewinnspiele unter Einbeziehung von Social-Media-Netzwerken durchführen, sind Sie außerdem an die Promotion Guidelines der betroffenen Netzwerke gebunden.

> **Merke:** Gewinnspiele, die von Unternehmen auf Social-Media-Netzwerken durchgeführt werden, unterliegen sowohl dem Wettbewerbsrecht wie den Bedingungen der jeweiligen Netzwerke.

5.6 Newsletter-Marketing

Mit einem Newsletter können Sie zwar nicht direkt etwas verkaufen, aber sehr gezielt verweisen, z. B. auf:

- eine neue Serviceleistung in Ihrem stationären Laden,
- die Startseite Ihres Onlineshops,
- eine Produktseite in Ihrem Onlineshop,
- eine Rabattaktion oder
- ein Gewinnspiel.

Doch zunächst zur Begriffsklärung. Was ist überhaupt ein Newsletter?

Kennzeichen eines Newsletters

Ein Newsletter ist eine besondere Form einer Rundmail. Das Prinzip: Wer einen Newsletter abonniert hat, erhält in mehr oder weniger regelmäßigen Abständen eine E-Mail mit Informationen und Werbung. Die Newsletter-Empfänger müssen also nicht erst eine Website oder eine Social-Media-Präsenz besuchen. Sie erhalten Informationen und Werbung direkt in ihr E-Mail-Postfach.

Die Kennzeichen eines Newsletters sind:

- Die Kommunikation verläuft in einer Richtung: von einem Sender zu vielen Empfängern.
- Ein Newsletter muss zunächst von den Empfängern abonniert werden.
- Ein Newsletter landet im E-Mail-Postfach der Empfänger.
- Der Inhalt ist aktuell.
- Der Inhalt kann auch exklusiv sein.
- Ein Newsletter eignet sich hervorragend zum Versenden von Rabattcoupons.
- Newsletter erscheinen mit einer gewissen Regelmäßigkeit.
- Newsletter sind in der Regel kostenlos.
- Für Newsletter müssen rechtliche Bestimmungen eingehalten werden (Urheberrecht, Datenschutz, Wettbewerbsrecht).
- Ein Newsletter-Abonnement kann über einen Link am unteren Ende des Newsletters unkompliziert wieder beendet werden.

Mit verschiedenen Varianten eines Newsletters lassen sich unterschiedliche Gruppen gezielt ansprechen:

- Interessenten, die sich im Vorfeld eines Kaufs informieren.
- Neukunden.

- Kunden, die ein bestimmtes Produkt gekauft haben.
- Kunden, die sich für eine bestimmte Produktkategorie interessieren.

Theoretisch können Sie Ihre Newsletter auch als Rundmail mit einem gewöhnlichen Mailprogramm wie Outlook oder Thunderbird versenden. Damit schöpfen Sie das Potenzial aber nicht aus. Mehr Möglichkeiten bieten spezialisierte Newsletter-Dienste. In den folgenden Kapiteln finden Sie eine kleine Auswahl populärer Anbieter.

Merke: Professionelles Newsletter-Marketing benötigt einen Newsletter-Dienst.

Der Newsletter-Dienst MailChimp

Der externe Newsletter-Dienst MailChimp.

Der weltweite Marktführer bei den Newsletter-Diensten heißt MailChimp, der Sitz des Unternehmens befindet sich in Atlanta. Wenn Sie den Service nutzen möchten, müssen Sie einen Account auf der Website *www.mailchimp.com* anlegen. Was MailChimp bietet:

- Sie können ein Anmeldefeld für einen Newsletter erstellen. Dieses Anmeldeformular kann über einen Code in die eigene Website eingebettet werden.
- Sie können Newsletter erstellen.
- Sie können Newsletter verschicken.
- Sie können Newsletter verwalten und Zielgruppen bilden, in MailChimp werden sie **Audiences** genannt.
- Sie erhalten Statistiken zum Leseverhalten Ihrer Abonnenten.

Bedient wird MailChimp über eine Weboberfläche. Mit Ausnahme der Einbettung des Anmeldeformulars erledigen Sie alle Aufgaben auf *mailchimp.com*. Die Daten der Newsletter-Abonnenten werden auf Servern in den USA gelagert.

Merke: Newsletter-Dienste ermöglichen einen zielgruppengenauen Versand.

CleverReach

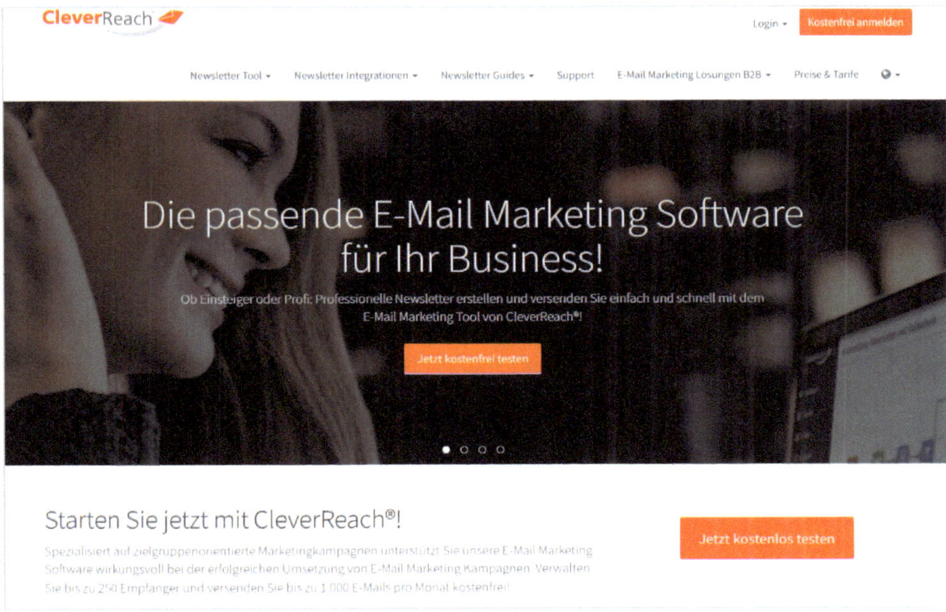

Das Newsletter-Tool CleverReach stammt von einem deutschen Hersteller.

CleverReach funktioniert ähnlich wie MailChimp, hat aber seinen Sitz in Deutschland. Aus der Perspektive des Datenschutzes ist es daher das unproblematischere Tool.

Den Erfolg messen

In CleverReach können Sie mit einem Klick auf den Menüpunkt *Reports & Analysen* eine Fülle von statistischem Material abrufen. So können Sie beispielsweise vergleichen, welche Betreffzeilen Ihrer Newsletters die höchsten Öffnungsraten provozieren.

Merke: Newsletter-Dienste bieten statistisches Material, zum Beispiel zu Öffnungsraten.

Ein Anmeldeformular generieren

Vor dem Versenden von Newslettern müssen natürlich erst einmal Abonnenten gewonnen werden. Was in den Frühzeiten des Internets noch funktioniert hat, nämlich das Auslegen von gedruckten Anmeldeliste, in die Interessenten ihre Mailadresse eintragen, ist heute aus Datenschutzgründen absolut tabu. Sie riskieren damit eine Abmahnung. Zeitgemäß ist die Anmeldung über ein Formular, das auf Ihrer Website eingebettet wird.

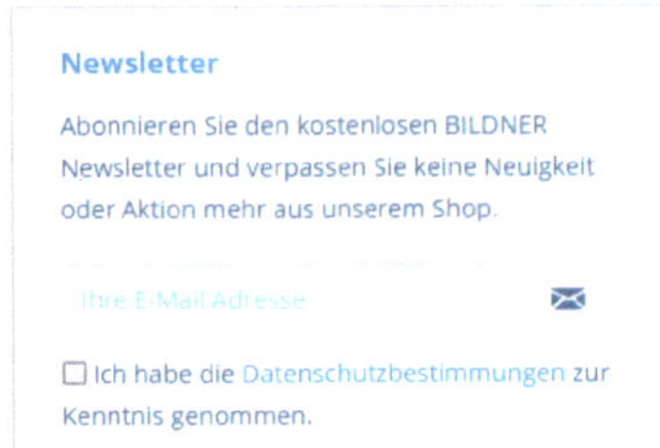

Anmeldeformular für einen Newsletter, eingebettet auf der Website https://bildnerverlag.de/.

Der Workflow zur Erstellung und Einbettung eines Anmeldeformulars

Der Workflow von der Formular-Erstellung bis zur Einbindung in Ihre Website funktioniert bei den meisten externen Newsletter-Tools ähnlich. Typisch sind folgende Schritte:

1. Registrierung eines Accounts auf der Website, des Anbieters, z. B. *https://www.cleverreach.com/de/*.
2. Verifizierung des Accounts über Ihre E-Mail-Adresse.
3. Design eines Anmeldeformulars über die Website des Anbieters.
4. Kopie eines Codeschnipsels für das Formular von der Website des Anbieters.
5. Einfügen des Codeschnipsels in Ihre Website.

Die Anmeldedaten der Abonnenten leitet das eingebundene Formular von Ihrer Website dann an den Anbieter weiter. Dort erzeugen, versenden und verwalten Sie dann Ihre Newsletter.

> **Merke:** Zur Newsletter-Registrierung muss ein Anmeldeformular in die Website eingebettet werden.

Interne Newsletter-Systeme nutzen

Das interne Newsletter-System MailPoet kann vollständig aus WordPress heraus betrieben werden.

MailChimp und CleverReach funktionieren, vom Anmeldeformular abgesehen, unabhängig von Ihrer Website, gehören also zu den externen Newsletter-Diensten. Vielleicht verwenden Sie aber WordPress oder ein anderes populäres Baukastensystem für Ihre Website? Dann sollten Sie prüfen, ob dafür ein interner Newsletter-Dienst zur Verfügung steht.

Interne Lösungen haben den Vorteil der besseren Verzahnung zwischen Website und Newsletter. Auf diese Weise können Sie den Versand Ihrer Newsletter perfekt automatisieren und sparen sich einige Handgriffe. Beispiele für Automatisierungen:

- Im Unternehmensblog wird ein Gewinnspiel gestartet. Der neu erstellte Blogbeitrag wird automatisch an alle Abonnenten des Newsletters versendet – sofort oder zeitversetzt.
- Ein spezieller Newsletter wird an alle Kunden versendet, die ein bestimmtes Produkt im Onlineshop erworben haben. **Achtung:** Hierzu muss eine Einwilligung erteilt werden.
- Nach dem Einpflegen eines neuen Produkts erhalten alle Abonnenten automatisch einen Newsletter mit einem Link auf dieses Produkt in Ihrem Shop.

Features sind vom Newsletter-Tool abhängig

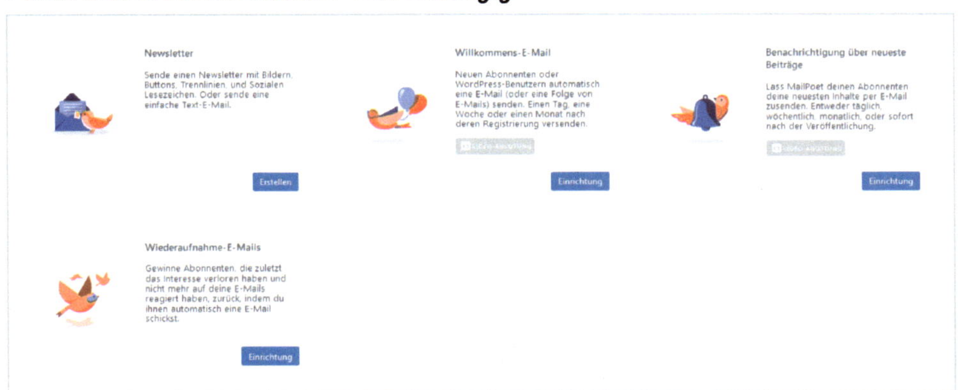

Das WordPress-Plugin MailPoet bietet unterschiedliche Newsletter-Typen an.

Je nach Newsletter-Tool stehen unterschiedliche Typen von Newslettern zur Verfügung. Beispiele für das Newsletter-Plugin MailPoet:

- **Klassischer Newsletter** – für alle, oder eine bestimmte Gruppe von Abonnenten.
- **Willkommens-E-Mail** – für Neu-Abonnenten.
- **Benachrichtigung über neue Beiträge** – automatische Benachrichtigung über neue Beiträge im Unternehmensblog.
- **Wiederaufnahme-E-Mails** – für Abonnenten, die über eine längere Zeit nicht mehr auf E-Mails reagiert haben.

Weitere E-Mail-Typen können Sie nutzen, wenn Sie WordPress in Kombination mit dem Shopsystem WooCommerce einsetzen:

- **Verlassener Warenkorb** – für Kunden, die eine Bestellung abgebrochen haben.
- **Erster Einkauf** – für Neukunden.
- **In dieser Kategorie eingekauft** – für Käufer einer bestimmten Produktkategorie.
- **Hat dieses Produkt gekauft** – für Käufer eines bestimmten Produkts.

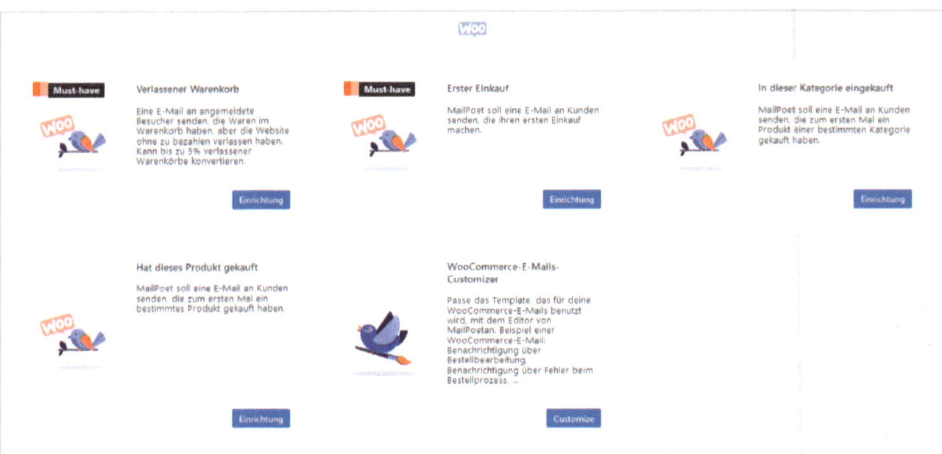

In Kombination mit WooCommerce schaltet MailPoet weitere Newsletter-Automationen frei.

Nachteile interner Newsletter-Tools

Der Einsatz interner Newsletter-Tools bringt allerdings nicht nur Vorteile. Was Sie einkalkulieren müssen:

- Interne Newsletter-Tools können WordPress oder ein anderes Website-System aufblähen.
- Newsletter-Tools verfügen über eine Vielzahl von Features, die ständig erweitert werden. Mit einem externen System lassen sich Neuerungen schnell realisieren – ohne Ihre Website zu tangieren und in ihrer Stabilität zu gefährden.
- Sollte Ihre Website Schaden erleiden, wären unter Umständen auch Ihre wertvollen Newsletter-Abonnenten verloren.

Merke: Der Einsatz eines internen Newsletter-Dienstes erfordert ein solides Sicherungskonzept für die Website.

Der rechtskonforme Newsletter

Auch in einer E-Mail oder einem Newsletter besteht für Sie als Unternehmen eine Impressumspflicht. In der Praxis hat es sich durchgesetzt, ein Kurzimpressum hinzuzufügen, das per Link auf das ausführliche Impressum der Website weiterleitet.

Kündigungsoption am Ende des Newsletters

Am Ende des Newsletters muss der Empfänger die Möglichkeit haben, sein Newsletter-Abonnement schnell und unkompliziert zu kündigen. Über die technische Umsetzung müssen Sie sich aber nicht den Kopf zerbrechen. Alle gängigen externen und internen Newsletter-Dienste haben diese Funktion standardmäßig aktiviert.

Double Opt-in

Nur per Brief dürfen Sie ohne Zustimmung der Empfänger Werbematerial verschicken. Schärfere rechtliche Vorgaben müssen Sie bei werblichen E-Mails und Newslettern aller Art beachten.

Gesetzlich verboten ist die Versendung ohne ausdrückliche Zustimmung des Empfängers. Üblich ist ein Verfahren per Double Opt-in::

- **Erstes Opt-in:** Der Kunde fordert den Newsletter zunächst mit der Eingabe einer E-Mail-Adresse und dem Setzen eines Häkchens in einer Checkbox zu Ihren Datenschutzbestimmungen an. Automatisch versendet das Newsletter-Tool eine E-Mail mit einem Bestätigungslink.
- **Zweites Opt-in:** Mit einem Klick auf den Link in der Bestätigungsmail wird die Registrierung abgeschlossen.

Bestätigungsmail und Spam-Ordner

Leider kommt es immer wieder vor, dass die Bestätigungsmail oder auch der Newsletter selbst bei den Kunden im Spam-Ordner landet. Am besten ist es, die Kundschaft auf dieses Problem hinzuweisen, beispielsweise mit folgendem Text:

> Nach dem Abonnieren unseres Newsletters erhalten Sie eine E-Mail mit einem Bestätigungslink. Falls Sie keine E-Mail in Ihrem Posteingang vorfinden, sehen Sie bitte in Ihrem Spam-Ordner nach oder wenden Sie sich an unseren Support: support@mein-unternehmen.de.

> **Merke:** Für den rechtskonformen Abschluss einer Newsletter-Registrierung wird eine Bestätigungsmail benötigt.

Newsletter-Knigge

Ein allzu umfangreicher Newsletter wird eher weggeklickt als durchgelesen. Und ein Newsletter mit einer zu hohen Frequenz wird schnell wieder abbestellt. Die folgenden Methoden haben sich bewährt, um Abonnenten zu gewinnen und die Öffnungsraten zu erhöhen.

Vorteile kommunizieren

Aus Lust und Laune abonniert heute niemand mehr einen Newsletter. Doch zum Glück bieten nahezu alle Newsletter-Dienste die Möglichkeit, in der Nähe des Eingabefelds für die E-Mail-Adresse einen kleinen Text zu platzieren. Nennen Sie hier konkrete Vorteile für Newsletter-Abonnenten. **Beispiele:**

- 10 % Rabatt für Neu-Abonnenten.
- Erhalten Sie unsere Rabattcoupons.
- Exklusive Angebote für Newsletter-Abonnenten.

- Tipps & Tricks zu unseren Produkten.
- Informationen über neue Sonderangebote.
- Verlosungen exklusiv für Newsletter-Abonnenten.

Das perfekte Sendeintervall

Es ist bei Newslettern und Blumensträußen ähnlich: Wenn jemand besonders galant sein möchte und in einer Woche zehn davon mitbringt, dann steckt in 1 % der Fälle eine ganz heiße Affäre dahinter, in 99 % ist es Stalking. Bombardieren Sie Ihre Abonnenten nicht täglich, sondern versenden Sie zur Grundversorgung einen regelmäßigen Newsletter im Intervall von zwei bis vier Wochen.

Rabattaktionen oder neue Artikel im Sortiment bewerben Sie mit einer zusätzlichen „Extraausgabe". In diesen Newsletter setzen Sie dann etwas häufiger als üblich direkte Links auf die entsprechenden Produkte in Ihrem Shop.

Entscheidung in der Betreffzeile

Der Text in der Betreffzeile ist entscheidet, ob ein Newsletter gelesen oder weggeklickt wird. Betreffzeilen aus der Hölle klingen so:

- Rundbrief Nr. 07 / 2022
- Mitteilungen für den Monat
- Planung und Verschiedenes

Wenn Vorgesetzte ihren Untergebenen eine Mail schreiben, stehen genau solche langweiligen Wörter im Betreff. Die Reaktionskette bei den Empfängern:

- Oh nein, muss ich das jetzt lesen?
- Das Zeugs kommt ja gar nicht vom Chef.
- Klick auf den Löschbutton.

Die ideale Betreffzeile ist kurz, beschränkt sich auf ein Thema und weckt die Neugierde. **Beispiele:**

- Unser Angebot des Monats.
- Neu: Jetzt Probefahrt vereinbaren!
- Noch zwei Tage 50 % billiger.
- Jetzt Neuheiten ausprobieren.
- Fünf Tipps für den Start mit Produkt X.

Vom Empfänger leichter zugeordnet werden kann eine Betreffzeile, wenn sie typische Begriffe aus Ihrem Waren- und Dienstleistungssortiment enthält. **Beispiele:**

- Neue Kollektion eingetroffen.
- Fanschals 20 % reduziert.
- Jetzt probehören: der neue Track.

- Sparen mit Frühbucherrabatt.
- Nur diese Woche: Alle Lebensmittel versandkostenfrei.
- Unser neues Brettspiel ist soeben eingetroffen.

Tabuwörter in Betreffzeilen

Tabu ist alles, was zum typischen Vokabular von SPAM zählt. Mit gewissen Phrasen und der Häufung von Ausrufezeichen läuft ein Newsletter Gefahr, im Spam-Ordner zu landen:

- Gratis.
- Super!!!
- Reich werden.
- Herzlichen Glückwunsch.

Die richtige Anrede

Der Kunde hat den Newsletter dank einer attraktiven Betreffzeile geöffnet? Dann gilt es, die nächste Aufgabe zu meistern: die richtige Anrede.

Beamtendeutsch hat auch hier keinen Platz. Sehr geehrte Damen und Herren? Das klingt nach einer Anhörung zu einem Gerichtsverfahren wegen Ruhestörung oder mangelnder Sorgfalt bei der Mülltrennung. Mit der Beachtung dieser sprachlichen Feinheiten kann nichts schiefgehen:

- **Persönlich werden.** Am besten ist es, wenn der bei der Registrierung verwendete Name des Empfängers automatisiert in die Anrede übernommen wird. Alle gängigen Newsletter-Dienste verfügen über diese Funktion.
- **Du oder Sie einheitlich verwenden.** Wie auch immer Sie sich entscheiden: Die Ansprache muss konsequent durchgezogen werden, innerhalb des Newsletters und auf Ihrer Website.

Rechtschreibfehler

Absolut tabu sind Rechtschreibfehler in einem Newsletter. Im Zweifelsfall ist es notwendig, vor dem Absenden den Duden zu zücken und den Text noch einmal gegenlesen zu lassen. Es geht bei der Rechtschreibung nämlich nicht nur um Äußerlichkeiten, sondern um die Glaubwürdigkeit. Betrügerische Mails werden oft unter falschem Namen verschickt. Gerne geben sich die Angreifer als Bank oder Onlineshop aus. Eines der Merkmale zur Identifizierung betrügerischer Mails sind die häufig darin enthaltenen Rechtschreibfehler.

Kürzen oder gliedern

Für umfangreiche Newsletter empfiehlt sich ein anklickbares Inhaltsverzeichnis. Die Vorteile:

- Der Empfänger fühlt sich nicht dazu genötigt, den gesamten Newsletter zu lesen.
- Das anklickbare Menü erleichtert die Navigation. Der Empfänger gelangt schnell zu den für ihn interessanten Kapiteln.

Bilder

Die Darstellung eines Newsletters variiert bei den Empfängern je deren eingesetztem Mailprogramm. In Outlook kann ein Newsletter also ganz anders aussehen als im Postfach von web.de.

Häufig werden Bilder durch hässliche Platzhalter ersetzt. Gehen Sie deshalb in Newslettern mit Bildern und Grafiken eher sparsam um. Tabu ist Folgendes:

- **Großflächige Bilder** – sie zerschießen das Layout.
- **Große Bilddateien** – sie verstopfen das Postfach und verlängern die Ladezeit.
- **Exotische Bildformate** – sie werden nicht in allen Browsern dargestellt.

Noch vorsichtiger als beim Versenden von Bildern sollten Sie bei Anhängen sein.

Anhänge

Anhänge sind gefährlich, weil sich Viren darin verbergen können. Außerdem bringen sie, im Gegensatz zu Links, keinen neuen Traffic auf Ihre Website.

Wenn Kunden im Newsletter auf einen längeren Text hingewiesen werden sollen, dann ist diese Strategie am besten:

- Platzierung des längeren Textes direkt auf Ihrer Website.
- Verlinkung im Newsletter auf die entsprechende Stelle auf Ihrer Website.

Probeläufe durchführen

Diese beiden zwei Erfahrungen haben die meisten Unternehmen beim Start Ihres Newsletter-Marketings machen müssen:

- Beim ersten Versand geht irgendetwas schief.
- Der Fehler wurde gleich nach dem Absenden bemerkt.

Gegen Peinlichkeiten helfen einige Probeläufe. Die richtige Strategie:

- Der erste Newsletter wird nur intern versendet.
- Weitere Newsletter folgen an einen ausgewählten Empfängerkreis.
- Erst nach den Probeläufen wird der Newsletter an alle Abonnenten verschickt.

Umfassende Qualitätskontrolle

Sie möchten feststellen, wie die Newsletter bei den Abonnentinnen und Abonnenten ankommen? Dann geht Probieren über Studieren. Legen Sie sich einige unterschiedliche Test-Accounts bei weitverbreiteten Anbietern an, z. B. bei web.de oder Gmail, und setzen Sie sich selbst auf die Abonnentenliste. Testen Sie dabei auch das Erscheinungsbild in populären E-Mail-Clients wie Outlook und Thunderbird.

Merke: Vor dem ersten Versand eines Newsletters sollte ein Probelauf durchgeführt werden.

5.7 Social-Media-Marketing

In den Social-Media-Netzwerken tummeln sich Millionen potenzieller Kundinnen und Kunden. Es wäre ein Fehler, diesen Bereich des Internets mit Missachtung zu strafen. Allerdings lauert hier auch ein Minenfeld. Sie als Unternehmerin oder Unternehmer können nämlich unendlich viel Zeit und Arbeit in Ihre Präsenzen investieren, ohne den geringsten Nutzen zu generieren. Im schlimmsten Fall fügen Sie Ihrem Betrieb sogar Schaden zu. Gehen Sie die Sache also professionell an. In diesem Buch sind die folgenden Netzwerke thematisiert:

- **YouTube** – das Video-Netzwerk.
- **Facebook** – das Allround-Netzwerk.
- **Instagram** – das Bilder-Netzwerk.
- **Twitter** – das Sprüche-Netzwerk.

Die Social-Media-Basics

Doch zunächst: Welche Faktoren sind aus der Perspektive eines Unternehmens besonders relevant? Diese drei:

- Hinter jedem populären Netzwerk steht ein Betreiber, der eigenwirtschaftliche Ziele verfolgt.
- Jedes Netzwerk hat seine eigenen Spielregeln.
- Ohne eine ordentliche Anzahl an **Followern**, auf einigen Netzwerken werden sie auch **Abonnenten** genannt, bleibt jede Social-Media-Präsenz unterhalb der Wahrnehmungsschwelle.

Netzwerke nutzen: die positive Seite

Die Social-Media-Netzwerke bieten für jedes Unternehmen eine gute Möglichkeit, ein äußerst wichtiges Gut für den Erfolg im E-Commerce zu erwerben: Vertrauen.

Sie betreiben einen Onlineshop? Dann müssen Sie sich folgende Frage stellen: Warum sollten Ihre Mitmenschen ihr Geld ausgerechnet bei Ihnen ausgeben, und nicht bei der Konkurrenz?

Die Antwort heißt: Sie kaufen bei Ihnen, weil sie sich als Ihre Fans verstehen. Die Voraussetzungen für die Etablierung einer Fangemeinde sind:

- Sie verfügen über eine hohe Anzahl an Followern.
- Ihre Follower wissen, dass Sie auch einen Onlineshop betreiben.
- Ihre Social-Media-Präsenzen und Ihre Onlineshops sind perfekt miteinander verknüpft. Ihre Follower finden mit wenigen Klicks zu den Einkaufsmöglichkeiten.

Ein untrügliches Indiz für einen gelungenen Social-Media-Auftritt ist der Spaß, den Sie und Ihr Publikum bei der wechselseitigen Kommunikation empfinden. Wenn alles gut läuft, gewinnen Sie Follower von allein hinzu und können Ihr bevorzugtes Netzwerk auch als Servicekanal und zur Erforschung der Kundenwünsche nutzen. Im besten Fall sind die Empfänger Ihrer Sendungen so begeistert, dass sie das eine oder andere Produkt fotografieren, posten und damit auch andere Personen aus Ihrer Followerschaft zum Kauf motivieren. Dieses positive Feedback ist nicht nur zur Optimierung des Sortiments geeignet, sondern auch zur Gestaltung von Versandpaketen.

Beispiel: Sie legen Ihren Sendungen gratis verschiedene Postkarten und Aufkleber bei. Wenn diese Beilagen von den Empfängern in den Social-Media-Netzwerken erwähnt, fotografiert und gepostet werden, sind Sie auf dem richtigen Weg. Werden die Beilagen übergangen, sollten Sie die Motive der Postkarten und Aufkleber wechseln.

Netzwerke nutzen: die negative Seite

Es wäre ein Fehler, die negativen Aspekte der Netzwerke auszuklammern. Deren Geschäftsmodell liegt nämlich darin, einen Teil des freien und vielfältigen Internets zu kapern und einzuzäunen. Innerhalb dieses Zauns bestimmen die Netzwerkbetreiber dann die Regeln. Begehen Sie nicht den Fehler, Ihre eigene Website völlig zu vernachlässigen, denn Social-Media-Aktivitäten sind nicht ohne Risiko.

Beim Erwerb und Betrieb einer gewöhnlichen Domain, also z. B. *mein-unternehmen.de* gelten für alle dieselben Spielregeln. Der Umgang der Webhoster mit den anvertrauten Domains ist gesetzlich geregelt. Eine Sperrung, Löschung oder gar Weitergabe nach Lust und Laune bliebe nicht ohne schwere Folgen. Sie haben, egal ob Privatperson oder Unternehmer, klare und einklagbare Rechte.

Natürlich agieren auch Social-Media-Netzwerke nicht im rechtsfreien Raum, aber Ihre Position ist dabei im Vergleich wesentlich schwächer. Bei Facebook und anderen Netzwerken gilt nämlich nicht nur das allgemeine, sondern auch das Hausrecht. Im Klartext: Alle Teilnehmer an einem Netzwerk müssen sich den Nutzungsbedingungen unterwerfen und nach der Pfeife des Betreibers tanzen.

Marketingmethoden

Bei allen Netzwerken können Sie zwei unterschiedliche Methoden für Ihr Marketing nutzen:

- **Methode 1:** Sie platzieren Texte, Bilder und Videos, bauen also eine Präsenz auf und gewinnen Follower. Von dieser Social-Media-Präsenz verlinken Sie auf Ihren Onlineshop.
- **Methode 2:** Sie schalten Anzeigen auf einem Social-Media-Netzwerk.

Die alleinige Anzeigenschaltung empfiehlt sich allerdings nicht für einen Account mit nur wenigen Followern. Stürmen Sie also nicht einfach los. Schonen Sie Ihre Kräfte und Ihr Budget und beginnen Sie mit dem Aufbau von Followern. Dazu müssen Sie zunächst attraktive Inhalte in die Social-Media-Netzwerke einspeisen. Dieses Vorgehen kostet Mühe und Zeit, ohne dass Sie sofort einen Nutzen davon haben – im Gegenteil. Die Netzwerk-Betreiber vermarkten Ihren Content, und Sie erhalten davon keinen Cent.

In der Startphase ist der Betrieb einer Social-Media-Präsenz also immer ein Minusgeschäft. Das Blatt wendet sich aber, sobald Ihre Follower zu Ihrem Content (den Inhalten) beitragen, Ihnen also einen Teil der Arbeit abnehmen. In der Regel funktioniert das über Fragen, Antworten und Kommentare. **Beispiele:**

- **YouTube:** Ein User hinterlässt einen Kommentar unter Ihrem Video. Mit einer Antwort motivieren Sie andere User dazu, ebenfalls zu kommentieren.
- **Facebook:** Ein Fan antwortet auf Ihr Posting. Mit einer Antwort erzeugen Sie eine Diskussion.
- **Twitter:** Ein Tweet wurde spitzfindig kommentiert. Mit einer schlagfertigen Antwort gewinnen Sie Sympathien, Follower und mehr Reichweite.

Halbe Sachen machen

Wie vereinen Sie beide Welten –Social Media und Ihre Website? Zum Beispiel, indem Sie bei Supportanfragen auf Informationen verweisen, die im FAQ-Teil Ihrer Website oder in Ihrem Unternehmensblog enthalten sind. Machen Sie halbe-halbe!

Beispiel 1: Ein User erkundigt sich auf Facebook, ob er ein Produkt aus Ihrem Shop an eine USB-Buchse anschließen kann. Beantworten Sie die Frage zunächst in groben Zügen, setzen Sie dann aber einen passenden Link von Facebook auf Ihre eigene Website.

Beispiel 2: Eine Userin fragt auf Twitter nach den Produktionsbedingungen für die von Ihnen verkaufte Kleidung. Auf Twitter ist wenig Platz. Beantworten Sie den Tweet und spielen Sie den Ball mit Rückfragen einige Male hin und her. Verweisen Sie dann aber auf fundierte Informationen, die Ihre Website bietet.

Sorgfalt beim Anlegen eines Accounts

„Jetzt registrieren und einfach loslegen". Mit solchen Phrasen werben die Netzwerke um neue Mitglieder. Als professioneller Akteur sollten Sie hier aber nichts überstürzen. Das Fiese ist nämlich, dass sich eine Panne bei der Registrierung nicht sofort bemerkbar macht. Denken Sie dabei an eine Fahrt im falschen Zug: Sie steigen ein, schlummern so vor sich hin und träumen von der Sonne Italiens. Und als Sie die Augen wieder öffnen, stehen da auf einmal dänische Ortsnamen.

Um keine bösen Überraschungen zu erleben, müssen Sie sich vor der Registrierung über diese Dinge Gedanken machen:

- Die Art Ihres Social-Media-Accounts.
- Die URL Ihres Social-Media-Accounts.

Die Art eines Social-Media-Accounts

Einige Social-Media-Netzwerke unterscheiden zwischen Privat- und Business-Accounts. Zumeist ist es sinnvoll, mit einem privaten Account zu beginnen und diesen später in einen Business-Account umzuwandeln.

Die URL eines Social-Media-Accounts

Aus Gründen der Wiedererkennung sollte die URL Ihres Social-Media-Accounts zu Ihrer Domain passen. **Beispiel:** *facebook.com/meinunternehmen.* Achten Sie beim Anlegen Ihres Accounts sorgfältig auf Ihre Eingaben.

> **Merke:** Beim Anlegen eines Social-Media-Accounts müssen Unternehmen Ihren Namen sorgfältig auswählen.

YouTube-Marketing

BILDNER TV, der YouTube-Kanal des BILDNER Verlags.

In diesen beiden Punkten unterscheidet sich YouTube von allen anderen Netzwerken:

- Die Inhalte bestehen ausschließlich aus einem Typus von Medien, nämlich Videos.
- YouTube ist Teil des Google-Imperiums und damit auch für die Suchmaschinenoptimierung besonders relevant. In der Videosuche von Google werden YouTube-Videos mit Sicherheit nicht schlechter berücksichtigt als Clips von anderen Plattformen, wie beispielsweise Facebook.

Das reine Betrachten von YouTube-Videos ist, von wenigen Ausnahmen abgesehen, ohne eine Registrierung möglich. Was Sie aber als professioneller Akteur benötigen, ist ein eigener YouTube-Kanal.

Google-Account und YouTube-Kanal

Der eigene YouTube-Kanal ist zwingend für die Veröffentlichung eigener Videos. Legen Sie aber nicht voreilig einen neuen Account an, denn für YouTube genügt ein Google-Account. Überprüfen Sie zunächst, ob Sie diesen schon besitzen. Die Chance ist relativ hoch, denn notwendig ist er für zahleiche Google-Dienste wie beispielsweise **Gmail**, **Google Analytics**, **Google Fotos** oder **Google Drive**.

Einen neuen Google-Account müssen Sie also nur dann anlegen, wenn Sie bisher keine Google-Dienste verwendet haben. Die Vorgehensweise wäre in diesem Fall:

- Sie legen einen neuen Account bei Google an.
- Sie nutzen diesen neuen Account für YouTube und gegebenenfalls weitere Google-Dienste.

Im Regelfall genügt es, wenn Sie sich mit Ihrem bestehenden Google-Konto einloggen, die Adresse *youtube.com* aufrufen und einen eigenen Kanal anlegen. Der Betrieb eines oder mehrere Kanäle ist kostenlos. Sie können also mit Kanälen experimentieren und Testkanäle auch wieder schließen.

Die Content-Produktion

Voraussetzung für den Erfolg eines YouTube-Kanals ist ein ständiger Nachschub an Videos. Für Unternehmen bieten sich zwei Strategien an.

- **Die Qualitäts-Strategie:** Das Unternehmen veröffentlicht hochqualitative Videos. In der Regel wird dazu ein externer Dienstleister beauftragt, der über eine entsprechende Ausrüstung und das nötige Know-how verfügt.
- **Die Quantitäts-Strategie:** Das Unternehmen produziert Videos selbst. Kleinere Abstriche bei der Qualität werden in Kauf genommen, um kostengünstig eine Masse an Videos zu produzieren und regelmäßig auf YouTube zu präsentieren.

Technik-Checkliste für die Webvideo-Produktion

Sie möchten sich selbst an die Videoproduktion wagen und Ihr Budget ist begrenzt? Dann beachten Sie die kleine technische Checkliste für die Eigenproduktion von Videos mit möglichst hoher Qualität:

- **Video-Kamera** vorhanden? **Tipp:** Für Webvideos werden keine High-End-Geräte benötigt. Es genügt auch ein Smartphone mittlerer Qualität.
- Geeigneter **Laptop** für den Schnitt vorhanden? Tipp: Eine gute Grafikkarte oder externe Videokarte verkürzt die Rendering-Zeit.
- **Mikrofone** vorhanden? **Tipp:** Mit einem Headmike (Kopfmikrofon) bleibt der Abstand zwischen Mund und Mikro konstant. Der Ton muss dann nicht ständig neu ausgepegelt werden.

- **Schnittprogramm** vorhanden? **Tipp:** OpenShot ist kostenlos und einfach zu bedienen. Vom Profiprogramm DaVinci Resolve erhalten Sie auch eine kostenlose Version.
- **Beleuchtung** vorhanden? **Tipp:** Mehrere Lichtquellen nutzen und Deckenfluter einsetzen, falls weiße Wände das Licht reflektieren.

Kanal und Playlisten

Sie haben die ersten Clips gedreht und geschnitten? Dann folgt der Upload auf Ihren YouTube-Kanal. Zwar können Sie mit Ihrem Account auch mehrere Kanäle betreiben, allerdings besteht dabei die Gefahr, dass Sie sich verzetteln und keinen Kanal so richtig zum Laufen bringen. Besser ist die Ordnung Ihrer Clips in Playlisten.

Beispiel: Sie betreiben einen Brettspiele-Shop. Für das Marketing haben Sie den YouTube-Kanal „Brettspielhelfer" angelegt. In diesem veröffentlichen Sie jeden Montag einen Clip mit Regelerklärungen zu Neuerscheinungen. Um Ihre Clips zu ordnen, legen Sie folgende Playlisten an:

- Familienspiele
- Mittelalterspiele
- Weltraumspiele

> **Merke:** Für Unternehmen ist das Anlegen von Playlisten ein gutes Mittel, um Videos nach Themen zu ordnen.

Facebook

Ja, mit Facebook lassen sich Kunden für den eigenen Shop gewinnen. Allerdings lässt das Netzwerk auch nichts unversucht, sich dafür gut bezahlen zu lassen. Facebook unterscheidet nämlich zwei Arten von Präsenzen:

- **Facebook-Profil.** Facebook-Profile sind für den Privatanwender konzipiert und mit umfangreichen Funktionen ausgestattet, die keine Kosten verursachen.
- **Facebook-Seite.** Sie ist für Unternehmen konzipiert und im Vergleich zum Profil mit anderen Funktionen bestückt. Allerdings: Für eine gute Sichtbarkeit will Facebook Geld sehen.

Facebook als Fallensteller

Facebook weist gerne darauf hin, dass eine Seite „mehr Möglichkeiten" bietet als ein Profil. Allerdings gilt das auch für Facebook selbst. Eine Seite bietet zahllose Möglichkeiten, den Seitenbetreiber zu schröpfen – also Sie!

Trotzdem sollten Sie nicht mit dem Gedanken spielen, die Facebook-Präsenz Ihres Shops als Profil zu tarnen. Wenn die Sache auffliegt, lässt das Netzwerk nämlich gerne die Muskeln spielen. Im schlimmsten Fall wird Ihr Profil von heute auf morgen in eine Seite zwangsumgewandelt – verbunden mit einem Verlust aller „Freunde“, wie Facebook die **Follower** nennt.

Seiten können keine Freundschaftsanfragen stellen

Lassen Sie sich von Facebook nicht ins Bockhorn jagen. Der Seite fehlt das wichtigste Feature zur Gewinnung einer Leserschaft. Sie können damit nämlich keine Freundschaftsanfragen stellen. Für das gewollte Problem bietet Facebook dann eine Lösung gegen Geld an: Sie sollen bezahlen, um die Seite hervorheben zu lassen und Reichweite zu gewinnen.

Kurz gesagt: Facebook ist ein Biest, das bei den Hörnern gepackt werden will. Beginnen Sie dabei mit dem Aufbau Ihres Profils.

Zunächst das Profil voranbringen

Ein Facebook-Profil haben Sie wahrscheinlich schon. Falls nicht, legen Sie eines unter Ihrem persönlichen Namen an und erwerben Sie sich eine Anhängerschaft. Mit einem Profil ist das nicht schwer. Sie spendieren ein paar Likes und schicken einige Freundschaftsanfragen, so wie das unter Profilen üblich ist. Haben Sie 100 Freunde eingesammelt, oder auch mehr? Dann ist es Zeit, eine Seite anzulegen.

Die Facebook-Seite

Für den Betrieb einer Facebook-Seite legen Sie keinen zweiten Account an. Loggen Sie sich stattdessen ganz normal in Ihr Facebook-Profil ein. Innerhalb dieses Accounts erzeugen Sie dann eine Facebook-Seite. Beim Anlegen der Seite fragt Sie Facebook zunächst nach dem Sinn und Zweck. Folgende Kategorien stehen dabei zur Verfügung:

- Lokales Unternehmen vor Ort.
- Unternehmen, Organisation oder Institution.
- Marke oder Produkt.
- Künstler, Band oder öffentliche Person.
- Unterhaltung.
- Guter Zweck oder Gemeinschaft.

Nach einigen weiteren Bildschirmen müssen Sie einen Seitennamen nach diesen Spielregeln vergeben:

- Beginn mit einem Großbuchstaben.
- Binde- und Unterstriche sind nicht erlaubt.
- Der Seitenname kann nur einmal geändert werden.

Unabhängig vom Seitennamen vergeben Sie anschließend eine Facebook-Internetadresse, also eine URL. Handeln Sie mit Bedacht, denn wie beim Seitennamen ist auch hier eine Änderung nur ein einziges Mal möglich – bei einem Verbot von Binde- und Unterstrichen. Erlaubt ist es dagegen, den Namen mit einem Punkt zu strukturieren. **Beispiel:** *facebook.com/mein.unternehmen*.

Die Facebook Business Suite.

Einen Facebook-Shop erstellen

Nachdem Sie Ihre Seite erstellt haben, steht Ihnen die *Facebook Business Suite* zur Verfügung.

Unter dem Menüpunkt *Commerce* können Sie hier ein Schaufenster für Ihren externen Shop einrichten. Facebook bezeichnet dieses Schaufenster auch als *Produktkatalog*. Doch zunächst müssen Sie noch einige Details zu Ihrem Unternehmen und Ihrem Sortiment eingeben.

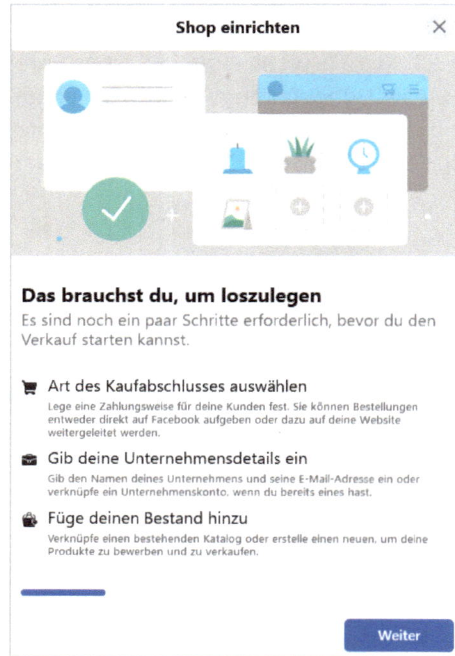

Links: Einrichtung eines Facebook-Shops.

Recht: Überprüfung des Shops.

Nach einigen weiteren Bildschirmen wird der Einrichtungsprozess des Shops unterbrochen. Dann steht nämlich die Überprüfung Ihres Shops an. Klicken Sie dazu auf den großen blauen Button *Shop überprüfen lassen*. Die Überprüfung kann sehr schnell abgeschlossen sein, aber auch einige Tage dauern.

Nach der positiven Prüfung erhalten Sie Zugriff auf Ihren Produktkatalog. Im Facebook-Commerce-Manager können Sie nun unter *Katalog/Artikel* die Artikel anlegen, die Sie auf Facebook präsentieren möchten.

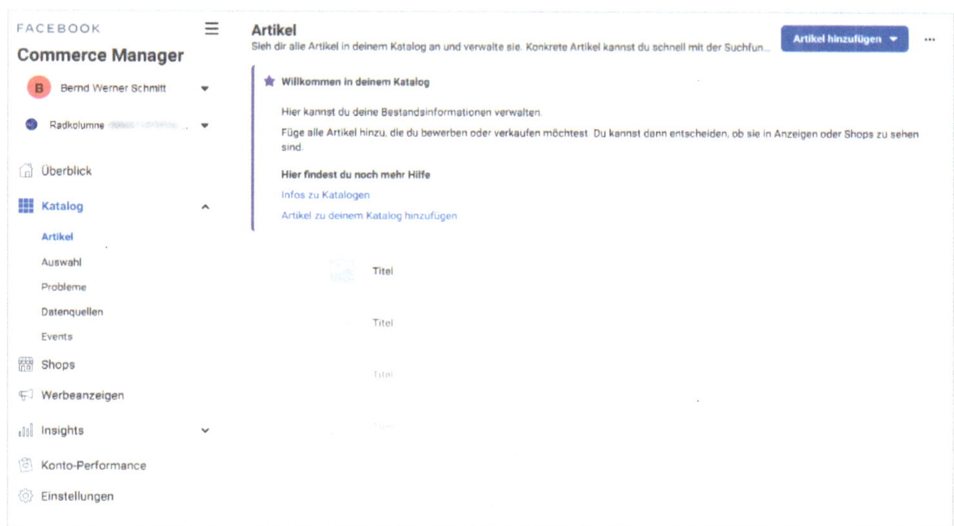

Verwaltung des Produktkatalogs.

Produktdaten hinzufügen

Nach dem Anlegen eines Artikels fügen Sie folgende Produktdaten ein:

- Hauptbild
- Titel
- Beschreibung
- Link auf Ihren Shop
- Preis
- Kategorie

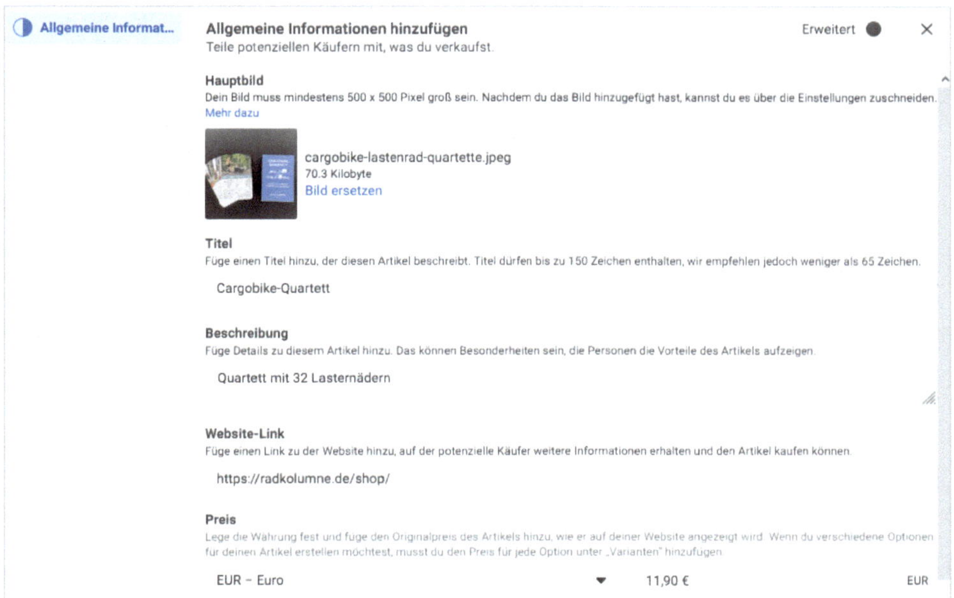

Einfügen von Produktdaten.

Shopansicht innerhalb von Facebook

Nach der Eingabe der Produktdaten Ihres ersten Produkts und gegebenenfalls weiterer Produkte rufen Sie Ihre Facebook-Seite auf. Mit dem Aufruf des Registers *Shop* sehen Sie nun Ihren Katalog. Mit einem Klick auf den blauen Button *Auf Website ansehen* gelangen Sie und Ihre Facebook-Fans auf den eigentlichen Shop, der sich außerhalb von Facebook befindet.

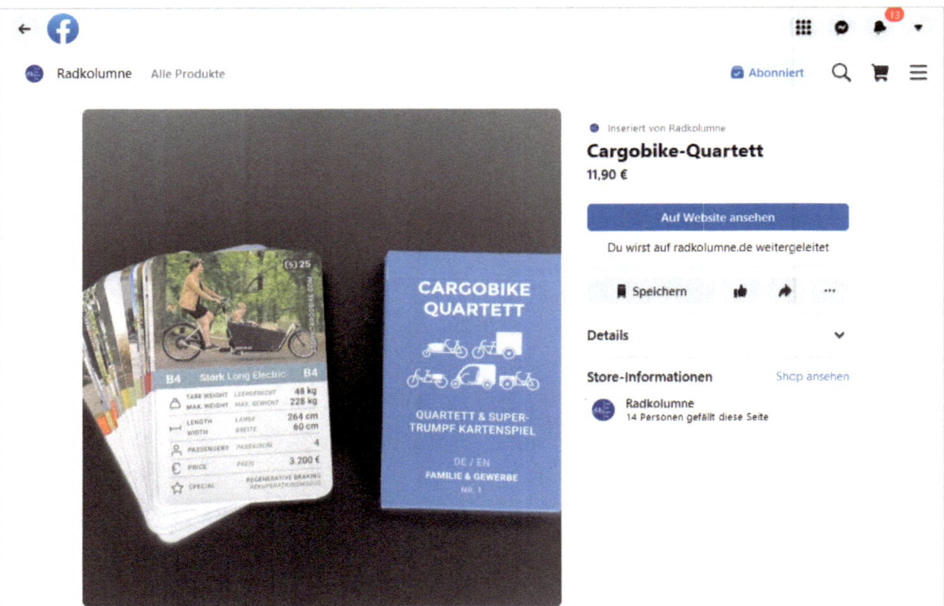

Besucheransicht in Facebook.

Den Shop auf Instagram ausweiten

Der Facebook-Shop, den Sie soeben angelegt haben, ist eine zwingende Voraussetzung für die Einrichtung eines Schaufensters auf Instagram.

> **Merke:** Ohne Facebook-Shop kein Instagram-Shop.

Instagram

Instagram, 2010 als Fotodienst gestartet, wurde 2012 von Facebook aufgekauft. Die Plattform entwickelte sich schnell zum ersten großen Netzwerk der Generation „Mobile only". Eine Verwendung auf dem Desktop-PC oder Laptop ist zwar möglich, aber für den Normalanwender gar nicht vorgesehen.

Instagram und die Selfies

Seinen Aufstieg verdankt Instagram der Selfie-Welle. Weil die App mit der Kamerafunktion des Smartphones startet, kann sich der User sehr viel schneller in Szene setzen als über Facebook oder Twitter. Mit einem Klick auf den Auslöseknopf und der Eingabe einiger Schlagwörter ist ein Instagram-Posting auch schon erstellt. Auf Instagram wird nicht über Fließtext kommuniziert, sondern mit Bildern, kurzen Videos (**Reels** genannt) und Hashtags.

Das Shopping-Feature von Instagram

Durch seine Bildlastigkeit, aber auch die vom Betreiber zur Verfügung gestellten Features, hat sich Instagram zu einer beliebten Shopping-Plattform entwickelt. Was Sie dabei beachten müssen:

- Die Käufe selbst werden nicht auf Instagram abgewickelt, sondern extern. Instagram ist nur das Schaufenster Ihres Shops.
- Sie benötigen einen professionellen Instagram-Account. Wandeln Sie gegebenenfalls Ihren privaten Instagram-Account in einen *Business-Account* um.
- Instagram Shopping funktioniert nur, wenn Sie über einen **Facebook-Shop** verfügen.
- Zur Einrichtung eines Instagram-Shops müssen Sie Ihren Instagram-Account mit Facebook verknüpfen.

Verknüpfung mit Facebook

Haben Sie Ihren Instagram-Account in einen professionellen Account umgewandelt? Dann tippen Sie in Instagram auf das *Einstellungsmenü* und verknüpfen Ihren Instagram-Business-Account mit der Facebook-Seite, auf der Sie Ihren Facebook-Shop eingerichtet haben.

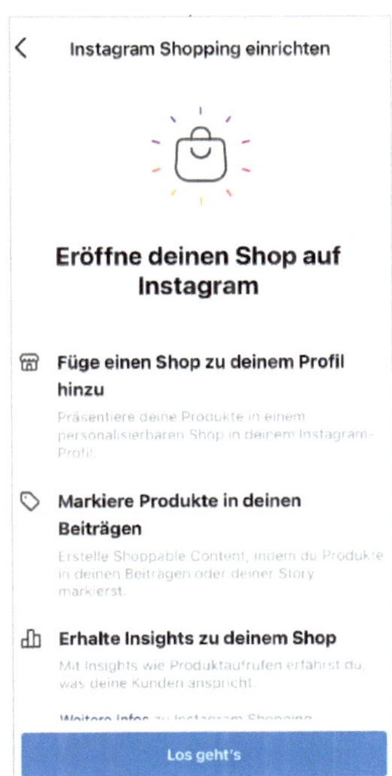

Links: Instagram und Facebook verknüpfen.

Rechts: Einrichtung des Instagram-Shops

Instagram Shopping einrichten

Nach der erfolgreichen Verknüpfung mit Facebook können Sie unter *Einstellungen/Unternehmen* Ihren Shop anlegen. Klicken Sie dazu auf dem Bildschirm **Eröffne deinen Shop auf Instagram** unten auf den Button *Los geht's* (siehe Bild vorherige Seite).

Instagram prüft den Shop

Nach der Eingabe von Shopdetails klicken Sie unten auf den Button *Zur Überprüfung einreichen*. Was dann folgt, ist unter Umständen eine nervige Geduldsprobe. Es kann zwar sein, dass Instagram den Shop nach einigen Tagen freischaltet, aber in manchen Fällen dauert es auch Wochen. Falls Ihr Shop abgelehnt wird, empfehlen sich zwei Maßnahmen, die Sie in Ihrer Facebook Business Suite durchführen können:

- Verifizierung Ihrer Shop-Website. Dabei wird ein Code in Facebook erzeugt, den Sie in Ihre Shop-Website einfügen müssen.
- Absendung einer Bitte um eine erneute Shop-Prüfung, verbunden mit einer kurzen Erklärung. **Beispiel:** „Mein Shop-Sortiment entspricht den Richtlinien von Facebook. Ich bitte daher um eine Freischaltung."

Einreichung der Shop-Überprüfung.

Der Shop wurde freigegeben

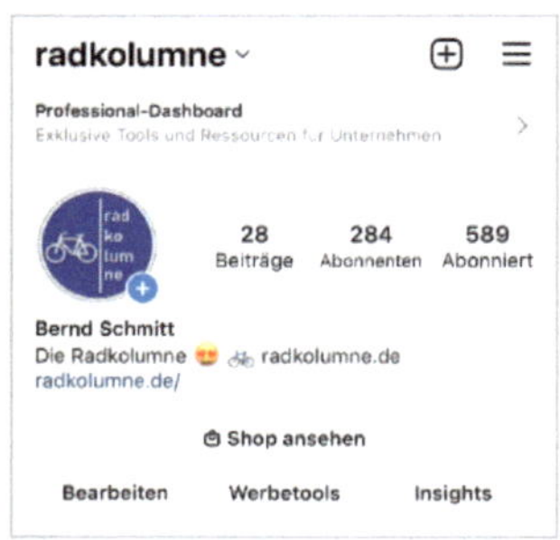

Das Produktbild wird als Beitrag verwendet oder in eine Story eingefügt.

Nach der Freigabe Ihres Shops wird ein *Shop*-Button auf Ihrem Instagram-Profil angezeigt. Außerdem haben Sie jetzt folgende Möglichkeiten:

- Produkte in Instagram-Beiträgen markieren.
- Produkte in einer Instagram-Story markieren.

Markieren heißt: Sie fügen das Produktbild in einen Beitrag oder eine Story ein und tippen anschließend die ersten drei Buchstaben des Produktnamens ein. Instagram vervollständigt denn den Rest.

Merke: Voraussetzung für einen Instagram-Shop ist ein Facebook-Shop.

Twitter

Stark an Popularität zugenommen hat das 2006 gegründete Netzwerk Twitter. Millionen Menschen werfen sich dort täglich Weis- und Albernheiten an den Kopf. Die besonderen Kennzeichen von Twitter sind:

- Jeder Tweet, so nennen die Twitterer Ihre Kurznachrichten, darf nur aus maximal 280 Zeichen bestehen.
- Twitter ist ein sehr schnelles Netzwerk. Was sich auf anderen Netzwerken verbreitet, war zuvor schon auf Twitter zu lesen.
- Twitter ist ein herausforderndes Netzwerk. Entweder Sie lieben Twitter, oder Sie können überhaupt nichts damit anfangen.

Platzierung von Produktbildern und einer Verlinkung von Twitter auf einen externen Shop.

Warnung vor Twitter

Ein einzelner Tweet ist zwar schnell geschrieben, aber Twitter kann trotzdem ein Zeitfresser sein. Wenn Sie richtig süchtig sind, verbringen Sie unbemerkt mehrere Stunden in der Timeline - obwohl Sie „nur noch den einen Tweet" abschicken wollten. Gegen solche Exzesse gibt es nur ein Mittel: Überwachen Sie Ihre Twitter-Zeiten.

Twitter als Schaufenster nutzen

Auch Twitter bietet die Einrichtung eines Business-Accounts an. Allerdings sollten Sie im Hinterkopf haben, dass die Twitter-Community extrem negativ auf jegliche Art von Werbung reagiert. So machen Sie es richtig:

- Bauen Sie sich eine Basis von mindestens 2.000 Followern auf.
- Streuen Sie ab und zu einen Tweet mit Produktbildern und einem Link zu Ihrem Shop ein.

Merke: Auf Twitter funktioniert Werbung nur in verträglichem Ausmaß.

Der Social-Media-Knigge

Sympathie gewinnen Sie auf allen Social-Media-Netzwerken mit der richtigen Mischung aus Kompetenz und Humor. Der Dialog in einem Netzwerk unterscheidet dabei aber in einem sehr wesentlichen Punkt vom Verkaufsgespräch im stationären Handel oder dem persönlichen Support per Chat oder E-Mail: Es wird öffentlich mitgelesen. Jeder Kunde, den Sie hier zufriedenstellen oder vergraulen, wirkt als Multiplikator. Beachten Sie den Social-Media-Knigge, um den richtigen Ton zu treffen.

- **Professionell auftreten.** Zeigen Sie, wer Sie sind. Gestalten Sie Ihre Social-Media-Präsenz von Anfang an mit Farben und Logo Ihres Unternehmens.
- **Geben und nehmen.** Erwarten Sie nicht, nach dem Anlegen eines Accounts mit Geschenken überhäuft zu werden. In jedem Netzwerk ist es eine Gepflogenheit, als Neuling erst einmal zu geben. Spendieren Sie zunächst den anderen eine Antwort oder zumindest einen Like.
- **Persönlich werden.** Erklärungen stehen in der Wikipedia. Auf Social-Media-Netzwerken suchen die User primär das Menschliche, das Persönliche. Machen Sie sich schmutzig. Lassen Sie sich mit einem Versandpaket in der Hand oder auf einem Gabelstapler fotografieren. **Bildunterschrift:** Hier packt die Chefin, hier packt der Chef noch selbst an.
- **Eine einfache Sprache verwenden.** Komplizierte Erklärungen werden schnell als Zumutung empfunden.
- **Humor und Contenance.** Social-Media-Netzwerke sind Schlachtfelder. Lassen Sie sich in nichts hineinziehen, Sie können sich schnell in juristische Auseinandersetzungen verstricken.
- **Schmücken Sie sich nicht mit fremden Federn.** Veröffentlichen Sie nur Texte, Bilder und Videos, die Sie selbst erstellt haben.

Merke: Social-Media-Netzwerke sind keine rechtsfreien Räume.

6 Crashkurs: E-Commerce, Recht und Datenschutz

Recht und Datenschutz gehören nicht zu Ihren Lieblingsthemen? Keine Sorge, das geht nicht nur Ihnen so. Weil aber Unwissenheit nicht vor Strafe schützt, müssen Sie sich wohl oder übel mit beidem auseinandersetzen. In den folgenden Kapiteln finden Sie die wichtigsten Verhaltensregeln für den rechtssicheren und datenschutzkonformen Betrieb Ihrer Website und Ihrer Social-Media-Präsenzen. Los geht es mit dem Einsatz von Bildern.

6.1 Bilder rechtskonform im Internet einsetzen

Ein großes Unbefangen herrscht heute beim Umgang mit Bildern im Internet. Ob auf Websites, Facebook oder Instagram, Bildmaterial wird von den meisten Usern ohne Rücksicht auf die Rechtslage eingesetzt und verbreitet.

Abmahnungen vermeiden

Sie als professioneller Akteur müssen allerdings, wenn Sie ruhig schlafen wollen, strengere Maßstäbe ansetzen. Bieten Sie Abmahnern keine Angriffsfläche. Überprüfen Sie für jedes Bild, bevor Sie es im Internet veröffentlichen, die Rechtslage.

> **Merke:** Erst Rechtslage prüfen, dann Bild veröffentlichen.

Urheberrecht beachten

Für die Wahrung des Urheberrechts sorgt in Deutschland ein eigenes Gesetz, nämlich das UrhG (Urheberrechtsgesetz). Doch zunächst: Wer wird eigentlich zum Urheber? Anhand der Fotografie lässt sich dieser Begriff ganz einfach erklären. Wer ein Bild geknipst hat, ist und bleibt damit der Urheber des Fotos. Diese Urheberschaft gilt ein Leben lang und über den Tod hinaus. Die Bildqualität spielt dabei keine Rolle, die Urheberschaft gilt für Hobby- und professionelle Fotografen.

Was Sie nun rechtlich beachten müssen: Sie dürfen ohne eine persönliche Erlaubnis des Urhebers oder eine rechtmäßig erworbene Lizenz keine fremden Bilder für Ihre Zwecke verwenden. Das gilt auch dann, wenn es sich um sehr gewöhnliche Bilder ohne jeden künstlerischen Wert handelt.

Beispiel: Ein Freund hat Ihnen per WhatsApp ein Bild von einem ansehnlichen Geschirrberg geschickt. Sie würden das Bild gerne auf Twitter verbreiten und in Ihrem Firmenblog einsetzen, verbunden mit dem von Ihnen kreierten Spruch „Das Ende unserer Firmenfeier". Die Rechtslage ist hier eindeutig. Sie dürfen dieses Bild nicht verwenden.

70 Jahre Regelschutzfrist

Es ist keine gute Idee, Bilder einfach so aus dem Internet zu fischen und für eigene Zwecke einzusetzen. Eine Ausnahme gilt jedoch für Bilder, deren Urheber schon seit mindestens 70 Jahren verstorben sind. Die 70-jährige Dauer dieser „Regelschutzfrist" gilt allerdings nicht in allen Ländern, in Mexiko beträgt sie beispielsweise 100 Jahre.

> **Merke:** Das Urheberrecht gilt noch 70 Jahre nach dem Tod des Fotografen.

Lizenzen bei Stockfoto-Agenturen erwerben

Eine gängige Methode, um schnell, kostengünstig und legal an gutes Bildermaterial zu kommen, ist der Erwerb von Lizenzen bei einer Stockfoto-Agentur wie beispielsweise Shutterstock, iStock oder Adobe Stock. Sie finden Sie unter diesen URLs:

- **shutterstock.com**
- **istockphoto.com**
- **stock.adobe.com**

Der Name Stockfoto leitet sich vom englischen Wort „stock" - Vorrat ab und trifft die Sache auf den Punkt. Die großen Agenturen haben Millionen Fotos (und andere Medien) auf Vorrat, aus denen Sie Ihre Motive auswählen können.

Gehandelt werden nicht Bilder, sondern Lizenzen

So funktioniert das Geschäftsmodell: Professionelle Fotografinnen und Fotografen stellen den Agenturen Bilder zur Verfügung, die dann Endabnehmer wie zum Beispiel die Betreiber einer Website „kaufen". Tatsächlich werden aber nicht, wie bei gemalten Bildern, physische Exemplare verkauft, sondern die Nutzungsrechte. Diese Nutzungsrechte werden auch Lizenzen genannt. Die Käufer der Lizenz dürfen dann das Bild nach den Vorgaben der jeweiligen Stockfoto-Agentur verwenden. Für Sie bedeutet das auch etwas Arbeit: Sie müssen die Lizenzbedingungen Ihrer Stockfoto-Agentur kennen und einhalten.

Beispiel: Sie möchten Postkarten herstellen lassen, um Sie Ihren Versandpaketen beizulegen oder zu verkaufen. Hierzu haben Sie einige schöne Motive bei einem Stockfoto-Anbieter entdeckt. Doch Vorsicht, hier lauert eine Falle. Bei den meisten Anbietern dürfen Sie solche Motive für einen Druck nämlich nicht einfach übernehmen, sondern lediglich zur Kreation eines neuen, eigenständigen Werks verwenden. Bevor Sie nun 10.000 Postkarten drucken lassen, sollten Sie die lizenzrechtliche Lage klären und die FAQ-Seiten und AGB genau studieren. Im Zweifelsfall wenden Sie sich an den Support der betreffenden Stockfoto-Agentur.

Unterschiedliche Lizenzmodelle

Einige Agenturen bieten je nach Einsatzgebiet Lizenzen unterschiedlicher Qualität an. Bei Adobe Stock können Sie beispielsweise zwischen Standardlizenz, Plus Lizenz und Erweiterter Lizenz auswählen. Es ist Ihre Aufgabe, die unterschiedlichen Modelle zu studieren und die passende Lizenz zu erwerben.

Kennzeichnungspflicht beachten

Informieren Sie sich unbedingt über eine mögliche Kennzeichnungspflicht für alle Bilder, für die Sie eine Lizenz bei einer Stockfoto-Agentur erworben haben. Je nach Agentur gelten unterschiedliche Bedingungen für eine Kennzeichnung, also eine Nennung des Fotografen und der Agentur, beispielsweise im Impressum oder auch direkt am Bild.

Merke: Jede Stockfoto-Agentur hat eigene Lizenzbedingungen.

Bilder vom Fotografen anfertigen lassen

Die Stockfoto-Agenturen verkaufen Massenware. Wenn Sie individuelle Bilder benötigen, beispielsweise von Ihnen selbst oder Ihrem Ladengeschäft, ist auch die Beauftragung eines Fotografen eine Option. Ein Fotoprofi kennt sich mit Beleuchtung und Schatten aus und bringt Erfahrung und das richtige Equipment mit. Klären Sie aber vor Vertragsabschluss mit dem Fotografen die technischen und lizenzrechtlichen Fragen.

Beispiel: Sie möchten das Bildmaterial nicht nur im Internet einsetzen, sondern auch T-Shirts damit bedrucken und verkaufen. Hierfür benötigen Sie eine hohe Bildauflösung und eine Lizenz, die diesen Verwendungszweck beinhaltet.

Merke: Technische und rechtliche Details müssen mit einem Fotografen vor Vertragsschluss geklärt werden.

Bilder selbst anfertigen

Am einfachsten können Sie die mühsame Einarbeitung in lizenzrechtliche Fragen umgehen, indem Sie selbst zum Urheber werden. Wenn Sie ausschließlich Bilder für das Internet produzieren, und nicht für Printprodukte wie Kataloge oder T-Shirts, benötigen Sie heute dank der rasanten technischen Entwicklung bei den Smartphones kein besonderes Equipment mehr. Ein halbwegs aktuelles Mittelklassehandy liefert schon sehr gutes Bildmaterial. Hierzu einige schnelle Tipps:

- Fotografieren Sie nicht gegen das Licht. Personen oder Objekte sollten sich nicht neben einem Fenster befinden.
- Ein Stativ hilft gegen Verwacklungen.
- Achten Sie auf Perspektive und Hintergrund. Wählen Sie für die Produktfotografie einen Hintergrund, der eine leichte Freistellung eines Motivs ermöglicht, zum Beispiel Weiß für das Bild einer dunklen Tasse und Schwarz für das Foto einer weißen.
- Ausleuchtung ist wichtig, doch direktes Licht erzeugt hässliche Schattenwürfe. Mit Softboxen und einem Lichtzelt vermeiden Sie diesen Nebeneffekt.
- Fotografieren Sie auch Details, zum Beispiel die Knopfleiste bei Kleidungsstücken oder die Anschlussbuchsen bei Elektrogeräten.
- Für den Einsatz auf einer Website muss ein Bild komprimiert, also die Dateigröße verringert werden. Hierzu benötigen Sie ein Bildbearbeitungsprogramm.

Eigene Bilder schützen

Sie haben einige hervorragende Bilder geschossen und möchten verhindern, dass sich andere daran bedienen? Technisch können Sie den Diebstahl nicht verhindern, denn mit einem Screenshot lässt sich jedes Bild festhalten und abspeichern. Eine viel bessere Methode ist es, mit einem Bildbearbeitungsprogramm Ihren Firmennamen oder Ihre Shop-URL in Ihre besten Bilder einzufügen. Damit schlagen Sie zwei Fliegen mit einer Klappe:

- Falls jemand unbedarft Ihr Bild stiehlt und beispielsweise auf Facebook oder Twitter verbreitet, hat dies einen positiven Nebeneffekt. Der Mensch ist von Natur aus neugierig. Ein Teil der Betrachter wird die URL oder Ihren Firmennamen bei Google eintippen und die ursprüngliche Seite besuchen, also Ihre Seite. Damit erhalten Sie zusätzliche Aufmerksamkeit und mehr Seitenbesucher.
- Ein professioneller Bilderdieb wird abgeschreckt. Wer einen Hinweis auf den Urheber mit einem Bildbearbeitungsprogramm entfernt, hat im Fall einer gerichtlichen Auseinandersetzung schlechte Karten.

Merke: Es ist von Vorteil, eigene Bilder zu kennzeichnen.

Persönlichkeitsrechte beachten

Sie möchten den Besuchern Ihrer Website auf einer „Über-uns-Seite" zeigen, wie Ihr Unternehmen arbeitet? Das ist eine hervorragende Idee, denn so ein Blick hinter die Kulissen schafft Vertrauen. Nichts eignet sich dazu besser als ein fröhliches Bild von Ihrem Team, einzeln oder in der Gruppe. Doch zücken Sie die Kamera nicht vorschnell, denn Sie benötigen dazu das klare Einverständnis jeder einzelnen abgebildeten Person, auch für ein Gruppenfoto. Sie dürfen niemals „einfach so" fotografieren. Kompliziert wird es, wenn der Azubi aufs Bild soll: Bei Minderjährigen müssen beide sorgeberechtigte Eltern zustimmen, ab 14 auch das Kind.

Ein Tipp: „Überfallen" Sie niemanden. Geben Sie Ihrem Team vor den Aufnahmen etwas Vorlauf. Ihre Mitarbeiterinnen und Mitarbeiter werden diese Zeit nutzen, um noch einmal einen Friseur zu besuchen und die Garderobe zu prüfen. Für die Qualität der Bilder ist dies vorteilhaft, denn eine entspannte Atmosphäre entsteht nur dann, wenn sich die Personen auch mit ihrem Äußeren wohl fühlen.

Merke: Jede einzelne Person muss einer Aufnahme und Veröffentlichung ausdrücklich zustimmen.

Markenrechte beachten

Ist auf einem Bild irgendwo ein Markenschriftzug oder ein -logo zu erkennen? In diesem Fall wird auch das Markenrecht tangiert. Besonders problematisch kann dies werden, wenn Sie beispielsweise damit den Eindruck erwecken, mit einem Produkt in Verbindung zu stehen, obwohl Sie es nicht sind.

Wenn Sie beispielsweise in Ihrem Onlineshop ausschließlich Schuhe der Marken A und B verkaufen, sollten Sie keine Bilder verwenden, die das Logo der Marke C zeigen. Vorsicht ist aber auch bei der Verwendung der Logos der Marken A und B geboten. Das Zeigen eines Logos, das sich auf dem Produkt selbst befindet, ist in der Regel erwünscht. Wenn Sie aber das isolierte Logo eines Herstellers auf Ihrer Website so verwenden, dass Sie mit diesem Hersteller verwechselt werden könnten, handeln Sie sich juristischen Ärger ein. Erkundigen Sie sich deshalb im Zweifelsfall nach den Logo-Richtlinien bei den Herstellern Ihrer Produkte!

Merke: Bilder, auf denen ein Markenlogo zu sehen ist, tangieren auch das Markenrecht.

Wettbewerbsrechtlich konforme Produktbilder

Sie dürfen den Verbraucher nicht in die Irre führen, auch nicht mit Bildern. Was auf einem Produktbild zu sehen ist, muss auch im Preis inbegriffen sein. Davon ausgenommen sind nur Selbstverständlichkeiten.

Beispiel: Sie bieten einen Rock an. Das auf dem Produktfoto abgebildete Model trägt dazu eine passende Bluse. Ist es für die Kundschaft unzweifelhaft, dass die Bluse im Preis nicht inbegriffen ist, so können Sie das Bild so in Ihren Onlineshop einpflegen. Erklärungsbedürftig sind dagegen viele Bilder, die sich auf ein mehrteiliges Produkt beziehen, zum Beispiel einen Anzug. Der Kunde muss schnell erkennen können, welche Komponenten im Preis enthalten sind. Platzieren Sie deshalb eine Erklärung dieser Art direkt am Bild: „Dreiteiliger Anzug mit Sakko, Weste und Hose. Krawatte im Preis nicht inbegriffen."

Produktbilder müssen das Original zeigen

Vielleicht haben Sie auch schon daran gedacht, Stockfotos als Produktbilder einzusetzen? Diesen Gedanken sollten Sie allerdings schnell wieder verwerfen, denn in den seltensten Fällen ist das originale Produkt darauf abgebildet. Die Abbildung eines nur ähnlichen Produkts kann Ihnen aber als Irreführung der Verbraucher ausgelegt werden. Der Gesetzgeber setzt nämlich für Onlineshops strengere Maßstäbe als bei der Printwerbung für Produkte, die ausschließlich im Laden vor Ort eingekauft werden können. Die Kennzeichnung eines Bildes mit dem Zusatz „Abbildung ähnlich" ist im E-Commerce tabu. Sie benötigen Bilder, die das Original zeigen.

Produktbilder vom Hersteller

In der Regel erhalten Sie ansprechende Produktbilder auch direkt von den Herstellern Ihrer Produkte. Fragen Sie dort nach Bildmaterial an. Tabu ist es hingegen, Bildmaterial aus Produktkatalogen von Großhändlern oder gar den Onlineshops Ihrer Konkurrenz zu verwenden. Grundsätzlich gilt: Sie müssen die rechtliche Lage klären. Dies gilt umso mehr, weil viele Hersteller heute über eigene Onlineshops verfügen. Sie sind damit nicht nur Partner, sondern auch Konkurrent.

Merke: Produktbilder müssen nicht nur ästhetisch anspruchsvoll sein, sondern auch rechtssicher.

6.2 Texte rechtskonform veröffentlichen

Auch bei der Veröffentlichung von Texten gilt: Nicht alles, was im Internet praktiziert wird, ist erlaubt. Und Sie als professioneller Betreiber müssen die Gesetze einhalten, wenn Sie juristischen Ärger vermeiden wollen. Stolperfallen lauern bei den unterschiedlichen Arten von Texten:

- fremde Texte in eigenen Beiträgen
- eigene Texte in eigenen Beiträgen
- Kundenkommentare
- Produktbeschreibungen

Merke: Erst Rechtslage prüfen, dann Texte veröffentlichen.

Fremde Texte in eigenen Beiträgen

Weit verbreitet ist, insbesondere in Social-Media-Netzwerken wie Facebook oder Twitter, folgendes Vorgehen: Ein Text wird irgendwo von einer Zeitung herauskopiert oder mit dem Handy abfotografiert, um ihn für einen eigenen Beitrag zu verwenden. Unterhalb des Textes fügt der Ersteller des Beitrags dann noch einen Link zur Quelle hinzu. Diese Praxis ist allerdings illegal, denn das Urheberrecht bestimmt eine Regelschutzfrist von 70 Jahren, beginnend mit dem Tod des betreffenden Autors. Diese Frist gilt ebenso für Texte wie auch für Gedichte. Sie dürfen deshalb ohne Erlaubnis der Erben beispielsweise kein Gedicht von Erich Kästner (1899 - 1974) und keinen Sketch von Vicco von Bülow alias Loriot (1923 - 2011) für Ihre Website oder Ihre Social-Media-Präsenz verwenden. Rechtskonform ist lediglich die Verwendung kurzer Zitate, zum Beispiel: Wie Loriot schon wusste: „Reiter werden ja immer gebraucht". Falls Sie einen Text mit einem Gedicht anreichern wollen, ohne sich juristischen Ärger einzuhandeln, müssen Sie sich bei älteren Quellen bedienen.

Tipp: Mit Friedrich von Schiller (1759 - 1805), Wilhelm Busch (1832 - 1908) und Joachim Ringelnatz (1883 - 1934) sind Sie auf der sicheren Seite.

Das Zitatrecht

Für das Zitieren fremder Autoren gelten folgende Regeln:

- Ein Zitat muss im Zusammenhang mit eigenen Gedanken verwendet werden.
- Es muss eine Quelle angegeben werden.
- Keine unnötige Länge des Zitats.

Merke: Das Verwenden fremder Texte ist ohne Erlaubnis nicht gestattet, auch nicht mit Verlinkung zur Quelle.

Eigene Texte in eigenen Beiträgen

Mit Texten aus Ihrer Feder sind Sie zwar urheberrechtlich aus dem Schneider, aber trotzdem sollten Sie den Inhalt vor der Veröffentlichung noch einmal überprüfen, insbesondere bei hitzigen Wortgefechten in Social-Media-Netzwerken. Lassen Sie sich nicht zu strafrechtlich relevanten Äußerungen hinreißen. Gegenstand juristischer Auseinandersetzungen sind häufig:

- Beleidigung (§ 185 StGB)
- Üble Nachrede (§ 186 StGB)
- Verleumdung (§ 187 StGB)

Beleidigung

Die Schwelle für eine Beleidigung ist relativ niedrig. Es genügt schon, wenn sich zwei Streithähne mit Schimpfwörtern wie „Volltrottel" oder „dumme Gans" bewerfen. Nicht strafbar ist hingegen ein ironisch gemeintes „Sie sind ein Kenner".

Üble Nachrede

Für eine üble Nachrede sind Behauptungen gegen eine Person erforderlich, die nicht den Tatsachen entsprechen. Im Unterschied zur Beleidigung richtet sich die üble Nachrede an eine dritte Person oder an die Öffentlichkeit. Dabei genügt es auch, wenn eine Behauptung irgendwo aufgeschnappt wurde. Beispiel für eine üble Nachrede: „Ich habe gehört, dass der Abteilungsleiter der Firma X ein Verhältnis mit Y hat."

Verleumdung

Die Verleumdung stellt die Steigerung der üblen Nachrede dar. Auch hier wendet sich der Täter an eine dritte Person oder an die Öffentlichkeit, allerdings setzt er wider besseren Wissens ein Gerücht in die Welt, um gezielt einer Person zu schaden. Beispiel für eine Verleumdung: A behauptet, dass B eine Yacht in der Karibik besitzt, obwohl er weiß, dass dies nicht zutrifft.

> **Merke:** Ehrverletzungen sind auch im Internet strafbar.

Kundenkommentare

Ihr Unternehmen betreibt einen Firmenblog mit Kommentarfunktion, eine Facebook-Seite oder bietet die Möglichkeit für Produktrezensionen? Dann können Sie sich, wenn unter Ihrer „Schirmherrschaft" justiziable Beiträge veröffentlicht werden, leicht juristischen Ärger einhandeln. Unter Umständen haften Sie nämlich mit, wenn zum Beispiel ein Kunde in seinem Beitrag ein Gedicht von Erich Kästner veröffentlicht oder eine andere Person beleidigt. Voraussetzung ist, dass Sie vom Verstoß Kenntnis genommen haben. Keine gute Idee ist es allerdings, sich auf Unwissenheit zu berufen, denn im Streitfall entscheidet ein Gericht. Hierzu ein paar praktische Tipps:

- In jedem Fall haben Sie Kenntnis erlangt, wenn Sie einen Beitrag beantwortet oder bearbeitet haben.
- Wenn Sie einen besonders provozierenden Beitrag veröffentlicht haben, müssen Sie mit heftigen Reaktionen rechnen und die Antworten im Auge haben.
- Als Betreiber sollten Sie zumindest täglich die Kommentare Ihrer User kontrollieren.
- Sie sollten möglichst schnell reagieren, insbesondere wenn Sie von dritter Seite auf einen anstößigen Beitrag hingewiesen und damit in Kenntnis gesetzt wurden.
- Weisen Sie Kommentatoren auf justitiable Beiträge hin und löschen Sie gegebenenfalls einen Beitrag.

Die Privatsphäre schützen

Achten Sie darauf, dass Kommentatoren ihre eigene Privatsphäre schützen und andere Privatsphären respektieren. Dabei gilt: Politiker, Künstler und Menschen, die sich bewusst in der Öffentlichkeit präsentieren, genießen im Vergleich zu Privatpersonen einen eher begrenzten Schutz. Strikt tabu sind aber auch bei Prominenten alle Bereiche, die die Privat- und insbesondere die Intimsphäre berühren.

Volksverhetzung

Eine deutsche Besonderheit stellt das Delikt der Volksverhetzung dar. Auch dieses Vergehen ist wie die Beleidigung, die üble Nachrede und die Verleumdung im Strafgesetzbuch (StGB) festgeschrieben.

Der § 130 sieht dafür einen sehr hohen Strafrahmen vor, nämlich eine Gefängnisstrafe zwischen drei Monaten und fünf Jahren. Das Strafmaß ist durch die Erfahrungen aus der Zeit des Nationalsozialismus begründet. Die Abschaffung des Rechtsstaats begann damals mit der Hetze gegen Juden, Homosexuelle, Minderheiten und Andersdenkende. So verhalten Sie sich richtig:

- Führen Sie keine Produkte im Sortiment, die die Gewalt verherrlichen oder zur Volksverhetzung verwendet werden können.
- Achten Sie darauf, ob User gesetzlich verbotene Parolen wie „Heil Hitler" oder „Sieg Heil" verwenden und löschen Sie die betreffenden Beiträge sofort.

Eine klare Linie einhalten

Am besten ist es, wenn Sie bei strafrechtlich relevanten User-Beiträgen eine klare Linie einhalten und den betreffenden Inhalt so schnell wie möglich entfernen. Mal abgesehen von den juristischen Folgen: Sie möchten ja etwas verkaufen und keine Streitereien entfesseln. Zur Vorbeugung von Querelen empfiehlt sich auch immer wieder eine Erinnerung an die „Netiquette", die Höflichkeitsregeln. Vergessen Sie dabei nicht die Vorbildfunktion Ihres Unternehmens.

Krawallprävention

Mit diesen Verhaltensregeln für Sie und Ihr Team sorgen Sie dafür, dass sich keine Krawallmacher im Umfeld Ihres Unternehmens austoben.

- Alle Mitarbeiterinnen und Mitarbeiter, die im Namen Ihres Unternehmens Beiträge erstellen, beantworten oder moderieren, werden für das Problem sensibilisiert.
- Beleidigungen sind zu unterlassen, und selbstverständlich auch üble Nachreden oder gar Verleumdungen.
- Es dürfen keine Aussagen verfälscht werden.
- Es dürfen keine Personen, Personengruppen oder Unternehmen an den Pranger gestellt werden.
- Das Veröffentlichen einer Firmenhotline ist natürlich erlaubt, es dürfen aber keine privaten Adressen oder Telefonnummern im öffentlich einsehbaren Bereich einer Website oder Social-Media-Präsenz gepostet werden.
- Privatpersonen dürfen niemals ungefragt für das Marketing eines Unternehmens eingespannt werden.

> **Merke:** Unternehmen können für Kommentare ihrer Kunden haftbar gemacht werden.

Produktbeschreibungen

Produktbeschreibungen unterliegen im Gegensatz zu Bildern nur dann dem Urheberrecht, wenn sie eine gewisse Schöpfungshöhe erreicht haben. Nicht schutzfähig ist beispielsweise folgende Produktbeschreibung:

- Viersitziges Sofa, hellblau, 320 x 90 cm. Bezug 60 % Mohair, 40 % Viskose.

Unter Umständen geschützt ist hingegen folgende Formulierung:

- Dieser Viersitzer sorgt für eine behagliche Lounge-Atmosphäre in jedem Wohnzimmer. Hier lässt sich wunderbar schmökern, fernsehen oder einfach nur relaxen. Legen Sie die Füße hoch und lassen Sie die Seele baumeln.

Produktbeschreibung selbst verfassen

Die rechtliche Klärung über die Verwendung von Produktbeschreibungen gestaltet sich langwierig? In diesem Fall ist es für Sie manchmal unkomplizierter, solche Texte selbst zu verfassen. Allerdings sind für sehr viele Produkte umfangreiche Informationspflichten und weitere rechtliche Bestimmungen zu beachten. Beispiele:

- für Batterien: das Batteriegesetz
- für Bücher: das Buchpreisbindungsgesetz
- für Fahrzeugteile: die Straßenverkehrszulassungsordnung

- für Heilmittel: das Heilmittelwerbegesetz
- für Lebensmittel: die Lebensmittelinformationsverordnung
- für Textilien, aber auch Produkte mit textilen Anteilen wie etwa Möbel: die Textilkennzeichnungsverordnung

Merke: In Produktbeschreibungen müssen produktspezifische Vorschriften berücksichtigt werden.

6.3 Videos rechtskonform veröffentlichen

Drei Themenbereiche sind hier grundsätzlich zu unterscheiden:

- Themenbereich 1: **Die rechtskonforme Produktion eigener Videos.**
- Themenbereich 2: **Die rechtskonforme Präsentation eigener Videos.**
- Themenbereich 3: **Die rechtskonforme Präsentation fremder Videos.**

Die rechtskonforme Produktion eigener Videos

Bevor Sie auch nur eine einzige Szene drehen, sollten Sie alle rechtlichen Fragen einwandfrei geklärt haben:

- **Mitwirkende Personen:** Nach dem Kunsturhebergesetz hat jede Person ein Recht am eigenen Bild. Sie benötigen die ausdrückliche Genehmigung aller Personen, die in dem Video zu sehen sind. Ausnahmen können Menschenmassen sein, die lediglich als „Beiwerk" aufgenommen wurden. Seien Sie aber auch hier eher vorsichtig, denn sobald eine Person erkennbar ist, drohen Unterlassungsansprüche und in besonders schweren Fällen auch Entschädigungszahlungen.
- **Drehorte:** Ohne Genehmigung dürfen Sie beispielsweise nicht in einem Museum, einem Konzertsaal oder einem Zoo drehen. Klären Sie diese Fragen vor dem Dreh ab.
- **Fremdes Material:** Wenn Sie fremdes Material in Ihren Clips verwenden, brauchen Sie die entsprechenden Lizenzen. Auch für kurze Schnipsel aus Filmen gilt das Urheberrecht.
- **Musik:** Musikalische Werke sind durch das Urheberrecht geschützt. Sie möchten ein Video mit einem Musikstück von Metallica hinterlegen? Dann benötigen Sie eine Lizenz der GEMA, auch bei kleinen Schnipseln.
- **Markenrecht:** Sind in Ihrem Clip Markenzeichen zu sehen? Dann werden möglicherweise auch Markenrechte tangiert.

Merke: Vor der Produktion eines Videos müssen die rechtlichen Fragen geklärt sein.

Die rechtskonforme Präsentation eigener Videos

Sie sind mit Ihrem Video zufrieden und alle urheberrechtlichen Fragen sind geklärt? Nun müssen Sie noch, abhängig von der Art der Veröffentlichung, datenschutzrechtliche Vorgaben beachten. Sie haben drei Möglichkeiten, um Ihren Clip öffentlich zu präsentieren:

- **Präsentation auf Ihrer Website.** Sie laden das Video auf Ihre Website hoch. Von dort wird es direkt von Ihren Besuchern abgerufen. Datenschutzrechtliche Probleme haben Sie damit nicht.
- **Präsentation auf einem Social-Media-Netzwerk.** Sie laden das Video auf einer geeigneten Plattform wie YouTube oder Vimeo hoch. Auf Ihrer Website kann es aber nicht betrachtet werden. Auch in diesem Fall haben Sie keine datenschutzrechtlichen Probleme zu befürchten.
- **Einbinden von einer Plattform.** Sie laden das Video auf eine Plattform wie YouTube oder Vimeo hoch und binden es auf Ihrer Website ein. Es kann also auf Ihrer Website betrachtet werden. Bei dieser Konstruktion werden Daten Ihrer Besucher an die jeweiligen Plattformbetreiber übertragen. Wenn Sie nicht mit dem Datenschutz in Konflikt geraten möchten, müssen Sie Ihre Besucher darüber informieren und deren Einverständnis einholen. Üblich ist dazu ein Banner, auf dem die Besucher beim ersten Aufruf Ihrer Website aktiv ihr Einverständnis erklären.

Merke: Videos auf einer Website, die über eine externe Plattform wie beispielsweise YouTube eingebunden werden, erfordern datenschutzrechtliche Maßnahmen.

Die rechtskonforme Präsentation fremder Videos

Aus urheberrechtlichen Gründen ist es absolut tabu, fremde Videos ohne ausdrückliche Erlaubnis direkt auf der eigenen Website zu präsentieren. Erlaubt sind aber diese Konstruktionen:

- **Videos mit Erlaubnis direkt auf der eigenen Website.** Manche Hersteller stellen Einzelhändlern gerne hochwertige Produktvideos zur Verfügung. Am besten erkundigen Sie sich dazu direkt bei Ihren Geschäftspartnern.
- **Einbinden von einer Plattform.** Sie binden ein fremdes Video, das sich auf einer Plattform wie YouTube oder Vimeo befindet, in Ihre Website ein. Urheberrechtlich haben Sie dabei wenig zu befürchten, allerdings werden die Daten Ihrer Besucher an die jeweiligen Plattformbetreiber übertragen. Wenn Sie nicht mit dem Datenschutz in Konflikt geraten möchten, müssen Sie Ihre Besucher darüber informieren und deren Einverständnis einholen. Üblich ist dazu ein Banner, auf dem die Besucher aktiv ihr Einverständnis erklären.

Merke: Fremde Videos sind durch das Urheberrecht geschützt. Die Einbindung über eine Plattform ist aber erlaubt, wenn datenschutzrechtliche Maßnahmen ergriffen wurden.

6.4 GEMA, GEZ und Musikrecht

Sie möchten fremde Musik für Ihr Marketing nutzen? Zum Einstieg in das Thema ist es hilfreich, zunächst einige Organisationen zu benennen und deren Aufgaben zu sortieren:

- **Der Beitragsservice von ARD, ZDF und Deutschlandradio.** Dieser Dienst ist auch noch unter dem früheren Namen **GEZ** (**G**ebühren**e**inzugs**z**entrale) bekannt.
- **Die GVL.** Die GVL (**G**esellschaft zur **V**erwertung von **L**eistungsschutzrechten) vertritt die Rechte der ausübende Künstler.
- **Die GEMA**. Die GEMA (**Ge**sellschaft für **m**usikalische **A**ufführungs- und mechanische Vervielfältigungsrechte) vertritt die Rechte der Komponisten und Textdichter.

Der ARD ZDF Deutschlandradio Beitragsservice

Der Beitragsservice von ARD, ZDF und Deutschlandradio ist ein integrativer Bestandteil der öffentlich-rechtlichen Sender. Seine Aufgabe ist der Einzug des sogenannten Rundfunkbeitrags. Mit diesem werden die öffentlich-rechtlichen Programme finanziert. Beitragspflichtig sind Haushalte, aber auch Unternehmen. Letztere müssen für jede Betriebsstätte den Rundfunkbeitrag abführen. Allerdings umfasst diese Zahlung noch nicht die öffentliche Aufführung von Musik in einem Verkaufsraum.

Achtung: Eine öffentliche Aufführung beginnt nicht erst mit einem Orchester, einer Band oder einem Sänger. Sobald in einem Verkaufsraum oder auch an einem Marktstand Melodien aus einem Lautsprecher erklingen, findet eine musikalische Aufführung statt. Für diese Aufführung müssen die Unternehmen Geld bezahlen, allerdings nicht an den Beitragsservice, sondern an die GEMA, die Gesellschaft für musikalische Aufführungsrechte.

An diesen Punkten kommen Sie als Unternehmen mit dem Beitragsservice in Berührung:

- Sie betreiben eine oder mehrere Betriebsstätten.
- Sie verfügen über Fahrzeuge, die beitragspflichtig sind.

Merke: Unternehmen sind für Ihre Betriebsstätten beitragspflichtig. Die Gebühren werden vom ARD ZDF Deutschlandradio Beitragsservice eingezogen.

Die GVL

Die GVL, die Gesellschaft zur Verwertung von Leistungsschutzrechten, ist im Gegensatz zum Beitragsservice eine Verwertungsgesellschaft. Sie hat, wie alle Verwertungsgesellschaften, die Rechtsform eines Vereins. Dabei handelt es sich nicht um einen gemeinnützigen Verein, denn die GVL verfolgt keine caritativen, sondern wirtschaftliche Ziele. Gewinnorientiert ist sie allerdings nicht, denn sie häuft keine Gelder an, sondern schüttet sie an ihre Mitglieder aus. Diese Mitglieder sind ausübende Künstler, also beispielsweise Sänger, Sängerinnen und Bands, sowie die Hersteller von Tonträgern. In der Musikbranche werden Letztere auch als Labels bezeichnet. Komponisten und Textdichter erhalten von der GVL hingegen keine Ausschüttung von Tantiemen. Die Schöpfer von Melodien und Liedtexten werden von der GEMA vertreten. Lizenzgebühren an die GVL müssen Sie lediglich dann bezahlen, wenn Ihr Unternehmen in einem dieser Bereiche tätig ist:

- Sie betreiben einen eigenen Ladenfunk.
- Sie betreiben ein eigenes Webradio.
- Sie betreiben eine Diskothek.

Merke: Die Verwertungsgesellschaft GVL nimmt die Rechte der ausübenden Künstler wahr.

Die GEMA

Die Verwertungsgesellschaft GEMA nimmt die Urheberrechte von Komponisten und Textdichtern wahr. Diese Wahrnehmung erstreckt sich auf einen sehr langen Zeitraum, nämlich bis 70 Jahre nach dem Tod eines Schöpfers. In der GEMA sind daher auch die Erben von Künstlern organisiert. Über Partnerverträge vertritt die GEMA Urheber aus nahezu allen Ländern der Erde.

Die GEMA als Ansprechpartner

Die GEMA vermittelt zwischen diesen beiden Gruppen:

- Die Urheber von Musik und Liedtexten und deren Erben. Beispiel: Die beiden noch lebenden Beatles und die Erben der beiden verstorbenen Mitglieder.
- Die Nutzer von Musik. Beispiele: Radiosender, YouTube, Konzertveranstalter und Streaming-Portale. Diese Nutzer haben dafür Lizenzverträge mit der GEMA abgeschlossen. Die Lizenzgebühren werden von der GEMA eingezogen und nach einem Verteilungsschlüssel an die Urheber ausgeschüttet.

Musik legal nutzen

Wenn Sie Musik legal nutzen möchten, beispielsweise zur Hinterlegung in einem von Ihnen produzierten Video, haben Sie fünf Möglichkeiten:

- Sie erwerben die Nutzungsrechte direkt vom Urheber.
- Sie erwerben die Nutzungsrechte von einer Verwertungsgesellschaft wie der GEMA (Deutschland), der AKM (Österreich) oder der SUISA (Schweiz).
- Sie nutzen GEMA-freie Musik. Lizenzen hierfür erhalten Sie beispielsweise auf der Website https://audiojungle.net.
- Sie beauftragen eine Agentur mit einer Auftragskomposition.

- Sie werden selbst kreativ. Dazu müssen Sie nicht zwingend komponieren. Sie dürfen, wenn Sie keine GEMA-Gebühren entrichten wollen, jederzeit Musik von Komponisten einspielen, deren Urheber seit mindestens 70 Jahren verstorben sind.

  Achtung: Waren mehrere Komponisten und Textdichter beteiligt, so endet die Frist 70 Jahre nach dem Tod es letzten Beteiligten.

Was Sie auf jeden Fall im sensiblen Feld des Musikrechts benötigen, ist eine nachprüfbare, schriftlich erhaltene Lizenz.

Merke: Keine Verwendung von fremder Musik ohne nachprüfbare Lizenz.

6.5 Das rechtskonforme Impressum

Zu den Pflichtaufgaben für alle Betreiber einer Website, ob mit oder ohne Shopfunktion, gehört das Anlegen und dauerhafte Zur-Verfügung-Stellen eines Impressums. Ausnahmen gelten lediglich für rein private Websites, wobei der Gesetzgeber die Grenzen hierfür sehr eng gesteckt hat. Auch eine Hobbyseite ist in der Regel impressumspflichtig.

Merke: Über 99 % aller Websites benötigen ein rechtskonformes Impressum.

Die Gültigkeit des Impressums

Ein Impressum ist erforderlich für:

- Ihre Website selbst sowie
- alle Ihrer Social-Media-Präsenzen.

Für die Social-Media-Netzwerke sollten Sie je Präsenz ein separates Impressum erstellen oder zumindest den dort zur Verfügung stehenden Platz ausnutzen und dann auf Ihr zentrales Impressum auf Ihrer Website verlinken. Auf Ihrer Website fügen Sie dann auch Angaben zur Gültigkeit hinzu.

Beispiel: Dieses Impressum gilt für folgende Präsenzen:

- die Website **meine-website.de**
- die Präsenz **facebook.com/meine.website**
- die Präsenz **twitter.com/meine_website**
- die Präsenz **instagram.com/meinewebsite**

Merke: Wenn der Platz in den Social-Media-Netzwerken nicht genügt, wird auf ein zentrales Impressum verlinkt.

Die Platzierung des Impressums

Legen Sie eine eigene Seite für das Impressum an. So behalten Sie alles im Blick und können bei Gesetzesänderungen die nötigen Anpassungen flott erledigen.

Vom Telemediengesetz strikt vorgeschrieben sind diese Formalien:

- leichte Erkennbarkeit
- ständige Verfügbarkeit
- unmittelbare Erreichbarkeit

Leichte Erkennbarkeit

Als Linktext haben sich Begriffe wie *Impressum* oder *Kontakt* eingebürgert. Der Begriff *Info* ist nicht eindeutig genug und deshalb problematisch! Am besten legen Sie eine Seite mit der URL *meine-website.de/impressum* an und verlinken sie mit dem Linktext *Impressum*.

Ständige Verfügbarkeit

Nicht rechtskonform ist es, den Text eines Impressums als Bild einzufügen. Das Impressum ist dann zwar vorhanden, aber nicht für alle verfügbar. Aus diesen zwei Gründen muss der Impressumstext im Browser lesbar sein:

- Keine Diskriminierung blinder Benutzer.
- Gewährleistung der Sichtbarkeit auch für Smartphone-User.

Ein Link auf die Impressumseite kann ohne böse Absicht verschwinden, zum Beispiel nachdem Sie an den Menüpunkten Ihrer Website "geschraubt" haben. Nach größeren Änderungen sollten Sie die Erreichbarkeit des Impressums deshalb noch einmal kontrollieren.

Unmittelbare Erreichbarkeit

Das Impressum muss vom Durchschnittsanwender ohne langes Suchen und Scrollen gut aufzufinden sein. Zur Umsetzung gibt es unterschiedliche Gerichtsurteile. Nach Ansicht des BGH ist die Erreichbarkeit über zwei Links ausreichend, aber die Rechtsprechung kann sich auch ändern. Besser ist die direkte Verlinkung. Es bleibt Ihnen überlassen, an welcher Stelle Sie zum Impressum verlinken. Sie können das Hauptmenü verwenden, würden damit aber wertvollen Platz belegen. Viele Webmaster verbannen den Impressumslink und andere Links zu Pflichtseiten (Datenschutz, Widerruf) deswegen in den Footer ihrer Website, also das untere Ende.

Merke: Das Impressum muss leicht erkennbar, ständig verfügbar und unmittelbar erreichbar sein.

Die Formalien des Impressums

Über die Notwendigkeit der Angabe einer Telefonnummer streiten sich die Gerichte. Im E-Commerce sollten Sie hier kein Risiko eingehen und sämtliche Kontaktdaten zur Verfügung stellen: Name, Adresse, Telefonnummer und E-Mail-Adresse.

Kompletter bürgerlicher Name

Sie haben sich einen Künstlernamen verliehen und verkaufen Ihre Bücher, Bilder, Gegenstände oder Musikstücke im eigenen Onlineshop? Das ist prima, aber nach dem Gesetz ist ein Künstler-, Spitz- oder Rufname, der nicht im Personalausweis steht, Ihre Privatangelegenheit. Was zählt, ist Ihr im Personalausweis eingetragener Name. Den müssen Sie komplett mit Vor- und Nachnamen im Impressum angeben. Sie müssten also, was erst ab einer gewissen Berühmtheit möglich ist, zuvor beim Einwohnermeldeamt antreten und Ihren Künstlernamen im amtlichen Dokument eintragen lassen.

Juristische Personen

Sie betreiben den Shop für einen Verein, eine GmbH oder eine andere rechtsfähige Gesellschaftsform? In diesem Fall spricht man von einer juristischen Person. Auch der Name der juristischen Person muss vollständig im Impressum vertreten sein, etwa:

- Kickers Ballhausen e.V.
- Mode Musterfrau GmbH

Achtung: Falls sich Ihr Unternehmen in Abwicklung oder Liquidation befindet, sind Sie auch hierüber im Impressum zu Angaben verpflichtet!

Geschäftsführung

Für jede juristische Person haften ein oder mehrere Geschäftsführer. Sie müssen alle mit vollem Namen benannt werden.

- Falsch: Geschäftsführer Hr. H. Obermaier und Fr. G. Müller.
- Richtig: Geschäftsführer Hans Obermaier und Gerda Müller.

Komplette Adresse

Nötig ist Ihre komplette Geschäftsadresse. Geben Sie Ihre Privatadresse an, falls Sie von zu Hause aus arbeiten. Nach Ansicht einiger Gerichte genügt ein Postfach als Adresse nicht!

Telefonnummer

Auch über die Notwendigkeit der Angabe einer Telefonnummer im Impressum streiten sich die Juristen. Beim Onlineshop sollten Sie auf jeden Fall eine Nummer angeben, schon weil der Kunde bei der Ausübung seines Widerrufsrechts nicht an einen bestimmten Weg gebunden ist und Sie die telefonische Möglichkeit nicht ausschließen sollten! Zudem schaffen Sie mit einer telefonischen Erreichbarkeit Vertrauen – ein wichtiges Gut im E-Commerce.

Keine Servicenummern im Impressum

Für den Widerruf eines Kunden dürfen keine höheren Telefongebühren als der Grundtarif verlangt werden. Teure Servicenummern, im Fachjargon auch Mehrwertnummern genannt, scheiden also aus. Gehen Sie kein Risiko ein und bieten Sie im Impressum eine Telefonnummer zum Ortstarif. Es hindert Sie natürlich niemand daran, einen Telefonsupport auch unter einer Mehrwertnummer anzubieten. Diese Nummer gehört aber nicht ins Impressum, sondern auf eine separate Supportseite.

Pflichtangaben zu Berufsbezeichnungen und Kammern

Für bestimmte Berufsgruppen gelten Pflichtangaben und zwar ganz unabhängig davon, ob die Website einen Shop beinhaltet. Betroffen sind zum Beispiel Akustiker, Ärzte, Apotheker, Architekten, Hebammen, Heilpraktiker, Ingenieure, Logopäden, Optiker, Rechtsanwälte, Spielhallenbetreiber, bestimmte Therapeuten und Wirtschaftsprüfer. Machen Sie sich bei Ihrer Berufsvertretung oder Ausbildungsstelle kundig, ob und welche Informationen im Impressum verpflichtend sind! Diese Angaben sind für viele Berufe vorgeschrieben:

- Die genaue Berufsbezeichnung.
- Informationen zu Erwerb und Gültigkeit Ihrer beruflichen Qualifikation, insbesondere zum Staat, in dem die Berufsbezeichnung verliehen wurde.
- Name und Anschrift einer Kammer oder anderen berufsständischen Vertretung.
- Name und Anschrift einer Aufsichtsbehörde.
- Links zu berufsspezifischen Gebührenordnungen.
- Links zu berufsspezifischen Gesetzen und Verordnungen.
- Bei bestimmten Dienstleistungen Angaben nach den Paragrafen 2 und 3 der Dienstleistungs-Informationspflichten-Verordnung (DL-InfoV).

Beispiel für berufsrechtliche Angaben einer Apothekenwebsite

- Gesetzliche Berufsbezeichnung, verliehen in Deutschland: Apotheker.
- Aufsichtsbehörde: Behörde für Gesundheit, Ernährung und Verbraucherschutz. 12345 Musterstadt. Paracelsusweg 1.
- Zuständige Apothekerkammer: Apothekerkammer Musterstadt (mit Link auf die Apothekerkammer hinterlegt).
- Es gelten die folgenden berufsrechtlichen Regelungen: Berufsordnung für die Apotheke, abzurufen bei der oben genannten Apothekerkammer: 16.11.2005 (mit Link auf die Berufsordnung der Apothekerkammer hinterlegt).

Denken Sie bei der Gestaltung des Impressums nicht nur an die rechtliche Seite, sondern auch an die Außenwirkung. Mit einer übersichtlichen Darstellung Ihrer beruflichen Qualifikationen erzielen Sie Vertrauen bei der Kundschaft. Hüten Sie sich aber davor, im Impressum Werbetexte zu platzieren, denn damit verstoßen Sie gegen das Wettbewerbsrecht. Sie dürfen nicht damit werben, dass Sie gesetzliche Pflichten erfüllen.

Die Steuernummer

Falls Sie eine Umsatzsteueridentifikationsnummer nach § 27a des Umsatzsteuergesetzes (UStG) besitzen, müssen Sie sie im Impressum auch angeben. Relevant ist sie sowohl für den mehrwertsteuerfreien Warenaustausch innerhalb der Europäischen Union (EU) wie auch für EU-Auslandsgeschäfte. Sollten Sie diese Nummer nicht besitzen und nicht als Kleinunternehmer anerkannt sein, beantragen Sie eine USt-IdNr bei Ihrem Finanzamt.

Nennung von Registereintragungen

Ihr Unternehmen oder Verein ist im Handels-, Vereins-, Genossenschafts- oder Partnerschaftsregister eingetragen? In diesem Fall müssen Sie angeben:

- Das zuständige Registergericht.
- Ihre Registernummer.

Nicht erforderlich ist die Angabe der genauen Gerichtsadresse. Es genügt diese Form: Handelsregisternummer: Amtsgericht Musterstadt, HRA 1234.

Verantwortlicher nach § 55 RStV (Rundfunkstaatsvertrag)

Wenn Sie nicht ausschließlich einen Shop betreiben, sondern auch redaktionelle Inhalte verbreiten, müssen Sie einen inhaltlich Verantwortlichen dafür benennen. Für die Platzierung des Hinweises gelten dieselben Spielregeln wie für das Impressum. Er muss »leicht erkennbar, unmittelbar erreichbar und ständig verfügbar« sein. Es spricht nichts dagegen, den Hinweis ins Impressum zu integrieren.

Beispiel: **Inhaltlich Verantwortlicher nach § 55 Abs. 2 RStV**
Stefan Sender
Müller und Sender GbR
Musterstraße 1
12345 Musterstadt

Vielleicht unterscheiden Sie in Ihrem Firmen- oder Vereinsblog redaktionelle Bereiche, die von unterschiedlichen Personen verantwortet werden? Unzulässig ist dann, einfach mehrere Namen aneinander zu reihen. Trennen Sie nach Ressorts. Beispiel:

- Inhaltlich verantwortlich für das Ressort Sport: Hans Ballhauer.
- Inhaltlich verantwortlich für das Ressort Gesundheit: Dr. med. Hildegard Lind.

Link auf Streitschlichtungsplattform

Für die meisten Onlineshops mit Sitz im EU-Raum ist ein Link auf diese EU-Streitschlichtungsplattform verpflichtend: https://ec.europa.eu/consumers/odr/.

Es spricht nichts dagegen, den Pflichtlink im Impressum zu platzieren. Als Begleittext können Sie diese Formulierung übernehmen:

> **„Die Europäische Kommission stellt eine Plattform zur Online-Streitbeilegung (OS) bereit. Die Plattform finden Sie unter https://ec.europa.eu/consumers/odr/".**

Noch ein Tipp: Schreiben Sie dazu, dass man Sie bei Streitfällen auch persönlich erreichen kann. Noch besser als eine neutrale Streitbeilegung ist der direkte Kontakt. Diesen Satz dürfen Sie in Ihr Impressum übernehmen:

> **»Irren ist menschlich und auch wir machen Fehler. Wenn Sie sich über etwas geärgert haben, dann schicken Sie uns eine E-Mail oder rufen Sie uns an!«**

> **Merke:** Zu den Formalien des Impressums zählen der komplette Name, die komplette Anschrift sowie Angaben, die von der Rechtsform und dem Geschäftsmodell abhängig sind.

Musterimpressum

Im Folgenden finden Sie für verschiedene Rechtsformen ein Musterimpressum. Sie müssen nur noch Ihre Daten einsetzen und die Elemente für berufsrechtliche Regelungen, Rundfunkstaatsvertrag und Streitschlichtungsplattform hinzufügen.

Gewerbetreibender ohne Eintrag ins Handelsregister

Johann Jericho
Musterstraße 1
12345 Musterhausen
Tel. 123 / 456789
Fax. 123 / 456788
E-Mail: info@johannjericho.de
Ust-IDNr.: DE 12345678

Kaufmann mit Eintrag im Handelsregister

Firma Mustermann e.K.
Geschäftsführer: Otto Mustermann
Beispielstr. 5
12345 Beispielstadt
Tel. 123 / 456789
Fax. 123 / 456788
E-Mail: info@mustermann.de
Registergericht und Handelsregisternummer:
Amtsgericht Beispielstadt HRB 1234
USt-IDNr.: DE 123456789

GbR (Gesellschaft bürgerlichen Rechts)

Bei der GbR sind alle Gesellschafter anzugeben. Zwei sind es mindestens, denn das ist die Voraussetzung einer GbR.

> **Mustermann und Schneider GbR**
> **Gesellschafter:**
> **Monika Mustermann**
> **Max Schneider**
> **Flotte Straße 42**
> **12345 Modenhausen**
> **Tel. 123 / 456789**
> **Fax. 123 / 456788**
> **E-Mail: info@mustermann.de**
> **USt-IDNr.: DE 123456789**

GmbH (Gesellschaft mit beschränkter Haftung)

Bei der GmbH ist der bzw. sind die vertretungsberechtigten Geschäftsführer anzugeben. Im Beispiel ist Monika Mustermann allein vertretungsberechtigt.

> **Modehaus Musterfrau GmbH**
> **Vertretungsberechtigte Geschäftsführerin: Monika Musterfrau**
> **Flotte Straße 42**
> **12345 Modenhausen**
> **Tel. 123 / 456789**
> **Fax. 123 / 456788**
> **E-Mail: info@mode-mustermann.de**
> **Sitz: Modenhausen**
> **Registergericht und Handelsregisternummer:**
> **Amtsgericht Modenhausen HRB 1234**
> **USt-Id-Nr.: DE 123456789**

Falls Sie im Impressum Angaben über das Kapital Ihrer Gesellschaft einfügen: Nach §5 Abs. 1. Nr. 1 TMG muss die Höhe des Stamm- oder Grundkapitals aufgeführt sein. Bei allen anderen Angaben zum Kapital könnte man Ihnen eine unlautere Absicht unterstellen.

e. V. (Eingetragener Verein)

Sie arbeiten für einen eingetragenen Verein? Gar noch ehrenamtlich, für den Sport oder für einen guten Zweck? Für einen Verein gelten dieselben Impressumsregeln wie für eine Firma. Die Vertretungsberechtigten müssen korrekt benannt werden.

Schauen Sie also genau in die Satzung. Irgendwo steht da etwas über die Vertretung und die Geschäftsführung. In vielen kleineren Vereinen gibt es einen Vorsitzenden und einen Stellvertreter, die beide einzeln für den Verein vertretungsberechtigt sind. In größeren Vereinen arbeiten Vorstand und Geschäftsführung häufig getrennt. Für das Impressum relevant ist die Geschäftsführung.

Denken Sie daran, dass die Posten in einem Verein häufiger neu besetzt werden. Aus diesem Grund werden die Mitgliederversammlungen protokolliert. Bringen Sie das Impressum nach personellen Änderungen immer auf den aktuellen Stand.

Musterimpressum für einen Verein, der durch den Vorsitzenden und die stellvertretenden Vorsitzenden einzeln vertreten wird:

Kickers Ballhausen e.V.
vertreten durch:
Gerd Schütze (Vorsitzender)
Petra Zielwasser (Stellv. Vorsitzende)
Am Sportplatz 1
12345 Ballhausen
Tel. 123 / 456789
Fax. 123 / 456788
E-Mail: info@kickers-ballhausen.de
Sitz: Ballhausen
USt-IdNr.: DE 123456789
Vereinsregister-Nr 1234
Registergericht Ballhausen

Ist der Vereinsvorsitzende gleichzeitig Geschäftsführer, beginnen Sie das Impressum mit dieser Formulierung:

Kickers Ballhausen e.V.
vertreten durch den geschäftsführenden Vorsitzenden:
Gerd Schütze.

Merke: Im Impressum eines Unternehmens oder Vereins müssen alle vertretungsberechtigten Personen angegeben werden.

6.6 Das Widerrufsrecht und die Streitschlichtungsverordnung

Diese beiden Vorschriften gelten nicht im stationären Handel, sondern ausschließlich für den E-Commerce:

- Das Widerrufsrecht.
- Die Streitschlichtungsverordnung.

Beides müssen Sie beachten, um keine Abmahnung zu riskieren.

Die Rechtsquelle für den Widerruf

Das Widerrufsrecht räumt den Verbrauchern eine 14-tägige Frist ein, um einen im Onlinehandel getätigten Kaufvertrag rückgängig zu machen. Rechtsquelle für das Widerrufsrecht ist das Bürgerliche Gesetzbuch (BGB):

§ 355 Widerrufsrecht bei Verbraucherverträgen

> **(1) Wird einem Verbraucher durch Gesetz ein Widerrufsrecht nach dieser Vorschrift eingeräumt, so sind der Verbraucher und der Unternehmer an ihre auf den Abschluss des Vertrags gerichteten Willenserklärungen nicht mehr gebunden, wenn der Verbraucher seine Willenserklärung fristgerecht widerrufen hat. Der Widerruf erfolgt durch Erklärung gegenüber dem Unternehmer. Aus der Erklärung muss der Entschluss des Verbrauchers zum Widerruf des Vertrags eindeutig hervorgehen. Der Widerruf muss keine Begründung enthalten. Zur Fristwahrung genügt die rechtzeitige Absendung des Widerrufs.**
>
> **(2) Die Widerrufsfrist beträgt 14 Tage. Sie beginnt mit Vertragsschluss, soweit nichts anderes bestimmt ist.**
>
> **(3) Im Falle des Widerrufs sind die empfangenen Leistungen unverzüglich zurückzugewähren. Bestimmt das Gesetz eine Höchstfrist für die Rückgewähr, so beginnt diese für den Unternehmer mit dem Zugang und für den Verbraucher mit der Abgabe der Widerrufserklärung. Ein Verbraucher wahrt diese Frist durch die rechtzeitige Absendung der Waren. Der Unternehmer trägt bei Widerruf die Gefahr der Rücksendung der Waren."**

Merke: Der Zeitraum für den Widerruf beträgt 14 Tage mit Vertragsabschluss.

Die Basics zum Widerrufsrecht

Wie aus dem ersten Absatz hervorgeht, bezieht sich das Widerrufsrecht nur auf den Bereich B2C, also zwischen Unternehmen und Verbrauchern. Keine Verwendung findet es im B2B-Handel.

Keine Begründung notwendig

Das Widerrufsrecht räumt dem Verbraucher die Möglichkeit ein, einen Vertragsschluss ohne Angabe von Gründen innerhalb der gesetzlich vorgegebenen Frist zu widerrufen. Nicht verwechselt werden dürfen die Ansprüche aus dem Widerrufs- und dem Gewährleistungsrecht.

Unterschied zwischen Widerruf und Gewährleistung

- **Gewährleistungsrecht:** Ansprüche aus dem Gewährleistungsrecht hat ein Kunde nur bei einer mangelhaften Leistung des Händlers, also beim Vorliegen eines Sach- oder Rechtsmangels.

- **Widerrufsrecht:** Ansprüche aus dem Widerrufsrecht hat der Kunde auch dann, wenn der Händler eine mangelfreie Leistung erbracht hat.

Merke: Widerruft der Kunde im E-Commerce einen Vertragsschluss innerhalb von 14 Tagen, so muss der Händler den Vertrag rückabwickeln und den Kaufpreis rückerstatten.

Rechtliche Vorgaben zur Gestaltung

Jeder Händler ist bei der Gestaltung des Onlineshops an rechtliche Vorgaben gebunden, die dem Verbraucher die Ausübung des Widerrufsrechts erleichtern. Drei Elemente müssen in einem Onlineshop platziert sein, am besten auf einer eigens angelegten Widerrufsseite:

1. **Widerrufsbelehrung:** Dieser Rechtstext bildet den ersten Teil der Widerrufsseite. Er muss nach den Gestaltungshinweisen des Einführungsgesetzes zum Bürgerlichen Gesetzbuch (EGBGB) modifiziert werden.
2. **Folgen des Widerrufs:** Dieser Rechtstext bildet den zweiten Teil der Widerrufsseite. Er muss ebenfalls nach den Gestaltungshinweisen des EGBGB modifiziert werden.
3. **Widerrufsformular:** Der Händler muss im Shop ein Widerrufsformular zur Verfügung stellen. Der Verbraucher hat die Wahl, ob er dieses Formular verwenden möchte, oder den Widerruf auch schriftlich, telefonisch oder per E-Mail erklärt. Die technische Form des Widerrufsformulars ist nicht vorgegeben. Möglich ist ebenso ein PDF zum Download wie ein Webformular zur direkten Eingabe.

Der Gesetzgeber schreibt vor, dass der Eingang eines Widerrufs unverzüglich vom Händler bestätigt werden muss. Mit dieser Regelung hat der Kunde die Sicherheit, dass die Frist von 14 Tagen nicht durch eine vom Händler verschuldete Verzögerung überschritten werden kann.

Achten Sie deshalb darauf, dass die entsprechenden Automatismen zur Empfangsbestätigung eingerichtet sind und auf ihre Funktionsfähigkeit geprüft wurden:

- **Widerruf per Eingabeformular:** automatisch versendete Bestätigungs-E-Mail an den Absender des Eingabeformulars, am besten von einer eindeutigen E-Mail-Adresse wie *widerruf@mein-unternehmen.de*.
- **Widerruf per E-Mail:** Einrichtung eines E-Mail-Responders, in dem der Eingang des Widerrufs bestätigt wird.

Merke: Zwei Rechtstexte (Widerrufsbelehrung, Folgen des Widerrufs) und das Widerrufsformular müssen vom Händler zur Verfügung gestellt werden.

Eigene Widerrufsseite

Wie für die AGB, das Impressum und die Datenschutzerklärung ist auch für den Widerruf eine separate Seite am zweckmäßigsten. Keinesfalls darf die Widerrufserklärung in die AGB integriert werden. Die Widerrufserklärung muss mit einem eindeutigen und sprechenden Linktext erreichbar sein.

- Geeignete Bezeichnung: **Widerrufsbelehrung**
- Ungeeignete Bezeichnung: **Informationen**

Das aktuelle Widerrufsrecht gilt seit dem 13. Juni 2014. Leider hat der Gesetzgeber den Händlern mit der Widerrufsbelehrung eine echte Knobelaufgabe gestellt:

Vorgegeben ist ein Basistext, der durch weitere, ebenfalls strikt vorgegebene Phrasen, den sogenannten Gestaltungshinweisen, ergänzt werden muss. Mit Letzteren soll die Widerrufserklärung von den Händlern angepasst werden.

Best Practice Widerrufsbelehrung

Falls Sie Ihre Widerrufsbelehrung selbst erstellen möchten, finden Sie hier einen Mustertext zum Anpassen:

Widerrufsbelehrung

Widerrufsrecht

Sie haben das Recht, binnen vierzehn Tagen ohne Angabe von Gründen diesen Vertrag zu widerrufen.

Die Widerrufsfrist beträgt vierzehn Tage ab dem Tag, an dem Sie oder ein von Ihnen benannter Dritter, der nicht der Beförderer ist, die letzte Ware in Besitz genommen haben bzw. hat.

Um Ihr Widerrufsrecht auszuüben, müssen Sie uns,

Mein Unternehmen GmbH
Musterstraße 42
12345 Musterstadt

Tel.: 01234/ 56789
Fax: 01234/ 56788

E-Mail: widerruf@mein-unternehmen.de

mittels einer eindeutigen Erklärung (z. B. ein mit der Post versandter Brief, Telefax oder E-Mail) über Ihren Entschluss, diesen Vertrag zu widerrufen, informieren. Sie können dafür das beigefügte Muster-Widerrufsformular verwenden, das jedoch nicht vorgeschrieben ist.

Sie können das Muster-Widerrufsformular oder eine andere eindeutige Erklärung auch auf unserer Webseite *mein-unternehmen.de/widerruf* elektronisch ausfüllen und übermitteln. Machen Sie von dieser Möglichkeit Gebrauch, so werden wir

Ihnen unverzüglich (z. B. per E-Mail) eine Bestätigung über den Eingang eines solchen Widerrufs übermitteln.

Zur Wahrung der Widerrufsfrist reicht es aus, dass Sie die Mitteilung über die Ausübung des Widerrufsrechts vor Ablauf der Widerrufsfrist absenden.

Folgen des Widerrufs

Wenn Sie diesen Vertrag widerrufen, haben wir Ihnen alle Zahlungen, die wir von Ihnen erhalten haben, einschließlich der Lieferkosten (mit Ausnahme der zusätzlichen Kosten, die sich daraus ergeben, dass Sie eine andere Art der Lieferung als die von uns angebotene, günstigste Standardlieferung gewählt haben), unverzüglich und spätestens binnen vierzehn Tagen ab dem Tag zurückzuzahlen, an dem die Mitteilung über Ihren Widerruf dieses Vertrags bei uns eingegangen ist. Für diese Rückzahlung verwenden wir dasselbe Zahlungsmittel, das Sie bei der ursprünglichen Transaktion eingesetzt haben, es sei denn, mit Ihnen wurde ausdrücklich etwas anderes vereinbart; in keinem Fall werden Ihnen wegen dieser Rückzahlung Entgelte berechnet.

Wir können die Rückzahlung verweigern, bis wir die Ware wieder zurückerhalten haben oder bis Sie den Nachweis erbracht haben, dass Sie die Waren zurückgesandt haben, je nachdem, welches der frühere Zeitpunkt ist.

Sie haben die Waren unverzüglich und in jedem Fall spätestens binnen vierzehn Tagen ab dem Tag, an dem Sie uns über den Widerruf dieses Vertrags unterrichten, an uns zurückzusenden oder zu übergeben. Die Frist ist gewahrt, wenn Sie die Waren vor Ablauf der Frist von vierzehn Tagen absenden.

Sie tragen die unmittelbaren Kosten der Rücksendung der Waren.

Sie müssen für einen etwaigen Wertverlust der Waren nur aufkommen, wenn dieser Wertverlust auf einen zur Prüfung der Beschaffenheit, Eigenschaften und Funktionsweise der Waren nicht notwendigen Umgang mit ihnen zurückzuführen ist.

Im Internet finden Sie die gesetzliche Vorlage hier:
https://www.buzer.de/gesetz/5257/a166712.htm

Das Widerrufsformular

Ein Unternehmen hat die Pflicht, den Verbraucher auf das Widerrufsformular hinzuweisen. Üblich ist ein Link gleich unterhalb der Widerrufsbelehrung. Den Text des Formulars können Sie von dieser Website übernehmen:
http://www.gesetze-im-internet.de/bgbeg/art_253anlage_2.html.

Der Formulartext (Muster)

Widerrufsformular

Wenn Sie den Vertrag widerrufen wollen, dann füllen Sie bitte dieses Formular aus und senden Sie es zurück.

An die Mein Unternehmen GmbH, Musterstraße 1, 12345 Musterstadt, Deutschland, Telefonnummer: 049 1234 56789, E-Mail-Adresse: *widerruf@mein-unternehmen.de*.

-Hiermit widerrufe(n) ich/wir (*) den von mir/uns (*) abgeschlossenen Vertrag über den Kauf der folgenden Waren (*)/ die Erbringung der folgenden Dienstleistung (*)

-Bestellt am (*)/erhalten am (*)

-Name des/der Verbraucher(s)

-Anschrift des/der Verbraucher(s)

-Unterschrift des/der Verbraucher(s) (nur bei Mitteilung auf Papier)

-Datum:

———

(*) Unzutreffendes bitte streichen

Merke: Die Rechtstexte auf der Widerrufsseite sind an strenge Vorgaben gebunden. Sie dürfen nicht eigenmächtig abgeändert werden.

Ausschlüsse vom Widerrufsrecht

Bestimmte Waren und Dienstleistungen sind vom Widerrufsrecht ausgeschlossen. Leider sind diese aber in der gesetzlich vorgeschriebenen Muster-Widerrufsbelehrung nicht integriert.

Die Ausschlüsse müssen Sie so platzieren, dass sie keinen Teil der eigentlichen und strikt vorgeschriebenen Belehrung bilden, aber doch für die Kunden sichtbar sind. Gebräuchlich ist eine Platzierung auf der Widerrufsseite unterhalb der beiden anderen Rechtstexte (Widerrufsbelehrung und Folgen des Widerrufs).

Mustertext für Ausschlüsse zum Widerrufsrecht

Das Widerrufsrecht besteht, soweit die Parteien nichts Anderes vereinbart haben, nicht bei folgenden Verträgen:

1 Verträge zur Lieferung von Waren, die nicht vorgefertigt sind und für deren Herstellung eine individuelle Auswahl oder Bestimmung durch den Verbraucher maßgeblich ist oder die eindeutig auf die persönlichen Bedürfnisse des Verbrauchers zugeschnitten sind,

2 Verträge zur Lieferung von Waren, die schnell verderben können oder deren Verfallsdatum schnell überschritten würde,

3 Verträge zur Lieferung versiegelter Waren, die aus Gründen des Gesundheitsschutzes oder der Hygiene nicht zur Rückgabe geeignet sind, wenn ihre Versiegelung nach der Lieferung entfernt wurde,

4 Verträge zur Lieferung von Waren, wenn diese nach der Lieferung auf Grund ihrer Beschaffenheit untrennbar mit anderen Gütern vermischt wurden,

5 Verträge zur Lieferung alkoholischer Getränke, deren Preis bei Vertragsschluss vereinbart wurde, die aber frühestens 30 Tage nach Vertragsschluss geliefert werden können und deren aktueller Wert von Schwankungen auf dem Markt abhängt, auf die der Unternehmer keinen Einfluss hat,

6 Verträge zur Lieferung von Ton- oder Videoaufnahmen oder Computersoftware in einer versiegelten Packung, wenn die Versiegelung nach der Lieferung entfernt wurde,

7 Verträge zur Lieferung von Zeitungen, Zeitschriften oder Illustrierten mit Ausnahme von Abonnement-Verträgen,

8 Verträge zur Lieferung von Waren oder zur Erbringung von Dienstleistungen, einschließlich Finanzdienstleistungen, deren Preis von Schwankungen auf dem Finanzmarkt abhängt, auf die der Unternehmer keinen Einfluss hat und die innerhalb der Widerrufsfrist auftreten können, insbesondere Dienstleistungen im Zusammenhang mit Aktien, mit Anteilen an offenen Investmentvermögen im Sinne von § 1 Absatz 4 des Kapitalanlagegesetzbuchs und mit anderen handelbaren Wertpapieren, Devisen, Derivaten oder Geldmarktinstrumenten,

9 vorbehaltlich des Satzes 2 Verträge zur Erbringung von Dienstleistungen in den Bereichen Beherbergung zu anderen Zwecken als zu Wohnzwecken, Beförderung von Waren, Kraftfahrzeugvermietung, Lieferung von Speisen und Getränken sowie zur Erbringung weiterer Dienstleistungen im Zusammenhang mit Freizeitbetätigungen, wenn der Vertrag für die Erbringung einen spezifischen Termin oder Zeitraum vorsieht,

10 Verträge, die im Rahmen einer Vermarktungsform geschlossen werden, bei der der Unternehmer Verbrauchern, die persönlich anwesend sind oder denen diese Möglichkeit gewährt wird, Waren oder Dienstleistungen anbietet, und zwar in einem vom Versteigerer durchgeführten, auf konkurrierenden Geboten basierenden transparenten Verfahren, bei dem der Bieter, der den Zuschlag erhalten hat, zum Erwerb der Waren oder Dienstleistungen verpflichtet ist (öffentlich zugängliche Versteigerung),

11 Verträge, bei denen der Verbraucher den Unternehmer ausdrücklich aufgefordert hat, ihn aufzusuchen, um dringende Reparatur- oder Instandhaltungsarbeiten vorzunehmen; dies gilt nicht hinsichtlich weiterer bei dem Besuch erbrachter Dienstleistungen, die der Verbraucher nicht ausdrücklich verlangt hat, oder hinsichtlich solcher bei dem Besuch gelieferter Waren, die bei der Instandhaltung oder Reparatur nicht unbedingt als Ersatzteile benötigt werden,

12 Verträge zur Erbringung von Wett- und Lotteriedienstleistungen, es sei denn, dass der Verbraucher seine Vertragserklärung telefonisch abgegeben hat oder der Vertrag außerhalb von Geschäftsräumen geschlossen wurde, und

13 notariell beurkundete Verträge; dies gilt für Fernabsatzverträge über Finanzdienstleistungen nur, wenn der Notar bestätigt, dass die Rechte des Verbrauchers aus § 312d Absatz 2 gewahrt sind.

Rechtsgrundlage für diese Ausschlüsse ist § 312 BGB. Sie finden den Paragrafen unter dieser URL: https://www.gesetze-im-internet.de/bgb/__312g.html.

Merke: Auch die etwaigen Ausschlüsse vom Widerrufsrecht sind an strenge Vorgaben gebunden.

Die Streitschlichtungsverordnung

Alle E-Commerce-Unternehmen mit Sitz in der EU sind dazu verpflichtet, einen Link auf folgende Plattform zu setzen: https://ec.europe.eu/consumers/odr/.

Der Link führt auf die ODR-Plattform der EU. Das Kürzel steht für Online Disput Resolution, also Onlinestreitbeilegung. Die wichtigsten Merkmale dieses Verfahrens:

- Verbraucher können eine Beschwerde gegen Händler einreichen.
- Händler können eine Beschwerde gegen Verbraucher einreichen.
- Die Schlichtung erfolgt über eine unabhängige und unparteiische Instanz.
- Die Schlichtung erfolgt außergerichtlich und damit schnell und relativ kostengünstig.

Der Linktext

Muster für einen Begleittext zum Link:

> Die EU-Kommission bietet die Möglichkeit zur Onlinestreitbeilegung auf einer von ihr betriebenen Onlineplattform. Diese Plattform ist über den Link https://ec.europe.eu/consumers/odr/ zu erreichen.

Achtung: Auch Händler und Dienstleister, die nur Kunden innerhalb Deutschlands beliefern, sind zu einem Link auf die europäische Plattform verpflichtet. Entscheidend ist der Firmensitz. Der Link muss von Ihnen gesetzt werden, wenn Sie innerhalb der EU residieren.

Nicht ausreichend ist das bloße Einfügen des Linktexts. Der Link muss anklickbar sein. Ein Fehlen verletzt das Wettbewerbsrecht.

Nichtteilnahme an der Onlinestreitbeilegung

Nun ist zwar der Link auf die europäische Plattform verpflichtend, aber nicht in jedem Fall die Teilnahme an der Streitschlichtung. Abhängig ist dies von Ihrem Geschäftsmodell, Anwälte und Unternehmen der Energieversorgung müssen beispielsweise am ODR-Verfahren teilnehmen.

Falls Sie sich, am besten nach anwaltlicher Beratung, zur Nichtteilnahme am Streitschlichtungsverfahren entschlossen haben, empfiehlt sich folgende Kombination aus Link und Hinweistext, den Sie im Impressum oder den AGB unterbringen können:

> Die EU-Kommission bietet die Möglichkeit zur Onlinestreitbeilegung auf einer von ihr betriebenen Onlineplattform. Diese Plattform ist über den Link *https://ec.europe.eu/consumers/odr/* zu erreichen. Zur Teilnahme an einem Streitschlichtungsverfahren sind wir nicht verpflichtet und können die Teilnahme an einem solchen Verfahren leider auch nicht anbieten.

Merke: Ein Link zur ODR-Plattform ist für alle Unternehmen mit Sitz in der EU in jedem Fall Pflicht, eine Teilnahme zum ODR-Verfahren aber nur in wenigen Fällen.

6.7 Das Verpackungsgesetz

Zum Januar 2019 ist das deutsche Verpackungsgesetz (VerpackG) in Kraft getreten. Davon betroffen sind Hersteller und Händler. Alles, was beim Endverbraucher an Verpackung landet, muss von Ihnen lizenziert werden.

Verpackung in Umlauf bringen

Lizenzpflichtig ist, wer eine Verpackung zum ersten Mal in Umlauf bringt, und zwar unabhängig von der Betriebsgröße. Sie fallen also auch schon dann unter das Gesetz, wenn Sie bei einigen wenigen Paketen die Originalverpackung eines Herstellers mit einer Umverpackung versehen. Lizenzieren müssen Sie ab der ersten von Ihnen in Verkehr gebrachten Verpackung. Lizenznehmer sind zugelassene Recycling-Anbieter des Dualen Systems. Dual heißt das System, weil der Industrie und dem Handel zwei Arten von Anbietern zur Verfügung stehen: öffentliche und privatwirtschaftliche. Diese Anbieter sorgen dann dafür, dass die Verpackungen wieder recycelt werden.

Merke: Wer eine Verpackung zum ersten Mal mit einer Ware befüllt, ist zur Lizenzierung verpflichtet.

Betroffene Verpackungen

Zu den betroffenen Verpackungen zählen sowohl die Produktverpackungen wie auch Service- und Versandverpackungen und Füllmaterial. Typisch sind Materialien wie Karton, Pappe, Papier, Luftpolsterfolie aber auch Glas und Kunststoffe. Beachten Sie dabei: Verpackungen, die Sie in Deutschland von einem registrierten und lizensierten Hersteller oder Großhändler erhalten haben, sind ihrerseits nicht mehr registrierungspflichtig. Anders sieht die Rechtslage aus, wenn Sie die Ware aus dem Ausland importieren.

Merke: Betroffen sind alle Verpackungsmaterialien, auch Papier und Pappe.

Pflichten für Händler

Nehmen Sie die Lizenzierungspflicht nicht auf die leichte Schulter, denn sonst begehen Sie eine Ordnungswidrigkeit, die mit Bußgeldern von bis zu 200.000 € belegt ist. Was Sie konkret tun müssen:

- Einen zugelassenen Anbieter des Dualen Systems kontaktieren, zum Beispiel via *eko-punkt.de*, *gruener-punkt.de*, *landbell.de*, *lizenzero.de* oder *veolia.de*. Der jeweilige Anbieter berechnet das Lizenzentgelt anhand der Verpackungsarten und der Verpackungsmengen.
- Registrierung Ihres Unternehmens im Verpackungsregister LUCID: https://lucid.verpackungsregister.org/. Dieses Register gehört zur Kontrollinstanz des Verpackungsgesetzes, nämlich der Zentralen Stelle Verpackungsregister ZSVR: https://www.verpackungsregister.org/.
- Jährliche Meldung Ihrer in Verkehr gebrachten Verpackungsmengen an das ZSVR.

Merke: Händler benötigen einen Partner des Dualen Systems und müssen sich beim Verpackungsregister registrieren.

6.8 Gesetze für bestimmte Geschäftsmodelle

Für bestimmte Waren und Dienstleistungen gelten spezielle Vorschriften, die Sie auch im Onlinehandel akribisch einhalten müssen. Vier davon werden hier kurz vorgestellt:

- Buchpreisbindungsgesetz
- Textilkennzeichnungsgesetz
- Elektrogesetz und Batteriegesetz
- Lebensmittelinformationsverordnung

Das Buchpreisbindungsgesetz

Das Buchpreisbindungsgesetz schreibt vor, dass ein Buch, egal ob gedruckt oder als E-Book, bei allen Verkaufsstellen zum selben Preis angeboten werden muss. Eine Unterscheidung zwischen Online- und Offlinehandel gibt es dabei nicht. Mit einer Abmahnung durch einen Wettbewerber oder den Börsenverein des Deutschen Buchhandels muss rechnen, wer die Buchpreisbindung umgeht. Ausnahmen sind lediglich für einige Sonderfälle vorgesehen. Weitere Informationen finden Sie hier: https://www.boersenverein.de/beratung-service/recht/buchpreisbindung/.

Explizit verboten ist es, die Buchpreisbindung über Bundles zu umgehen, also beispielsweise ein Buch in Verbindung mit einem Geschenkartikel billiger anzubieten. Was hingegen erlaubt ist: Der Verzicht auf die Versandgebühren beim Buchverkauf.

Merke: Das Buchpreisbindungsgesetz darf nicht durch Rabatte ausgehebelt werden.

Das Textilkennzeichnungsgesetz

Das deutsche Textilkennzeichnungsgesetz können Sie hier nachlesen: https://www.gesetze-im-internet.de/textilkennzg_2016/.

Dieses Textilkennzeichnungsgesetz basiert auf einer EU-Verordnung, wobei letztere immer wieder ergänzt wird. Diese Ergänzungen fließen aber immer erst nach einer gewissen Zeit in die deutsche Rechtsprechung ein. Wenn Sie mit Textilien handeln, haben Sie drei Optionen:

- Sie arbeiten sich selbst in die Materie ein. Nutzen Sie dabei auch diese Quelle: https://eur-lex.europa.eu/homepage.html. Geben Sie dann Folgendes in die *Interne Suche* ein: *1007/2011*.
- Sie nehmen anwaltliche Hilfe in Anspruch.
- Sie machen sich bei Fachverbänden kundig, zum Beispiel hier: https://textil-mode.de/de/newsroom/blog/textilkennzeichnung/.

Merke: Das Textilkennzeichnungsgesetz verlangt eine sehr genau Kennzeichnung von Textilien und Produkten, die textile Bestandteile enthalten.

Elektrogesetz und Batteriegesetz

Zu Ihrem Sortiment gehören Elektrogeräte, Lampen, Batterien oder Geräte, die Batterien enthalten? Dann sind Sie von diesen Gesetzen betroffen:

- Das Elektrogesetz in der aktuellen Form. Die dritte Novelle trat am 01.01.2022 in Kraft und trägt das Kürzel **ElektroG3**. Informationen hierzu finden Sie unter der privaten Website https://www.elektrogesetz.de/.
- Das Batteriegesetz in der aktuellen Form. Die zweite Novelle trat 2021 in Kraft und trägt das Kürzel **BattG2.** Informationen hierzu finden Sie unter der privaten Website https://www.batteriegesetz.de/.

Das Elektro-Altgeräte-Register

Die amtliche Website zu beiden Gesetzen finden Sie unter https://www.stiftung-ear.de/. Das Kürzel **EAR** steht für **E**lektro-**A**ltgeräte-**R**egister. Auf dieser Website müssen Sie sich registrieren, wenn Sie mit bestimmten Produkten handeln, und anschließend eine Reihe behördlicher Auflagen erfüllen. Geregelt sind beispielsweise Ihre Pflichten zur Rücknahme, zur Übergabe an Entsorgungsträger und zur Kundeninformation. Außerdem sind Sie zur Abgabe von monatlichen und jährlichen Mitteilungen an das EAR verpflichtet.

> **Merke**: Beim Handel mit Elektrogeräten oder Batterien ist eine Registrierung im Elektro-Altgeräte-Register erforderlich.

Die Lebensmittelinformationsverordnung

Die Lebensmittelinformationsverordnung (LMIV) gilt in allen Mitgliedsstaaten der EU. Sie legt fest, welche Informationen über ein Lebensmittel dem Verbraucher zur Verfügung gestellt werden müssen. Darunter fallen beispielsweise Angaben über Allergene und diese sechs Nährstoffe: Fett, gesättigte Fettsäuren, Kohlenhydrate, Zucker, Eiweiß und Salz.

Pflichtangaben im Onlineshop

Im Onlineshop müssen die LMIV-Pflichtangaben den Kundinnen und Kunden vor Abschluss des Vertrags zur Verfügung stehen. Ausnahmen gibt es lediglich für das Mindesthaltbarkeitsdatum. Dies muss erst zum Zeitpunkt der Lieferung angegeben werden. Falls Sie Ihren Shop mit WooCommerce betreiben, empfiehlt sich der Einsatz des Plugins German Market. Sie finden darin ein LMIV-Add-on, das Sie durch die Zusammenstellung der Pflichtangaben führt und die Darstellung in der Besucheransicht Ihres Shops erheblich vereinfacht.

> **Merke**: Beim Handel mit Lebensmittel muss der Verbraucher vor dem Kauf über bestimmte Inhaltsstoffe nach den Vorgaben der Lebensmittelinformationsverordnung informiert werden.

6.9 One-Stop-Shop: Was Sie steuerlich beim Versand ins Ausland beachten müssen

Sie liefern über unsere Landesgrenzen hinaus? Dann müssen Sie auch die steuerrechtlichen Regeln beachten. In diesem Buch finden Sie die wichtigsten Bestimmungen für den grenzüberschreitenden Handel innerhalb der EU.

Die neue Lieferschwelle von 10.000 Euro

Zum 1. Juli 2021 hat die EU das Umsatzsteuerrecht reformiert. Vor diesem Datum galten nämlich von Land zu Land sehr unterschiedliche Schwellwerte für den grenzüberschreitenden B2C-Handel, nämlich zwischen 35.000 Euro und 100.000 Euro. Seither wurde folgende Harmonisierung durchgeführt:

Die Lieferschwelle liegt nun einheitlich bei 10.000 Euro netto pro Jahr. Dabei gilt: Ein Unternehmen, das diese Schwelle in der Summe überschreitet, ist in jedem EU-Land steuerpflichtig. Zur Berechnung der Schwelle werden die Versandkosten mit einbezogen.

Beispiel: Ein deutsches Unternehmen verkauft für 8.000 Euro Waren nach Belgien, für 6.000 Euro nach Dänemark und für 20 Euro nach Frankreich. Damit hat das Unternehmen die Schwelle von 10.000 Euro überschritten und ist in jedem Land der EU steuerpflichtig, in das es liefert. Auch die Sendungen nach Frankreich, die nur einen Wert von 20 Euro haben, müssen im Zielland versteuert werden, also in Frankreich. Abgeführt wird die Steuer für alle Zielländer aber im Herkunftsland, also in Deutschland.

Unterhalb der 10.000-Euro-Schwelle

Was passiert, wenn ein Unternehmen insgesamt weniger als 10.000 Euro netto durch Verkäufe in das EU-Ausland einnimmt? Dann gilt der Steuersatz des Heimatlands.

Beispiel: Ein Unternehmen mit Sitz in Deutschland verkauft Waren nach Frankreich für 4.000 Euro, nach Belgien für 3.000 Euro und in weitere EU-Länder für 2.000 Euro. Damit bleibt es unterhalb der 10.000-Euro-Schwelle und es gilt der deutsche Steuersatz von 19 Prozent beziehungsweise 7 Prozent ermäßigt.

Überschreitet das Unternehmen in der Summe die Schwelle, so wird es in den jeweiligen Ländern steuerpflichtig und es gelten die jeweiligen Steuersätze der Zielländer.

Merke: Ab einer Gesamtsumme von 10.000 Euro für alle EU-Zielländer kann das OSS-Verfahren in Anspruch genommen werden.

Der One-Stop-Shop (OSS)

Die neue Regelung wird auch als **O**ne-**S**top-**S**hop (**OSS**) bezeichnet. Vorgänger war der **M**ini-**O**ne-**S**top-**S**hop (**MOSS**).

Ansprechpartner in Deutschland ist das Bundeszentralamt für Steuern (BZSt). One Stop heißt das Verfahren, weil Unternehmen damit in ihrem Heimatland (Unternehmenssitz) bei Steuerpflicht im Ausland alle Umsatzsteuererklärungen zentral durchführen können. Die Teilnahme am OSS-Verfahren ist freiwillig. Was Sie für die Anmeldung benötigen, ist Ihre Umsatzsteuer-ID.

Auf OSS verzichten

Wenn Sie auf das OSS-Verfahren pauschal verzichten möchten, können Sie Ihre Auslandslieferungen auch direkt in Ihren Empfängerländern ab dem ersten Euro versteuern.

Keine Pflicht zur Rechnungsstellung

Für die über den OSS gemeldeten grenzüberschreitenden B2C-Verkäufe müssen keine Rechnungen mehr ausgestellt werden. Diese Regelung wurde getroffen, um das OSS für Händler attraktiv zu gestalten.

Steuermeldung beim Bundeszentralamt für Steuern

Die Steuermeldung können Sie beim OSS-Verfahren komplett über das Bundeszentralamt für Steuern abwickeln. Das deutsche Amt zieht dann die Steuern vom Unternehmen ein und transferiert die Gelder an die Finanzämter der jeweiligen EU-Staaten.

Kein OSS-Verfahren für B2B-Lieferungen

B2B-Verkäufe können nicht über das OSS-Verfahren abgewickelt werden.

> **Merke:** Das OSS-Verfahren ist freiwillig und nur für den B2C-Bereich zulässig.

Probleme mit Amazon Fulfillment

Grundsätzlich ist das OSS-Verfahren, bei dem die Umsatzsteuer für alle Verkäufe ins EU-Ausland zentral im Herkunftsland gemeldet und abgeführt wird, eine Erleichterung. Problematisch wird die Konstruktion allerdings, wenn ein Händler ein System wie **FBA** (**F**ulfillment **by** **A**mazon) verwendet.

Das Land des Lagers zählt

Relevant für die Versteuerung ist bei Fulfillment-Geschäften nämlich der Standort des Lagers für die Waren.

Beispiel: Ein Händler, der über Amazon FBA von einem französischen Lager nach Frankreich und Spanien verkauft, muss sich im Lagerland registrieren und dort die entsprechenden Meldungen an die Finanzbehörden erledigen. Im Beispiel wäre dies Frankreich.

Viele Länder – hoher bürokratischer Aufwand

Je mehr Länder, desto höher der Aufwand. Wenn Ihre Waren über FBA aus Lagern in 20 Ländern geliefert werden, sind Sie in 20 Ländern meldepflichtig. In diesem Fall benötigen Sie einen Steuerberater mit den entsprechenden Qualifikationen.

> **Merke:** Bei der Inanspruchnahme von Fulfillment-Dienstleistern müssen die Steuern in den Ländern gemeldet und abgeführt werden, in denen sich die Warenlager befinden.

6.10 Der Datenschutz

Seit Mai 2018 ist die EU-DSGVO in Kraft, die für alle Unternehmen innerhalb der EU geltende Datenschutzgrundverordnung. In nationales Recht umgesetzt wurde sie hierzulande im BDSG, dem Bundesdatenschutzgesetz. Hinzugekommen ist zum Dezember 2021 das **T**elekommunikation-**T**elemedien-**D**aten**s**chutz-**G**esetz (**TTDSG**). Doch bevor es ins Detail geht, sollten Sie zunächst eine Bestandsaufnahme machen: Welche Bereiche Ihres Onlineshops sind für den Datenschutz relevant?

Datenschutzrelevante Bereiche identifizieren

Zur Erhebung, Verarbeitung und Weitergabe von Daten sind auf Websites unterschiedliche Funktionen im Einsatz.

Beispiele:

- Bestellfunktion in einem Onlineshop.
- Registrierung für Kundenkonten.
- Newsletter-Anmeldeformular.
- Funktion für Produktbewertungen und Kommentare.
- Statistikprogramme, zum Beispiel Google Analytics.
- Kontaktformular.
- Share-Buttons, die eine Verknüpfung mit Social-Media-Plattformen herstellen.
- YouTube-Videos, die auf einer Website eingebunden sind.
- Schriftarten, die von einem Google-Server heruntergeladen und auf der Website eingebunden werden.

Überprüfen Sie zunächst, ob Sie alle Tools, die auf Ihrer Website eingesetzt sind, auch tatsächlich benötigen. Möglicherweise können Sie datenschutzrechtlich bedenkliche Tools abschalten oder ersetzen. Dabei gilt: Bedenklich ist, wenn Daten zu Diensten außerhalb Ihrer Website weitergeleitet werden. Dies ist beispielsweise beim Einsatz von Google Analytics der Fall. Unproblematisch ist es dagegen, wenn Sie technisch notwendige Besucherdaten erheben und bei sich behalten.

Merke: Das Abschalten überflüssiger Funktionen erleichtert den datenschutzkonformen Betrieb und die Erstellung der Datenschutzerklärung.

Konfiguration der Tools

Nicht jedes Tool ist von sich aus so eingestellt, dass es dem deutschen Datenschutzrecht entspricht.

Beispiele:

- Im Newsletter-Tool **MailChimp** ist in der Standardeinstellung kein Double-Opt-In aktiviert.
- In der Standardeinstellung von **Google Analytics** sind die letzten Stellen der IP-Nummern nicht maskiert. Dadurch werden die IP-Adressen der Besucher nicht anonymisiert. Zudem müssen Unternehmen, die Google Analytics einsetzen, auch einen Vertrag mit dem Mutterkonzern Google (bzw. Alphabet) abschließen.

Merke: Alle Tools sind vor dem Einsatz entsprechend dem Bundesdatenschutzgesetz (BDSG) zu konfigurieren.

Einholung der Einwilligung der Besucher

Als Websitebetreiber müssen Sie Ihrer Informationspflicht nachkommen und je nach Art der Datenerhebung eine Einwilligung vom Besucher einfordern. Im Streitfall müssen Sie nachweisen, dass die Einwilligung zur Datenverarbeitung tatsächlich erteilt wurde – beispielsweise von der Abonnentin eines Newsletters oder dem Besitzer eines Kundenkontos. Es ist daher notwendig, die Einwilligung, in der Regel wird sie in elektronischer Form abgegeben, zu protokollieren. Überprüfen Sie deshalb, ob das von Ihnen eingesetzte System die erforderlichen Nachweise auch abspeichert.

Was sind personenbezogene Daten?

Nach landläufiger Meinung fallen darunter solche Sachen wie Name, Adresse, Geburtsdatum sowie Telefon- und Kontonummer. Die europäischen Datenschützer setzen allerdings strengere Maßstäbe. Nach ihrer Ansicht sind auch die IP-Nummer (Einwahlnummer in das Internet), die E-Mail-Adresse und Aufzeichnungen über das Surf-Verhalten personenbezogen, denn schließlich lassen sich damit Rückschlüsse auf die Person des Benutzers ziehen.

Merke: Auch Aufzeichnungen des Surf-Verhaltens fallen unter die personenbezogenen Daten.

Cookie-Banner und Datenschutzerklärung platzieren

Als Betreiber einer Website, ob mit oder ohne Shopfunktion, stehen Sie vor folgenden Aufgaben:

- Entscheidung über den Einsatz eines Cookie-Banners.
- Platzierung der Datenschutzerklärung.

Entscheidung über den Einsatz eines Cookie-Banners

Der Nutzer muss „zu Beginn des Nutzungsvorgangs" über den Einsatz von nicht zwingend notwendigen Cookies informiert werden und er muss Ihre Datenschutzerklärung auf einfache Weise finden können. So setzen Sie diese Vorgaben in der Praxis um:

- **Ohne Cookie-Banner:** Wenn Sie sich ganz sicher sind, dass Ihre Website keine Informationen an Dritte weitergibt und Sie nur die absolut notwendigen Cookies setzen, ist diese Methode erlaubt. **Beispiel:** Sie betreiben einen eigenen Onlineshop mit WordPress und WooCommerce. Tools wie Google Analytics oder das Facebook-Pixel setzen Sie nicht ein. Ihre Website befindet sich bei einem Hoster innerhalb der EU. Alle Cookies, die Ihre Website setzt, sind zwingend für den Bestellprozess erforderlich.
- **Mit Cookie-Banner:** Sie setzen Cookies zu Marketingzwecken ein oder leiten Daten an Dritte weiter, zum Beispiel an Google oder Facebook? Dann müssen Sie ein Cookie-Banner vorschalten, das die Besucher darüber informiert. Erst nach einer Einwilligung dürfen die Besucher Zutritt zu Ihrer Website erhalten. Falls Sie ein Baukastensystem wie Jimdo oder Wix verwenden, stellt Ihnen Ihr Anbieter auch die Möglichkeit zur Einbindung eines Cookie-Banners zur Verfügung. Eine (kostenpflichtige) Lösung für WordPress finden Sie hier:
https://marketpress.de/shop/plugins/cookie-cracker/.

Platzierung einer Datenschutzerklärung

Eine Datenschutzerklärung müssen Sie in jedem Fall platzieren, auch wenn Sie auf das Cookie-Banner verzichten. Üblich ist hierfür eine eigene Seite innerhalb Ihrer Website. **Beispiel:** *mein-unternehmen.de/datenschutzerklaerung*.

Die Datenschutzseite sollte einfach zu finden sein. Sie müssen dafür aber keinen wertvollen Platz im Hauptmenü verschwenden. Es genügt, wenn diese Pflichtseite, ebenso wie das Impressum und die AGB, über einen Link am unteren Ende Ihrer Seiten erreichbar ist, also im Seiten-Footer.

Merke: Nahezu jede Website benötigt eine Datenschutzerklärung.

Inhalte der Datenschutzerklärung

Sie können, müssen für Ihre Datenschutzerklärung aber keine anwaltliche Hilfe in Anspruch nehmen. Falls Sie den Text selbst erstellen möchten, ist eine Aufteilung in neun Komponenten empfehlenswert:

1. **Allgemeiner Teil:** verpflichtend.
2. **Social-Media-Teil:** falls Sie Share-Buttons oder andere Verknüpfungen einsetzen. Beispiele: Facebook-Button, Einbindung eines Videos von YouTube.
3. **Trackingteil:** falls Sie Trackingtools einsetzen, die Userdaten an Dritte weitergeben. Beispiele: Google Analytics, Matomo bei einer Cloud-Installation.
4. **Partnerprogramme:** falls Sie Partnerprogramme einsetzen. Beispiel: Google Ads, Google AdSense, eBay, Amazon.
5. **Kommentarteil:** falls Sie einen Unternehmensblog betreiben und dort auch Kommentare zulassen. Beispiele: Nutzung der WordPress-Kommentarfunktion, Möglichkeit zur Rezension von Produkten in Ihrem Shop, Einbindung des Disqus-Kommentarsystems.
6. **Newsletter-Teil:** falls Sie einen Newsletter anbieten.
7. **Kundenkontoteil:** falls in Ihrem Shop die Möglichkeit zur Registrierung eines Kundenkontos besteht.
8. **Cookie-Teil:** verpflichtend.
9. **Abschlussteil:** verpflichtend.

Sie finden nachfolgend neun Abschnitte mit jeweils einen Musterbaustein, der der inhaltlichen Orientierung dient. Eine Haftung des Autors ist ausgeschlossen.

Allgemeiner Teil

Die Besucher einer Website müssen laut Gesetz »über Art, Umfang und Zweck der Erhebung und Verwendung personenbezogener Daten« aufgeklärt werden. Für Betreiber von Onlineshops ist es am besten, hier gleich die Karten auf den Tisch zu legen: Selbstverständlich wird zur Aufnahme der Bestellungen und zur Auslieferung der Waren eine ganze Reihe von Daten erhoben und aufbewahrt. Dazu sind Händler schließlich verpflichtet – nicht nur den Kunden gegenüber. Ein Unternehmen kann sich nämlich nicht hinter dem Datenschutz verstecken, falls das Finanzamt eine Betriebsprüfung anordnet. Folgender Text deckt den allgemeinen Teil eines typischen Onlineshops ab:

- **Musterbaustein Allgemeiner Teil**

  Die (Unternehmensname) misst dem Datenschutz für Besucher und Kunden einen hohen Stellenwert bei. Alle unsere Mitarbeiterinnen und Mitarbeiter sind an die Einhaltung der gesetzlichen Vorgaben verpflichtet. Unsere Website mustershop-online.de ist mit technischen Maßnahmen gegen den unberechtigten Zugriff und den Missbrauch von Daten geschützt. Ihre Bestelldaten werden vertraulich behandelt und nicht an Dritte weitergegeben, die nicht am Bestell-, Liefer- und Zahlungsvorgang beteiligt sind.

Diese vom Kunden übermittelten Daten werden zur Bearbeitung des Auftrags und zur Bereitstellung von Kundendienst und Support gespeichert:

- Name
- Anschrift
- Geburtsdatum
- Bankverbindung
- Konditionen für Rechnung und Zahlung
- Auftragsbezogene Daten

Eine Weitergabe personenbezogener Daten an Behörden und staatliche Institutionen erfolgt nur aufgrund zwingender rechtlicher Vorschriften.

Social-Media-Teil

Sind im Shop oder in anderen Bereichen einer Website Social-Media-Plugins eingebunden? Dann muss ein Unternehmen (und auch ein privater Betreiber) in der Datenschutzerklärung auf die Praktiken der eingebundenen Netzwerke hinweisen. Zimperlich sind diese nicht gerade. Facebook sammelt, beispielsweise über einen Like-Button oder das im Rahmen des Anzeigen-Targetings eingebundene Facebook-Pixel, auch ungefragt Daten derjenigen Besucher, die gar keinen Facebook-Account besitzen.

Unklare Rechtslage

Wie so oft im IT-Recht betritt ein Unternehmen auch mit dem Einsatz von Social-Media-Plugins eine Grauzone. Rechtlich sicher sind nur diese beiden Lösungen:

- Verzicht auf Social-Media-Buttons.
- Einsatz datenschutzgerechter Social-Media-Buttons.

So funktionieren datenschutzgerechte Social-Media-Buttons:

- Im „Ruhezustand", also bei bloßem Aufruf einer Webseite, senden die Buttons keine Informationen über die Besucher an die Social-Media-Netzwerke.
- Der Besucher hat die Wahl, ob er Informationen über sich an die Netzwerke senden möchte oder nicht.
- Erst mit einem Klick auf den Button *Social Media aktivieren* gibt die Website Informationen über die Besucher an die Netzwerke preis.
- Der User muss die Share-Buttons zunächst durch das Anklicken „scharf schalten", bevor Daten an Facebook und andere Netzwerke übertragen werden. Erst mit dem zweiten Klick führt er die eigentliche Aktion aus, also zum Beispiel das Teilen, sprich Weiterverbreiten eines Beitrags.

Für WordPress steht dazu das Plugin *Sharif Wrapper* zur Verfügung:
https://de.wordpress.org/plugins/shariff/.

Grundsätzlich gilt allerdings: Jedes Unternehmen, das Social-Media-Plugins einsetzt, muss rechtliche Unwägbarkeiten in Kauf nehmen. Mit dem Einbau der folgenden Textbausteine lässt sich das Abmahnrisiko minimieren. Abgedeckt werden die für Onlineshops wichtigsten Netzwerke – Facebook und Twitter. Weitere Netzwerke oder andere Datensammler können nach demselben Schema hinzugefügt werden.

- **Mustertext Social Media: Facebook**

  Die Internetpräsenz *mein-unternehmen.de* verwendet Schnittstellen zum sozialen Netzwerk Facebook. Anbieter: Facebook Inc., 1 Hacker Way, Menlo Park, CA 94025, USA.

  Beim Besuch unserer Site wird eine Verknüpfung mit Facebook hergestellt, wodurch Facebook Informationen über Ihr Surf-Verhalten erhebt.

  Über die Verwendung dieser Informationen haben wir keine Kenntnis. Hier finden Sie die Datenrichtlinie von Facebook: https://de-de.facebook.com/policy.

  Um die Übermittlung an Facebook einzuschränken, empfehlen wir Ihnen, sich während des Besuchs auf mein-unternehmen.de bei Facebook auszuloggen.

- **Mustertext Social Media: Twitter**

  Die Internetpräsenz *mein-unternehmen.de* verwendet Schnittstellen zum sozialen Netzwerk Twitter.

  Anbieter: Twitter Inc., 1355 Market Street, Suite 900, San Francisco, CA 94103, USA.

  Beim Besuch unserer Site wird eine Verknüpfung zu Twitter hergestellt, und Daten werden an Twitter übertragen. Über die Verwendung dieser Informationen haben wir keine Kenntnis. Hier finden Sie die Datenschutzrichtlinie von Twitter: https://twitter.com/privacy?lang=de.

  Um die Übermittlung an Twitter einzuschränken, empfehlen wir Ihnen, sich während des Besuchs auf mein-unternehmen.de bei Twitter auszuloggen.

Tracking-Teil

Aktivitäten dürfen nicht heimlich verfolgt werden. Ein Unternehmen, das Tracking-Tools einsetzt, muss in der Datenschutzerklärung darüber informieren. In einem Onlineshop dürfen ohne ausdrückliche Einwilligung der Besucherinnen und Besucher keine personenbezogenen Daten erhoben und gespeichert werden, die über das Notwendige des Bestellvorgangs hinausgehen.

Bevor Sie Ihre Datenschutzerklärung mit einem Text zu einem bestimmten Tool ausstatten, überprüfen Sie, ob das betreffende Tool richtig konfiguriert ist und die gesetzlichen Vorgaben erfüllt:

- Anonymisierung der IP-Adressen. Dies kann durch eine Maskierung der letzten Stellen erreicht werden. Im Tracking-Tool Matomo kann die Maskierung in den Einstellungen vorgenommen werden, in Google Analytics durch die Erweiterung mit dem Code „anonymizeIp".

- Opt-out-Möglichkeit, beispielsweise durch eine Checkbox.
- Ein Vertrag zur Auftragsdatenverarbeitung. Achtung: Mit dem Einsatz von Google Analytics bewegen Sie sich trotz eines solchen Vertrags und anderer Maßnahmen auf juristisch heiklem Gelände. Nach Ansicht einiger Gerichte ist der Einsatz von Google Analytics nämlich generell rechtswidrig.

Mustertext Tracking: Matomo

Wir setzen das Trackingsystem Matomo ein, weil dadurch alle erhobenen Daten auf unserem Server bleiben. Es werden keine Informationen an Dritte übermittelt. Um das Tracking generell zu unterdrücken, empfehlen wir das Browser-Plugin NoScript. Bitte beachten Sie, dass es dabei zu Funktionseinschränkungen kommen kann.

Mustertext Tracking: Google Analytics

Diese Website benutzt Google Analytics, einen Webanalysedienst der Google Inc. („Google"). Google Analytics verwendet sogenannte „Cookies", Textdateien, die auf Ihrem Computer gespeichert werden und die eine Analyse der Benutzung der Website durch Sie ermöglichen. Die durch Cookies erzeugten Informationen über Ihre Benutzung dieser Website werden in der Regel an einen Server von Google in den USA übertragen und dort gespeichert.

Auf dieser Website wurde Google Analytics um den Code „anonymizeIp" erweitert, um eine anonymisierte Erfassung von IP-Adressen (sogenanntes IP-Masking) zu gewährleisten.

Aus diesem Grund wird Ihre IP-Adresse von Google innerhalb von Mitgliedsstaaten der Europäischen Union oder in anderen Vertragsstaaten des Abkommens über den Europäischen Wirtschaftsraum zuvor gekürzt. Nur in Ausnahmefällen wird die volle IP-Adresse an einen Server von Google in den USA übertragen und dort gekürzt. Im Auftrag des Betreibers dieser Website wird Google diese Informationen benutzen, um Ihre Nutzung der Website auszuwerten, um Reports über die Websiteaktivitäten zusammenzustellen und um weitere mit der Websitenutzung und der Internetnutzung verbundene Dienstleistungen gegenüber dem Websitebetreiber zu erbringen.

Die im Rahmen von Google Analytics von Ihrem Browser übermittelte IP-Adresse wird nicht mit anderen Daten von Google zusammengeführt. Sie können die Speicherung der Cookies durch eine entsprechende Einstellung Ihrer Browser-Software verhindern; wir weisen Sie jedoch darauf hin, dass Sie in diesem Fall gegebenenfalls nicht sämtliche Funktionen dieser Website vollumfänglich werden nutzen können. Sie können darüber hinaus die Übertragung der durch das Cookie erzeugten und auf Ihre Nutzung der Website bezogenen Daten (inkl. Ihrer IP-Adresse) an Google sowie die Verarbeitung dieser Daten durch Google verhindern, indem Sie das unter dem folgenden Link verfügbare Browser-Plugin herunterladen und installieren: http://tools.google.com/dlpage/gaoptout?hl=de.

Nähere Informationen zu Googles Nutzungsbedingungen und Datenschutzeinstellungen finden Sie unter https://www.google.com/analytics/terms/de.html und https://www.google.de/intl/de/policies/.

Weitere Trackingprogramme

Falls Sie weitere Trackingprogramme einsetzen: Erkundigen Sie sich beim jeweiligen Anbieter über die datenschutzrechtlichen Folgen und fragen Sie nach etwaigen Textvorlagen.

Partnerprogramme

Ihr Unternehmen setzt Partnerprogramme ein, beispielsweise Google Ads oder Google AdSense? Weil Google damit allerlei Informationen über das Nutzerverhalten aufzeichnet, müssen die Besucher darüber informiert werden und zustimmen.

Das Prinzip von **Google Ads**: Ein Unternehmen bezahlt Google, um zusätzliche Besucher auf seine Website zu bringen, beispielsweise den Onlineshop. Google schaltet dazu Anzeigen, und zwar über und neben den regulären Treffern auf der Suchergebnisseite sowie auf Websites von Teilnehmern des Dienstes Google AdSense.

- **Mustertext Google Ads**

  Wir setzen das Partnerprogramm Google Ads ein, und in diesem Rahmen auch das Programm Conversion-Tracking. Betreiber des Programms ist die Firma Google Inc. Firmenadresse: Google Inc., 1600 Amphitheatre Parkway, Mountain View, CA 94043, USA. Der Analysedienst Conversion-Tracking platziert ein Cookie auf Ihrem Endgerät, falls Sie über eine Google-Anzeige auf mustershop-online.de gelangt sind. Die von diesem Dienst platzierten Cookies verlieren nach 30 Tagen ihre Gültigkeit und enthalten keine personenbezogenen Daten.

  Ist das Cookie noch nicht abgelaufen, so können Google und wir erkennen, ob Besucher über eine Anzeige auf mustershop-online.de gelangt sind. Die Google-Ads-Kunden erhalten Informationen über die Gesamtanzahl der Nutzer, die auf eine Anzeige geklickt haben und zu einer mit einem Conversion-Tracking-Tag versehenen Seite weitergeleitet wurden.

  Es werden aber keine Informationen bereitgestellt, mit denen sich Nutzer persönlich identifizieren lassen.

  Wenn Sie nicht am Trackingverfahren teilnehmen möchten, können Sie dieser Nutzung widersprechen, indem Sie das Platzieren von Cookies durch eine entsprechende Konfiguration Ihres Browsers verhindern. Bitte beachten Sie, dass damit möglicherweise Funktionseinschränkungen auf unserer Website auftreten können. Weitere Informationen zu Google Ads finden Sie hier:

  https://www.google.com/policies/technologies/ads/.

  Bitte beachten Sie auch die Datenschutzerklärung von Google:
  https://www.google.de/policies/privacy/.

Google AdSense

Den umgekehrten Weg zu Google Ads geht ein Unternehmen mit Google AdSense. Es erhält Geld dafür, dass Google auf der Website des Unternehmens Anzeigen schaltet.

Ein kleiner Hinweis am Rande: Unternehmen, die an AdSense teilnehmen, können die Anzeigen bestimmter Ads-Teilnehmer ausschließen, beispielsweise die der Konkurrenz.

- **Mustertext Google AdSense**

  Die Website *mein-unternehmen.de* nutzt Google AdSense, einen Online-Werbedienst der Google Inc. Firmenadresse: Google Inc., 1600 Amphitheatre Parkway, Mountain View, CA 94043, USA.

  Google AdSense verwendet sogenannte Cookies, kleine Dateien, die auf dem Computer der Nutzer gespeichert werden und eine Analyse der Benutzung der Website ermöglichen. Außerdem verwendet Google AdSense sogenannte Web Beacons. Durch diese unsichtbaren Grafiken können Informationen wie beispielsweise der Nutzerstrom ausgewertet werden. Die durch Cookies und Web Beacons erzeugten Informationen über die Benutzung dieser Website, einschließlich der IP-Adresse der Nutzer, und Auslieferung von Werbeformaten werden an einen Server von Google in den USA übertragen und dort gespeichert. Diese Informationen können von Google an Vertragspartner von Google weitergegeben werden. Google führt Ihre IP-Adresse jedoch nicht mit anderen von Ihnen gespeicherten Daten zusammen.

  Sie können die Installation der Cookies von Google AdSense auf diese Weise unterbinden:

  - durch eine entsprechende Konfiguration Ihrer Browser-Software,
  - durch dauerhafte Deaktivierung durch ein Browser-Plugin,
  - durch Deaktivierung der interessenbezogenen Anzeigen bei Google,
  - durch Deaktivierung der interessenbezogenen Anzeigen der Anbieter, die Teil der Selbstregulierungs-Kampagne „About Ads" sind.

  Hinweis: Die Einstellungen der letzten beiden Optionen werden gelöscht, wenn Sie die Cookies in Ihrem Browser löschen. Bitte beachten Sie auch, dass Sie mit der Unterbindung der Annahme von Cookies möglicherweise nicht alle Funktionen von mustershop-online.de verwenden können.

  Weitere Informationen zu Datenschutz und Cookies für Werbung bei Google AdSense finden Sie unter den folgenden Links:

  - https://policies.google.com/privacy/partners?hl=de
  - https://policies.google.com/technologies/ads?hl=de

Weitere Partnerprogramme

Falls Sie weitere Partnerprogramme einsetzen: Erkundigen Sie sich beim jeweiligen Anbieter über die datenschutzrechtlichen Folgen und fragen Sie nach etwaigen Textvorlagen.

Datenschutz bei aktivierter Kommentarfunktion

Falls Sie im Unternehmensblog oder an anderer Stelle Kommentare oder Produktrezensionen zulassen, müssen Sie über die damit verbundene Datenspeicherung informieren.

Mustertext Kommentare

Aus rechtlichen Gründen speichert *mein-unternehmen.de* die IP-Adressen von Besuchern, die Kommentare oder Produktrezensionen im Blog oder an anderer Stelle hinterlassen. Dies dient der rechtlichen Absicherung des Anbieters. Sollten widerrechtliche Inhalte wie beispielsweise Beleidigungen, üble Nachrede oder Verleumdungen hinterlassen werden, so dient die IP-Adresse der Identitätsfeststellung des Autors.

Datenschutzteil Newsletter

Sie benötigen eine ausdrückliche Einwilligung der Abonnenten, was am besten durch ein Double-Opt-in-Verfahren gewährleistet wird. Double-opt-in heißt „Doppelte Zustimmung". Die erste Zustimmung erfolgt bei Bestellung des Newsletters, beispielsweise durch das Setzen eines Häkchens oder Eintrag der E-Mail-Adresse in eine Liste. Danach geht dem Kunden eine E-Mail zu, in der er durch Anklicken eines Links nochmals die Zusendung des Newsletters bestätigt. Außerdem ist ein entsprechender Newsletter-Passus in der Datenschutzerklärung notwendig.

Mustertext Newsletter

Der Newsletter von *mein-unternehmen.de* informiert über Produkte und Angebote in unserem Shop, sowie über Events, Gewinnspiele und andere Aktionen.

Vor dem Versand des Newsletters geht Ihnen eine E-Mail zu, die einen Bestätigungslink enthält. Nicht bestätigte Anmeldungen werden automatisch und spätestens innerhalb von vier Wochen gelöscht.

Die Abonnenten können dem Empfang des Newsletters jederzeit widersprechen, z. B. per Abmeldelink am Ende des Newsletters.

Im Rahmen unserer Dokumentationspflicht speichern wir Anmelde- und Bestätigungszeitpunkt sowie die IP-Adresse der Abonnentinnen und Abonnenten.

Datenschutz Kundenkonto

Falls Sie die Möglichkeit zur Registrierung eines Kundenkontos anbieten, ist eine juristische Absicherung notwendig. **Achtung:** Die E-Mail-Adresse eines Kundenkontos darf nicht ohne explizite Einwilligung der User für werbliche Zwecke genutzt werden.

Mustertext Kundenkonto

Wenn Sie ein Kundenkonto angelegt haben, nutzen wir die dort angegebene E-Mail-Adresse, um Ihnen wichtige Serviceinformationen oder Änderungen zu Ihrem Kundenkonto mitzuteilen.

Datenschutz Cookies

Ohne Cookies lässt sich der Bestellvorgang auf einer E-Commerce-Website nicht durchführen. Trotzdem ist ein Cookie-Passus in der Datenschutzerklärung notwendig. **Achtung:** Der folgende Mustertext deckt nur die absolut notwendigen Cookies ab.

- **Mustertext Cookies**

  Unsere Website setzt Cookies ein, kleine Dateien, die Informationen im Browser speichern. Cookies dienen dazu, Bestellvorgänge problemlos abzuwickeln. Sie können den Browser so konfigurieren, dass prinzipiell keine Cookies gespeichert werden. Unter Umständen kann dies bei der Nutzung unseres Shops zu Funktionseinschränkungen führen.

Abschluss der Datenschutzerklärung

Am Ende der Datenschutzerklärung sollten die Besucher noch einmal auf ihre gesetzlichen Rechte hingewiesen werden und Sie eine Kontaktmöglichkeit anbieten, zum Beispiel über eine spezielle E-Mail-Adresse wie *datenschutz@mein-unternehmen.de*.

- **Mustertext Abschlussteil**

  Nutzerrechte: Sie sind dazu berechtigt, über personenbezogene Daten, die von mein-unternehmen.de über Sie gespeichert wurden, eine unentgeltliche Auskunft zu erhalten.

  Außerdem besteht das Recht auf Korrektur unrichtiger Daten, dem Widerruf von Einwilligungen, sowie der Sperrung und Löschung Ihrer personenbezogenen Daten. Ausgenommen sind Daten, die aus gesetzlichen Gründen von mein-unternehmen.de aufbewahrt werden müssen.

  Eine Kontaktadresse finden Sie auf der Impressumsseite.

Merke: Die Gestaltung der Datenschutzerklärung ist davon abhängig, welche Daten auf einer Website erhoben und an Dritte weitergeleitet werden.

Glossar

A

Abmahnung

Die Aufforderung, ein bestimmtes Verhalten zu unterlassen, das gegen ein Gesetz oder eine Verordnung verstößt. **Beispiel:** Eine Preisauszeichnung, die die Preisangabenverordnung verletzt. Für den Abgemahnten sind damit, sofern die Abmahnung rechtmäßig ist, Kosten und eine weitere Aufforderung verbunden: die Unterzeichnung einer Unterlassungserklärung.

Absprungrate

Im engen Sinn, siehe **Bounce Rate**. Im weiten Sinn auch die Prozentzahl von Besuchern, die den Kaufvorgang vor dem Klick auf den Bestell-Button abbricht.

Acquirer

Finanzdienstleister, der einem Händler den Zahlungsempfang per Kreditkarte ermöglicht.

Affiliate Marketing

Partnerangebot eines Unternehmens, das sich an Website-Betreiber wendet. Die Website-Betreiber verlinken dabei auf die Website des Unternehmens und erhalten Provisionen für Verkäufe.

AGB (Allgemeine Geschäftsbedingungen)

AGB standardisieren die Geschäftsabläufe. Ein Unternehmen ist zwar nicht zur Ausgestaltung von AGB verpflichtet, empfehlenswert ist dies aber, um Geschäftsabläufe zu standardisieren und transparent zu machen. Der Spielraum für die Ausgestaltung der AGB wird durch Gesetze eingeschränkt, zum Beispiel durch das Wettbewerbs-, Datenschutz- und Urheberrecht. Die AGB dürfen andere Gesetze nicht aushebeln.

Allgemeine Geschäftsbedingungen, siehe **AGB**.

Anbieterkennzeichnung, siehe **Impressum**.

Attribut

Eine Produkteigenschaft wie Größe, Farbe oder Beschaffenheit.

Auftragsdatenverarbeitung, siehe **AV**.

AV (Auftragsdatenverarbeitung)

Weitergabe der Besucherdaten einer Website an einen externen Dienstleister wie beispielsweise Google oder Facebook. Instrumente zur Datenerfassung und Datenweitergabe sind etwa der Google-Tracking-Code und das Facebook-Pixel. Über die Auftragsdatenverarbeitung, und die damit verbundene Speicherung, Verarbeitung und Aufbereitung seiner Daten auf einem externen Server, muss der Besucher einer Website beim Betreten informiert werden und seine Zustimmung erteilen. In der Regel wird dazu ein Cookie-Banner eingesetzt.

B

B2B (Business to Business)

B2B bezeichnet den Handel zwischen zwei Geschäftspartnern, zum Beispiel einem Groß- und einem Einzelhändler oder einem Hersteller und einem Unternehmen.

B2C (Business to Customer)

Geschäftsbeziehungen zu Endkunden, also ganz gewöhnlichen Verbrauchern, werden als B2C bezeichnet.

Backend

Administrationsoberfläche, also der interne Bereich, eines Webshops oder eines CMS. Gewöhnliche Besucher einer Website und Kunden eines Webshops haben keinen Zutritt zum Backend. Voraussetzung für den Zugang zu einem Backend:

- Kenntnis der Zugangs-URL
- Besitz eines Accounts für das CMS
- Eingabe der korrekten Zugangsdaten (Name und Passwort)

Backlink

Ein Link von einer fremden Webseite oder einem Social-Media-Netzwerk zu einer eigenen Webseite.

Bestellverwaltung

Übersicht aller Bestellungen in einem Onlineshop oder Warenwirtschaftssystem.

Blog

Der Begriff Blog ist eine Abkürzung für Web-Logbuch, also für eine Website, auf der regelmäßig neue Beiträge veröffentlicht werden. Der Autor eines Blogs wird Blogger genannt. Ursprünglich waren Blogs eher persönlicher Natur, heute betreiben auch viele Unternehmen einen Blog. Je nach Gestaltung kann ein Unternehmensblog (Corporate Blog) diese Funktionen erfüllen:

- Kommunikation mit Kunden und potenziellen Kunden.
- In Kommentaren nennen Kundinnen und Kunden ihre Wünsche.
- Kundensupport.
- Präsentation von Trust-Signals.
- Imagepflege.
- Information zu neuen Produkten.
- Verlinkung von Blogbeiträgen auf Produkte im Shop.
- Wachstum der Website, falls der Blog auf derselben Domain wie der Shop betrieben wird.
- Suchmaschinenoptimierung.

Bounce Rate

Die Prozentzahl von Besuchern, die lediglich eine einzelne Seite aufruft, bevor sie eine Internetpräsenz wieder verlässt.

Brute Force

Angriffsmethode, um in das Backend einer Website einzudringen. Die Angreifer arbeiten mit Botnetzen, die zum Beispiel diverse Passwörter durchprobieren, um bei Erfolg schädlichen Code in eine Website einzuschleusen und die Kontrolle zu übernehmen.

Businessplan

Eine Vorschau über die Art und Weise, wie sich ein neues Unternehmen am Markt präsentieren und Geld verdienen möchte.

C

CA (Certification Authority)

Die CA vergibt SSL-Zertifikate, also Zertifikate zur Verschlüsselung einer Website, nach bestimmten Prüfkriterien.

Checkout-Page

Die Kassenseite eines Onlineshops. Auf der Checkout-Page schließt der Kunde die Bestellung ab.

CMS (Content Management System)

Ein CMS dient der Einrichtung und Verwaltung einer Website. Voraussetzung zum Betrieb eines CMS sind in der Regel ein Webspace mit PHP und eine Datenbank. Ein CMS besteht aus einem Kern und Erweiterungen (Plugins oder Extensions genannt).

Das Plugin WooCommerce erweitert WordPress zu einem Shopsystem. Populäre CMS sind:

- Drupal
- Joomla
- Typo3
- WordPress (Marktführer)

Content

Sämtliche Inhalte einer Website: Texte, Bilder sowie Video- und Audiodateien.

Conversion

Die Umwandlung vom passiven Besucher einer Website oder Social-Media-Präsenz zum aktiven Besucher oder Käufer. **Beispiele:** Ein Besucher nimmt an einem Gewinnspiel teil, abonniert einen Newsletter oder tätigt einen Kauf.

Conversion Rate

Die Quote derjenigen User, die den Besuch einer Website oder Social-Media-Präsenz mit einer Conversion abschließt.

Cookie

Eine kleine Datei, die über eine Webseite im Internetbrowser eines Nutzers gespeichert werden kann. Cookies dienen dazu, das Nutzerverhalten zu verfolgen.

Cookie-Banner

Über die Auftragsdatenverarbeitung, und damit die Weitergabe, Speicherung, Verarbeitung und Aufbereitung seiner Daten auf einem externen Server, muss der Besucher einer Website beim Betreten informiert werden und seine Zustimmung erteilen. In der Regel wird dazu ein Cookie-Banner eingesetzt.

Corporate Design

Das einheitliche optische Erscheinungsbild eines Unternehmens.

CPM (Cost per Mille)

Das CPM-Modell dient der Berechnung von Werbekosten. Die Abkürzung CPM steht für Cost-per-Mille, auf Deutsch Kosten pro Tausend. Bei diesem Modell wird der Preis einer Werbemaßnahme anhand von 1.000 Sichtkontakten berechnet. Da die CPM-Abrechnung nicht nur im E-Commerce, sondern auch in der Print-, Radio- und TV-Werbung verbreitet ist, dient sie auch dem Vergleich unterschiedlicher Werbemedien. **Synonyme:** Tausender-Kontakt-Preis (TKP), Thousand-Ad-Impression (TAI).

Crawler

Automatisiertes Programm, das im Auftrag der Suchmaschinen das Internet permanent nach Inhalten durchstöbert.

CTA (Call to Action)

Eine Aufforderung an Besucher einer Website, eine bestimmte Handlung zu tätigen. Diese Handlung wird über einen entsprechend beschrifteten Button oder über Eingabefelder ausgeführt. CTAs dienen dazu, einen Kauf anzubahnen oder abzuschließen. Typische Einsatzgebiete für diese Form der Kundengewinnung sind:

- Abonnieren eines Newsletters.
- Abonnieren eines firmeneigenen YouTube-Channels.
- Teilnahme an einem Gewinnspiel.
- Vereinbarung einer Probefahrt.
- Gratisprodukt anfordern.
- Gratismonat sichern.
- Bitte um Anruf.
- Angebot anfordern.
- E-Book oder PDF downloaden.
- Ein Produkt kaufen.

D

Dashboard

Die erste Seite eines Administrationsbereichs. Auf dem Dashboard werden die wesentlichen Einstellungen vorgenommen. Typischerweise verfügen CMS, Shopsysteme, umfangreiche Plugins, Trackingtools oder Zahlungsdienstleister über ein Dashboard.
Beispiele:

- **WordPress-Dashboard** für das CMS WordPress.
- **WooCommerce-Dashboard** für das Shopsystem WooCommerce.
- **Yoast-Dashboard** für das SEO-Plugin-Yoast.
- **Google Analytics Dashboard** für das Trackingtool Google Analytics.
- **Stripe Dashboard** für den Zahlungsdienstleister Stripe.

Datenbank

Die Inhalte von Websites, Shop- und Warenwirtschaftssystemen werden in der Regel in einer Datenbank gespeichert.

Deep Link

Ein Link auf eine Unterseite einer Webpräsenz, aber nicht auf die Startseite.

Diensteanbieter

Der professionelle Betreiber eines Onlinedienstes. **Beispiele:**

- Hoster.
- Zahlungsdienstleister.
- Betreiber einer Social-Media-Plattform.
- Betreiber eines Onlineshops.

Disagio (Abschlag)

Ein Abschlag auf einen Ausgangsbetrag, den beispielsweise ein Händler beim Zahlungsempfang per Kreditkarte zur Kostendeckung an einen Acquirer abführen muss.

Domain

Die Domain steht für den Namen und die Adresse einer Website. Eine Domain setzt sich aus verschiedenen Elementen zusammen:

- **Top-Level-Domain** (TLD), zum Beispiel: .de / .net / .shop.
- **Second-Level-Domain**, zum Beispiel der Firmenname.

Beispiel: Die Domain *meinshop.de* besteht aus der Top-Level-Domain *.de* und der Second-Level-Domain *meinshop*.

Double Opt-in

Beim Anlegen eines Kundenkontos oder dem Abonnieren eines Newsletters schreibt der Gesetzgeber eine aktive und nachweisbare Zustimmung des Kunden vor. Realisiert wird diese Vorgabe in der Regel durch ein Double-Opt-in-Verfahren.

Beispiel: Hat ein Interessent auf *Newsletter bestellen* geklickt (erster Opt in), erhält er eine E-Mail mit einem Bestätigungslink. Mit einem Klick auf diesen Link (zweiter Opt in) gilt die Zustimmung als erteilt.

DPMA (Deutsches Patent- und Markenamt)

Beim DPMA werden Patente und Marken registriert. Alle registrierten Patente und Marken können dort auch recherchiert werden.

Editor

Werkzeug zum Erstellen von Inhalten. Ein Editor dient beispielsweise der Erstellung von Code oder Website-Inhalten. **Beispiele:**

- **Gutenberg-Editor:** in WordPress integriertes Werkzeug zum Erstellen und Bearbeiten von Beiträgen und Seiten.
- **Notepad++:** Werkzeug zum Erstellen und Bearbeiten von Code. Code-Editoren werden, weil dort keine grafischen Funktionen zur Verfügung stehen, auch als Texteditoren bezeichnet.

E-Mail-Marketing, siehe **Newsletter**.

Ereignisse

Aktionen von Besuchern auf einer Website. **Beispiele:**

- Klicks.
- Benutzung der seiteneigenen Suchmaschine.
- Abspielen von Mediendateien.
- Eingaben in ein Formularfeld.
- Abschluss einer Bestellung.

Extension, siehe **Plugin**.

FAQ (Frequently Asked Questions)

F

Eine FAQ-Seite ist ein üblicher Teil einer Website. In den FAQ werden häufige Fragen der Kunden beantwortet, z. B. zu Zahlungsarten und Versand, aber auch zur Handhabung von Produkten.

Follower

Leser einer Social-Media-Präsenz. Zum Ziel eines Unternehmens auf einem Social-Media-Netzwerk gehört der Aufbau einer großen und qualitativ hochwertigen Followerschaft. Hochwertige Follower zeichnen sich durch häufige Aktivitäten aus, hierzu gehört beispielsweise das Liken, Teilen und Kommentieren von Beiträgen. Je nach Social-Media-Netzwerk werden Follower unterschiedlich bezeichnet. **Beispiele:**

- **Twitter:** Follower.
- **Pinterest:** Follower.
- **TikTok:** Follower.
- **Facebook:** Freunde (für private Profile) oder Fans (für Unternehmensseiten).
- **Instagram:** Abonnenten.
- **YouTube:** Abonnenten eines YouTube-Channels.

Frontend

Die Besucheransicht eines CMS. Konfiguriert wird das Frontend über das Backend, den internen Bereich einer Website. Sichtbarkeit von Frontend und Backend:

- **Frontend** = für Besucher sichtbar.
- **Backend** = für Besucher unsichtbar.

FTP (File Transfer Protocol)

Mit einem FTP-Programm werden Dateien von einem lokalen PC auf einen Server hoch- und zur Sicherung auch heruntergeladen. Benötigt wird ein FTP-Programm beispielsweise für die Installation von WordPress, Joomla, Drupal, TYPO3 oder einem anderen CMS.

Garantie

Die freiwillige Zusage eines Herstellers oder Händlers für einen bestimmten Service, zusätzlich zur gesetzlich vorgeschriebenen Gewährleistung.

Gesetz

Eine Rechtsnorm, die von einem Parlament beschlossen wurde.

Gewerbe

Eine regelmäßige wirtschaftliche Tätigkeit mit der Absicht, einen Gewinn zu erzielen.

Gewährleistung

Gesetzlich vorgeschriebene Pflichten, die ein Händler oder Hersteller gegenüber seinen Kunden zu erfüllen hat. **Beispiel:** Nacherfüllung eines Vertrags nach dem Verkauf eines mangelhaften Produkts.

Gläubiger-ID

Die von der Deutschen Bundesbank an Unternehmen vergebene Gläubiger-Identifikationsnummer. Händler müssen dazu einen Antrag stellen. Die Gläubiger-ID wird von Unternehmen zum direkten Einzug (ohne Zahlungsdienstleister) von SEPA-Lastschriften benötigt.

Hashtag

Wörter, die innerhalb eines Postings auf einem Social-Media-Netzwerk mit dem Zeichen # versehen sind, dienen der Navigation durch thematisch ähnliche Beiträge. Populär wurden die Hashtags durch Twitter, eine große Bedeutung haben sie inzwischen auf allen Social-Media-Netzwerken, besonders auf Instagram.

Hoster

Unternehmen, die Webspace zur Verfügung anbieten, also einen Speicherplatz für Websites. Die Kunden eines Hosters (Privatpersonen, Unternehmen und Organisationen) mieten diesen Webspace für den Betrieb ihrer Websites.
Synonyme: Provider, Webhoster.

HT-Access-Datei

Die Abkürzung HT steht für **H**ypertext. Eine HT-Access-Datei hat die Aufgabe, bestimmte Einstellungen und Regeln eines Webservers zu überschreiben. Diese Methode funktioniert aber nur auf einem bestimmten Servertyp, nämlich dem Apache-Server. Auskunft über die Art Ihres Servers erhalten Sie von Ihrem Hoster. Je nach Grundeinstellung Ihres Hosters haben Sie die Option, via HT-Access in die Konfiguration Ihres Servers einzugreifen.

HTTPS (Hypertext Transfer Protocol Secure)

Protokoll zur verschlüsselten Auslieferung von Websites mithilfe eines SSL-Zertifikats.

Impressum

Grundlage für die Impressumspflicht von Websites ist das Telemediengesetz. Demnach ist jeder Betreiber einer kommerziell ausgerichteten Website zu bestimmten Angaben (z. B. Name, Adresse und Umsatzsteueridentifikationsnummer) verpflichtet. Das Impressum muss dauerhaft verfügbar, leicht erreichbar und klar gekennzeichnet sein. Üblich ist eine Verlinkung mit dem Linktext **Impressum.** Der Linktext **Info** genügt den rechtlichen Anforderungen dagegen nicht.

IP-Adresse

Die Einwahlnummer in das Internet. Die IP-Adresse besteht aus vier durch einen Punkt getrennte Zahlen. **Beispiel:** 234.145.65.191.

Keywords

Begriffe, die für eine Website oder ein Produkt besonders relevant sind. User geben Keywords häufig in Suchmaschinen ein. Zur Suchmaschinenoptimierung ist es hilfreich, Keywords in Texten, Überschriften und Bildbeschreibungen zu platzieren.

Kleinunternehmerregelung

Eine steuerliche Sonderregelung für Unternehmer, deren Jahresumsatz nicht mehr als 22.000 Euro beträgt.

Kommentar (1)

Antwort eines Users auf einen Wortbeitrag oder ein Video. Die Quantität und Qualität von Kommentaren sind wichtige Indizien für den Erfolg eines Blogs oder einer Social-Media-Präsenz.

Kommentar (2)

Anmerkung im Quellcode einer Software, die bei der Ausführung des Codes nicht gelesen wird. Kommentare strukturieren einen Code und erleichtern die spätere Nachbearbeitung. Besonders wichtig sind sie, wenn ein Projekt von verschiedenen Personen bearbeitet oder an Nachfolger übergeben wird.

Kommerzielle Kommunikation

Internetangebote, die über den privaten Bereich hinausgehen, wie beispielsweise Onlineshops, aber auch geschäftliche E-Mails, Briefe und Telefonate.

Konfigurationsdatei

Eine Datei, in der bestimmte Informationen hinterlegt sind, die für die Einstellungen eines Systems notwendig sind. **Beispiele**:

- Konfigurationsdatei eines CMS
- Konfigurationsdatei eines Servers

Konversion, siehe **Conversion**.

Konversionsrate, siehe **Conversion Rate**.

Kreditkarten-Akzeptanzvertrag

Die Voraussetzung für ein Unternehmen, um die Zahlung per Kreditkarte ohne Einschaltung eines Zahlungsdienstleisters zu realisieren. Vertragspartner ist ein Acquirer.

Kundenbindung

Maßnahmen eines Unternehmens zur Umwandlung von Neu- in Stammkunden und zum Erhalt von Stammkunden.

Kundencenter

Gebräuchliches Wort für einen bestimmten Bereich einer Website. Kunden loggen sich dort ein, um Einstellungen vorzunehmen und Produkte zu kaufen.

L

Landingpage

Eine Webseite, die Besuchern nur eine einzige Aktionsmöglichkeit bietet. Beispiele für Aktionen auf einer Landingpage:

- Ein Produkt kaufen.
- Einen Newsletter abonnieren.
- Eine Probefahrt vereinbaren.
- An einem Gewinnspiel teilnehmen.
- An einem Quiz teilnehmen.
- Ein Video betrachten.

Zur Platzierung einer Landingpage stehen zwei Möglichkeiten zur Verfügung:

- Landingpage als Teil einer umfangreichen Website.
- Landingpage als alleinstehende One-Page-Website.

Lead

Eine Aktion, die ein Besucher im Sinne des Onlinehändlers tätigt. **Beispiele:**

- Ein Klick auf ein Banner.
- Ein Klick auf einen Button.
- Ein Newsletter-Abo.
- Der Kauf eines Produkts.

Logfile

Ein Logfile, auf Deutsch Logdatei, wird von einem Webserver aufgezeichnet. Es enthält u. a. Informationen über die IP-Adressen, die aufgerufenen URLs, die Zeitpunkte und die Browsertypen der Besucher. Logfiles dienen der Analyse des Benutzerverhaltens, aber auch der Fehleranalyse einer Website.

Mediathek

Speicherort für Bilder, Animationen, Texte, Präsentationen sowie Audio- und Videodateien. Beispiele für Internetmediatheken:

- ARD-Mediathek.
- Wikipedia-Mediathek.
- Mediathek für eine Website oder einen Onlineshop.

Typische Inhalte einer Mediathek:

- **Bilder und Animationen** – häufig verwendete Formate: JPG, JPEG, PNG und GIF.
- **Textdateien und Präsentationen** – häufig verwendete Formate: PDF und DOC.
- **Audiodateien** – häufig verwendetes Format: MP3.
- **Videodateien** – häufig verwendetes Format: MP4.

MITM (Man in the Middle)

Angriffsmethode gegen Websites. Der Angreifer versucht, sich zwischen dem Webserver und dem Besucher einzuklinken. Wenn die Methode gelingt, kommuniziert der Besucher nicht mit der Website, sondern dem Angreifer. Schutz bietet eine Verschlüsselung der Kommunikation über SSL.

Mod Rewrite

Ein wichtiges Modul eines Apache-Webservers. Dieses Modul muss auf Apache-Servern aktiviert sein, um für ein CMS, wie beispielsweise WordPress, suchmaschinenfreundliche URLs zu erzeugen. Auskunft über die Art Ihres Servers erhalten Sie von Ihrem Hoster.

Multi-Channel-Handel

Der Vertrieb von Waren und Dienstleistungen über mehrere Kanäle. Um die Übersicht zu behalten, ist die Integration der einzelnen Kanäle an ein gemeinsames Warenwirtschaftssystem empfehlenswert. Wichtige Handelskanäle für den Multi-Channel-Handel:

- Eigener Onlineshop.
- Amazon Marketplace.
- eBay.
- Stationärer Handel.

MySQL

Ein populäres Datenbanksystem für Websites. WordPress, TYPO3, Drupal und andere CMS benötigen ein Datenbanksystem, um Inhalte einer Website zu speichern. Als Verwaltungsoberfläche für MySQL wird häufig **phpmyAdmin** eingesetzt.

N

Newsletter

Rundmails, die regelmäßig von einem Absender an mehrere Empfänger versendet werden. Das Newsletter-Marketing gehört zu den Standards im E-Commerce. Häufig werden neue Produkte, Events und Gewinnspiele beworben. Außerdem dienen Newsletter der Information, z. B. über Änderungen der AGB, und der internen Kommunikation in einem Unternehmen.
Synonym: E-Mail-Marketing.

Nutzungsbedingungen

Die AGB einer Website.

Omni-Channel-Strategie

Perfekte Integration mehrerer Verkaufskanäle. Im Idealfall kann der Kunde zwischen den verschiedenen Kanälen in allen Phasen wechseln: vor dem Kauf, beim Kauf und nach dem Kauf.

PayPal

Der Zahlungsdienstleister mit der größten Reichweite. Voraussetzung zur Nutzung als Händler ist ein PayPal-Geschäftskonto. Spezielle Funktionen bieten die Programme PayPal Plus und PayPal Express.

PHP (PHP: Hypertext Preprocessor)

Eine Programmiersprache, mit der dynamische Websites erstellt werden. Mit der Sprache **HTML** lassen sich nur statische Webseiten verwirklichen. PHP wird verwendet, um Informationen von Website-Besuchern zu erfassen und zu verarbeiten. Die meisten Content-Management-Systeme (CMS) arbeiten auf der Basis von PHP. PHP-Anwendungsbeispiele:

- Onlineshop.
- Kontaktformular.
- Anmeldemöglichkeit für einen Newsletter.
- Quiz.
- Kommentarfunktion.

phpMyAdmin

Populäre Verwaltungsoberfläche für das Datenbanksystem MySQL. In der Regel wird phpmyAdmin vom Hoster zur Verfügung gestellt und ist über das Kundencenter des Hosters erreichbar.

Plugin

Funktionserweiterung eines CMS oder einer anderen Software. Beispiele für Plugins:

- **WooCommerce** erweitert WordPress zu einem Shop.
- **Zahlungs-Plugins** fügen neue Zahlungsarten hinzu.
- **Marketing-Plugins** erweitern die Möglichkeiten zur Preisgestaltung.
- **Social-Media-Plugins** verknüpfen eine Website mit Social-Media-Netzwerken und erleichtern das Teilen von Inhalten.
- **Newsletter-Plugins** erweitern eine Website mit einer Newsletter-Funktion.
- Ein **Caching-Plugin** dient der Suchmaschinenoptimierung.

Synonyme: Modul, Extension.

Produkt

Eine Ware oder Dienstleistung.

Produktbild

Das Hauptbild zu einer Ware oder Dienstleistung. Das Produktbild erscheint in der Regel auf der Katalogseite eines Shops. Als Katalogseite oder Übersichtsseite wird die erste Seite eines Onlineshops bezeichnet.

Produktdaten

Artikelnummer, Preis, Lagerbestand, Versandklasse und andere Daten eines Produkts. Produktdaten sind wichtig für den Verkauf, den Versand, die Lagerverwaltung und die Warenwirtschaft.

Produktgalerie

Bilderserie zu einer Ware oder Dienstleistung. Die Produktgalerie erscheint in der Regel auf der Produktseite eines Shops. Als Produktseite wird eine Seite mit Details zu einem bestimmten Produkt bezeichnet.

Produktverwaltung

Übersicht aller Produkte im Backend eines Shops oder eines Warenwirtschaftssystems.

Protokoll

Standardisiertes Verfahren zur Übertragung von Daten. **Beispiele:** HTTP und FTP.

Provider, siehe **Hoster**.

PSP (Payment Service Provider)

Ein auf Onlineshops spezialisierter Zahlungsdienstleister, der den Zahlungsprozess vereinfacht und zumeist auch als Acquirer auftritt. Bekannte internationale PSP sind PayPal, Stripe und Mollie.

Rabatt

Ein Nachlass auf den Preis.

Radarereignisse

Auffällige positive oder negative Veränderung im Traffic einer Website oder innerhalb eines Zahlungssystems. **Beispiele:**

- Extremer Besucheranstieg an einem einzelnen Tag auf einer Website.
- Plötzlicher Einbruch der Zahlungseingänge über PayPal.

Rechteverwaltung

Abgestufte Rechte dienen der Sicherheit eines Webservers. Unterschieden wird zwischen Lese-, Schreib- und Ausführungsrechten für eine Datei oder ein Verzeichnis. Administratoren können Rechte über ein FTP-Programm einsehen und verändern.

S

Sandbox

Eine Testumgebung, zum Beispiel zum Prüfen von Zahlungstransaktionen mit PayPal, Stripe oder Mollie.

Schlüssel

Im Internet ein Paar aus Zahlencodes. **Beispiel:** Für ein SSL-Zertifikat wird immer ein Paar aus einem privaten und einem öffentlichen Schlüssel ausgegeben. Der private Schlüssel befindet sich auf dem Webserver und bleibt geheim, der öffentliche wird über das Zertifikat an den Browser weitergegeben.

SEA (Search Engine Advertising)

Die Anzeigenschaltung bei Google, Bing oder einem anderen Suchmaschinenbetreiber.

SEPA (Single Euro Payments Area)

Einheitlicher europäischer Zahlungsraum. In den SEPA-Ländern gelten standardisierte Verfahren für Überweisungen und Lastschriften. Nicht zu verwechseln ist der SEPA-Raum mit dem Euro-Raum.

SERP (Search Engine Result Page)

Auf der Suchmaschinenergebnisseite listen Google, Bing und andere Suchmaschinen die Ergebnisse für den Suchbegriff auf.

Server

Rechner zur Auslieferung von Websites oder Software. Zwischen einem gewöhnlichen Rechner und einem Server besteht in der Hardware kein Unterschied. Kennzeichen eines Servers:

- Ein Rechner wird zum Server, wenn Serverdienste auf ihm eingerichtet sind.
- Auf einen Server greifen andere Computer zu, die sogenannten Clients.

Solche Clients sind z. B. die Besucher einer Webseite. Der passende Dienst nennt sich Webserver. Ein Webserver befindet sich in der Regel in einem Serverzentrum und ist 24 Stunden am Tag in Betrieb. Die meisten Hoster bieten nicht nur gewöhnlichen Webspace zur Miete an, sondern auch verschiedene Server-Modelle. Die wichtigsten Typen:

- **Managed Server:** eigener Server, wobei der Hoster die Wartung übernimmt.
- **VServer:** geteilter Server, wobei der Website-Betreiber die Wartung übernimmt.
- **Root-Server:** eigener Server, wobei der Website-Betreiber die Wartung übernimmt

Seite, siehe **Webseite**.

Session (Sitzung)

Der Zeitraum, in dem ein User eine Website besucht und dort verschiedene einzelne Seiten aufruft. Die Session beginnt mit dem Betreten und endet mit dem Verlassen der Website.

SMM (Social-Media-Marketing)

Das Marketing für ein Unternehmen oder bestimmte Produkte über Facebook, Instagram, YouTube, Twitter und andere Social-Media-Netzwerke.

Social Engineering

Bei dieser Angriffsmethode gegen E-Commerce-Unternehmen tarnen sich Betrüger mit einer falschen Identität, um an vertrauliche Informationen wie Zugangsdaten oder Unternehmensgeheimnisse zu gelangen. **Beispiel:** Ein Anrufer gibt vor, als „Mitarbeiter des Serverzentrums" dringend das Passwort zum Backend des Onlineshops zu benötigen.

Social-Media-Netzwerk

Facebook, Instagram, YouTube, Twitter und andere Plattformen, auf denen User nach bestimmten Regeln Inhalte platzieren und interagieren.

Social-Media-Präsenz

Der Auftritt eines Unternehmens auf einem Social-Media-Netzwerk.

SSL (Secure Sockets Layer)

Ein Verschlüsselungsverfahren für Websites. SSL wurde 1994 von der Firma Netscape entwickelt und 1999 durch TLS (Transport Layer Security) ersetzt. In der Umgangssprache wird zumeist die Bezeichnung SSL anstatt TLS verwendet.

SSL-Zertifikat

Ein Zertifikat zur geschützten Verbindung zwischen Browser und Server. Das SSL-Zertifikat verhindert eine Manipulation der Daten durch Dritte.

Stationärer Handel

Ladengeschäfte, in denen Kundinnen und Kunden persönlich erscheinen.

Stockfoto

Ein Bild aus der Datenbank einer Bildagentur. Zur Verwendung eines Stockfotos muss eine, in der Regel kostenpflichtige, Lizenz erworben werden.

Stream

Der für jeden Teilnehmer unterschiedliche Nachrichtenstrom in einem Social-Media-Netzwerk. Postings eines Unternehmens erscheinen auf zwei Arten im Stream eines Teilnehmers:

- Der Teilnehmer ist zum Follower geworden.
- Das Posting ist beworben.

Suchbegriffe, siehe **Keywords**.

Suchmaschinenergebnisseite, siehe **SERP**.

Systemvoraussetzungen

Das Minimum, damit eine Software (z. B. Betriebssystem, CMS oder Shopsystem) ohne Probleme installiert und betrieben werden kann. Unterschieden werden diese beiden Gruppen von Systemvoraussetzungen:

- **Hardware**, z. B. die Kapazität des Arbeitsspeichers eines Servers.
- **Software**, z. B. die PHP-Version auf einem Webspace.

T

TAI (Thousand Ad Impression), siehe **CPM**.

Telemedien

Ortsunabhängige, elektronische Medien wie beispielsweise Websites, E-Mails und Newsletter. Auch Social-Media-Plattformen, Foren und Blogs zählen zu den Telemedien.

Theme

Ein Theme ist innerhalb eines CMS, z. B. WordPress, primär für die Optik einer Website verantwortlich. Besondere Themes greifen aber auch in die Funktionalität eines CMS ein.

TKP (Tausender-Kontakt-Preis), siehe **CPM**.

Tracking

Aufzeichnung des Verhaltens von Nutzern auf einer Website oder einem Social-Media-Netzwerk.

Trust Signals

Bilder und Texte, mit denen Unternehmen Vertrauen gewinnen. **Beispiele:**

- Shop-Siegel von Händlerorganisationen.
- Positive Rezensionen.
- Markenlogos.
- Markennamen.

Umsatz

Der Umsatz eines Unternehmens berechnet sich aus der Formel *Absatzmenge x Preis*, ganz unabhängig von den Kosten. Nicht zu verwechseln ist der Umsatz mit dem Gewinn.

Up-Selling

Dem Kunden wird ein im Vergleich zu seiner Suche höherwertiges Produkt angeboten. **Beispiel:** Ein Hotel schlägt dem Gast vor, statt eines Zimmers eine Suite zu buchen.

URL (Uniform Resource Locator)

Als URL wird die Adresse einer einzelnen Webseite bezeichnet. Eine URL, die in die Adressleiste eines Browsers eingegeben wird, führt genau zu dieser Webseite. Oft verwechselt wird die URL mit der Domain. Die Domain ist aber nur ein Teil der URL. Beispiele für URLs:

- *https://shopname.de* – URL entspricht der Domain.
- *https://shopname.shop* – URL entspricht der Domain.
- *https://shopname.de/service* – Domain ist Teil der URL.
- *https://facebook.com/shopname* – Domain ist Teil der URL.

USP (Unique Selling Proposition)

Als USP wird das Alleinstellungsmerkmal eines Shops oder eines Produkts bezeichnet.

Variables Produkt

Ein Produkt, für das bestimmte Varianten ausgewählt werden können. Typisch sind unterschiedliche Größen und Farben.

Verordnung

Der Unterschied zum Gesetz ist formal. Gesetze werden von einem Parlament beschlossen, Verordnungen von einer Behörde erlassen. Für Bürger und Unternehmen ist der Unterschied wenig relevant. Halten müssen sie sich an beides.

Versandzone

Ein bestimmtes Gebiet, für das Versandkosten festgelegt werden. Beispiel: Innerhalb der Versandzone Deutschland gilt eine Versandkostenpauschale von 3,00 Euro.

Verweildauer

Die Zeit, die ein Besucher während einer Session auf einer Website verbringt.

W

Webhoster, siehe **Hoster**.

Webseite

Eine einzelne Seite einer Website. Jede Webseite verfügt über eine eigene URL. Im allgemeinen Sprachgebrauch werden Webseite, Website und Homepage gerne verwechselt. Eine Website besteht in der Regel aus vielen einzelnen Webseiten. Beispiele für Webseiten:

- Startseite, auch **Homepage** genannt.
- Über-uns-Seite – mit Informationen zum Zweck der Website.
- Blogbeiträge.
- Portfolio-Seiten.
- Übersichtsseite eines Onlineshops.
- Produktseiten eines Onlineshops.
- Die Impressumsseite (Pflichtseite).
- Die Datenschutzerklärung (Pflichtseite).
- Landingpage.

Im Sonderfall der One-Page-Website gilt: Website = Webseite.

Wettbewerbsrecht

Der Oberbegriff für alle Gesetze und Verordnungen, die die Präsentation und den Verkauf von Waren und Dienstleistungen betreffen. Besonders wichtig sind das UWG (Gesetz gegen den unlauteren Wettbewerb), das BGB (Bürgerliches Gesetzbuch) und das HGB (Handelsgesetzbuch).

Widget

Kleine Zusatzmodule für WordPress und andere CMS.

WooCommerce

Das Plugin WooCommerce erweitert das CMS WordPress zu einem Onlineshop. WooCommerce kann nicht ohne WordPress betrieben werden. WooCommerce ist kostenlos und wird direkt über das Backend von WordPress installiert.

Wurzelverzeichnis

Die unterste Ebene in einem Verzeichnisbaum. Das Wurzelverzeichnis kann sowohl Dateien wie auch weitere Verzeichnisse enthalten. **Beispiel:** Im Wurzelverzeichnis einer WordPress-Installation befinden sich sowohl einzelne Dateien wie auch die Verzeichnisse wp-admin, wp-content und wp-includes.

XSS (Cross Site Scripting)

Bei dieser Angriffsmethode wird Schadcode über die Eingabefelder einer Website eingeschleust. Beliebt sind die Suchfunktion, Formulare und Kommentarfelder. Die Angreifer versuchen sich auch im Abgreifen von Cookies oder dem Einpflanzen von Phising-Formularen auf Websites. Das Wort Phishing setzt sich aus „Passwort" und „Fishing" zusammen. Ziel der Angreifer ist es, über eingepflanzte Formulare die Passwörter von Usern „herauszufischen".

Zivilrecht

Akteure des Zivilrechts (auch Privatrecht genannt) sind Einzelpersonen, Unternehmen und Vereine. Im Zivilrecht fechten alle Beteiligten ihre Streitigkeiten auf Augenhöhe aus. Im Gegensatz dazu steht das öffentliche Recht. Hier stehen der Staat und seine Organe auf der einen, Personen, Unternehmen und Vereine auf der anderen Seite. Die stärkere Position nimmt dabei der Staat ein.

Ressourcen

Shopsysteme

Magento Commerce: *magento.com*

Prestashop: *prestashop.com/de*

Shopify: *shopify.de*

Shopify Apps: *apps.shopify.com*

Shopware: *de.shopware.com*

Websale: *websale.de*

WooCommerce: *woocommerce.com*

B2C-Marktplätze

Amazon Verkäuferportal: *sell.amazon.de/online-verkaufen/leitfaden-fuer-anfaenger*

Amazon Verkäuferforum: *sellercentral.amazon.de/forums/*

Amazon Markenregistrierung: *brandregistry.amazon.de*

Amazon Mitteilung über eine Rechtsverletzung: *www.amazon.de/report/infringement*

eBay Verkäuferportal: *verkaeuferportal.ebay.de*

B2B-Marktplätze

Alibaba: *german.alibaba.com*

Amazon Business: *services.amazon.de/programme/b2b-verkaufen/merkmale-und-vorteile.html*

Mercateo: *mercateo.com*

Restposten: *restposten.de*

WLW (Wer liefert was): *wlw.de*

Wucato: *wucato.de*

Würth: *wuerth.de*

Verbände und Dienstleister

Bundesverband Materialwirtschaft und Einkauf: *bme.de*

Bundesverband Onlinehandel e. V.: *bvoh.de*

Geprüfter Webshop: *gepruefter-webshop.de*

Händlerbund e. V.: *haendlerbund.de*

Industrie- und Handelskammer: *ihk.de*

Trusted Shops: *trustedshops.de*

Recht allgemein

Bundesministerium der Justiz und für Verbraucherschutz: *bmj.de*

Gesetze im Originaltext: *gesetze-im-internet.de*

Verpackungsregister: *verpackungsregister.org*

Versandhandelsrecht: *versandhandelsrecht.de*

Recht für bestimmte Waren und Dienstleistungen

Batteriegesetz: *batteriegesetz.de*

Buchpreisbindung: *boersenverein.de/beratung-service/recht/buchpreisbindung/*

Elektrogesetz: *elektrogesetz.de*

Elektro-Altgeräte-Register: *stiftung-ear.de*

Energieverbrauchskennzeichnungsgesetz: *gesetze-im-internet.de/envkg_2012/*

Heilmittelwerbegesetz: *gesetze-im-internet.de/heilmwerbg/*

Lebensmittelinformationsverordnung: *lebensmittelverband.de/de/lebensmittel/kennzeichnung/lebensmittelinformationsverordnung*

Textilkennzeichnungsgesetz: *gesetze-im-internet.de/textilkennzg_2016/*

EU-Verordnung zu Textilien: *eur-lex.europa.eu/homepage.html*
(in die Suchmaske eingeben: *1007/2011*)

Informationen vom Gesamtverband Textil und Mode: *textil-mode.de/de/newsroom/blog/textil-kennzeichnung/*

Zahlung und Mahnung

Deutsche Bundesbank: *bundesbank.de*
(Beantragung und Vergabe der Gläubiger-ID)

Mahngerichte: *mahngerichte.de*
(Informationen zum Online-Mahnverfahren)

PayPal Geschäftskonto eröffnen: *paypal.com/de/business/getting-started*

Sofortüberweisung: *sofort.com*

Stripe: *stripe.com/de*

Mollie: *mollie.com/de*

Sicherheit

Bundesamt für Sicherheit in der Informationstechnik: *bsi.bund.de*

Paypal Phishing: *paypal.de/phishing*

WordPress

WordPress: *de.wordpress.org* (kostenloses CMS, Voraussetzung für WooCommerce)

MarketPress: *marketpress.de* (Diverse Plugins für WooCommerce)

Vendidero: *vendidero.de* (Eindeutschungs-Plugin für WooCommerce)

Verschiedenes

BILDNER TV: *youtube.com/c/BILDNERTV* (Tutorials)

Matomo: *matomo.org* (Datenschutzgerechtes Tracking-Tool)

Versandkostenrechner: *vergleich.paket.net* (Paketdienste vergleichen)

Stichwortverzeichnis

A

Abbruchquote 103
Abmahnung 182
Affiliate Marketing 135, 137, 180
  Affiliate-Link 137, 138
  Affiliate-Network 138
  Affiliiates 137
  Provision 137
  Publisher 138
Amazon 50, 99
  FBA 53
  Händler werden 52
  Marketplace 51
  Verkaufsgebühren 52
Amazon FBA 119
Amazon Fulfillment 215
Amazon Pay 51, 99
  Gebühren 100
  Integration 99
ARD ZDF Deutschlandradio 193
Auth-Code 29

B

B2B Market 59
B2B-Shop 57
  Kundengruppen 61
  Staffelpreise 60
Batteriegesetz 212
Beleidigung 188
Best Ager 102
Bilder
  eigene schützen 184
  Lizenz erwerben 183
  Markenrecht 185
  Persönlichkeitsrechte 185
  selbst anfertigen 184
  Urheberrecht 182
  von Fotografen anfertigen lassen 184
  wettbewerbsrechtlich konform 186
billbee 120
Blog
  Knigge 145
  Kommentarfunktion 144
Blogbeiträge 140
Bücher- und Warensendung 114
Buchhaltung 108, 110, 119
Buchpreisbindungsgesetz 212
Buchungskalender 64
Buchungssystem 64
Buchung von Kursen 100

C

CleverReach 159
Contact Form 7 63
Content-Marketing 139
Cookiebanner 218
Cookies 138
Corporate Blog 140
Coupon 152
Cross Sales 147

D

Datenschutz 216
  Cookies 226
  Einwilligung 217
  Facebook 221
  Kommentarfunktion 225

Kundenkonto 225
Newsletter 225
Social Media 220
Twitter 221

Datenschutzerklärung 218

Dienstleistungen verkaufen 61

Domain 49, 142

Domain-Name 21, 34

Duales Systems 210

E

eBay 53
Gewerbliche Verkäufer 54
Kundenbewertungen 56
Shoptarife 55
Verkaufsmodelle 54
Zahlungsabwicklung 56

Elektro-Altgeräte-Register 213

Elektrogesetz 212

E-Mail-Account 26

E-Mail-Adresse 20

Empfehlungsmarketing 146
Im Shopsystem 148

ERP-System 121

EU-Ausland
B2B-Lieferungen 215
Bundeszentralamt für Steuern 215
Lieferschwelle 214
Rechnungsstellung 215

EU-DSGVO 216

F

Facebook 22, 167, 172
Business Suite 174, 178
Produktdaten 175
Profil 172
Seite 172
Seitenname 173
Shop 174
URL 174

Firmenblog 140

Fotograf 184

Fremdwährung 84

G

GEMA 194

gemafreie Musik 194

Germanized für WooCommerce 82

German Market 82, 123

Gewährleistung 203

Gewinnspiele 154
Hashtags 156
Instagram 156
Konzeption 155
Verlosung 155
YouTube 156

GEZ 193

Giropay 98

Gläubiger-ID 80
beantragen 80

Google 126
Trefferlisten 126

Google Ads 135, 223
Demografische Merkmale 136
Kampagne 135
Keyword 135
Streuverluste 136

Google AdSense 223

Google Analytics 222

Gutscheine 152

GVL 193

I

Impressum 195
Eingetragener Verein 201
GbR 201
Gewerbetreibender 200
GmbH 201
Kaufmann 200
Informationspflicht 190
Inkassounternehmen 92
Instagram 167, 176
Business Account 177
markieren 179
Shopping 177

J

Jimdo 28
JTL 99
JTL Warenwirtschaft 119

K

Katalogmodus 23
Kauf auf Rechnung 88
Vorkasse 88
Kenntnis erlangen 189
Kennzeichnungspflicht
Bilder 183
Kontaktformular 62
Konversion 138
Krawallprävention 190
Kreditkarte 84
Acquirer 85
Akzeptanzvertrag 85
Kundenbewertungen
Negative Bewertungen 152
Kundenbindung 141
Kundenempfehlungen 146
Kundenkommentare 188
Kunsturhebergesetz 191

L

Label 194
Lebensmittelinformationsverordnung 213
lexoffice 122
Lizenz
Stockfoto 183
Lizenzierung von Verpackungen 210
Lizenzmodelle 183
Logistik 110, 116

M

Magento 99
Mahnung 91
Gerichtliches Mahnverfahren 91
MailChimp 158
MailPoet 161
Markenlogo 185
Markenrecht 185
Markenschriftzug 185
Marktforschung 141
Marktplatz 143
Matomo 222
Mietshop 48
Shopware 48
Websale 48
Mollie 95
Mustertexte für Zahlungsarten 106

N

Neukunden gewinnen 99, 146, 157
Newsletter 157
Anhänge 166
Anmeldeformular 158
Anrede 165
Bestätigungsmail 163
Betreffzeile 164
Bilder 166
Knigge 163
Qualitätskontrolle 166
Statistiken 159
Nichtteilnahme an Streitschlichtung 210
Nutzungsrecht
Stockfoto 183
Nutzungsrechte 194

O

ODR-Plattform 209
One-Stop-Shop 214

P

Paydirekt 98
Paypal 69
PayPal
als Händler 71
auf Käuferseite 70
Entwicklerkonto 74
Geschäftskonto anlegen 72
Konditionen 72
PayPal-Express 70
PayPal Plus 70
Sandbox 74
Verkäuferschutz 77
Pay per Click 138
Pay per Lead 138
Pay per Sale 138
personenbezogene Daten 217
Persönlichkeitsrecht 144
Persönlichkeitsrechte 185
Phishing 78
Prestashop 99
Privatsphäre 189
Produktbeschreibungen 190
Produktbewertungen 147
Produktbilder 186
vom Hersteller 186
produktspezifische Vorschriften 191

Q

Querverkäufe 147

R

Rabattaktionen 153
UVP 154
Rabattcode 152
Rechnung als PDF 89
Regelschutzfrist 182, 187
Retouren vermeiden 102
Retouren verringern 144

S

Schnittstellen 108, 110
Sendungsverfolgung 115, 117
SEO 126
Absprungrate 127
Ansprungrate 130
Backlinks 127, 134
Bilder 131
Endgerät 127
Fließtexte 133
Interne Links 134
Keywords 129

Ladezeit 127
Penalty 134
Produktbeschreibungen 132
Suchbegriffe 133
Synonyme 133
Verweildauer 127
Zwischenüberschriften 131
SEPA-Lastschrift 79
Lastschriftmandat 82
Prüfziffer 82
SEPA-Raum 79
Shopify 48, 99
Payments 50
Tarife 49
Shopware 99
Social Media
Account 169
Anzeigen 168
Follower 167
Hausrecht 168
Präsenz 168
Social-Media-Knigge 180
Social-Media-Marketing 167
Social-Media-Netzwerk 143
Sofortüberweisung 96
SSL 104
SSL-Verschlüsselung 127
Stockfoto 183
Stockfoto-Agentur 183
Streichpreise 154
Streitschlichtungsverordnung 209
Stripe 94
Subdomain 49, 142
Suchmaschinenoptimierung 141
Suchmaschinenoptimierung (SEO) 126
Support 151
Telefon 152

T

Testimonials 147
Text
eigener 188
fremder 187
rechtskonform 187
Textilkennzeichnungsgesetz 212
Tracking 221
Trusted Shops 150
Gütesiegel 151
Kundenbewertungen 151
Tweet 179
Twitter 167, 179
Follower 179

U

Üble Nachrede 188
Umsatzsteuer-Validierung 58
Umverpackung 210
Unternehmensblog 140
Kommentare 141
Up-Selling 149
Urheberrecht 182
Text 187
Urheberrechtsgesetz 182

V

Verleumdung 188
Verpackungen 211
Lizenzierungspflicht 211
LUCID 211
Verpackungsregister 211
ZSVR 211
Verpackungsgesetz 210
Versand 112
Labeldrucker 111
Nachverfolgung 111

Pakete abholen lassen 117
Sendcloud 118
Sendungen ins Ausland 117
shipcloud 118
Transportsicherheit 113
Versandbeleg 113
Versandpaket 112
Warenpost 115
Versandbeilagen 168
Versandetiketten 111
Vertrauensbildung 142
Verwertungsgesellschaft 193, 194
Video 191
Drehorte 191
Einbinden 192
Markenrecht 191
Urheberrecht 191
YouTube 192
Videoproduktion 171
Volksverhetzung 189

W

Warenkorb 161
Warenwirtschaft 109, 110, 119
Website-Baukasten 25
Webvideo 171
Widerruf
Ausschlüsse 207
Empfangsbestätigung 204
Folgen des Widerrufs 204, 206
Widerrufsformular 206
Widerrufsbelehrung 204, 205
Widerrufsformular 204
Widerrufsfrist 203
Widerrufsrecht 202
Wix 30
WooCommerce 44, 99, 123
Buchungskalender 64
Germanized 47
German Market 47
Gutscheine 153
Newsletter 161
Querverkäufe 148
Storefront 45
WooCommerce Bookings 64
WordPress 128
Buchungssystem 64
Newsletter 160

X

Xentral 121

Y

YouTube 167, 170
Kanal 170
Playlisten 172
Schnittprogramm 172

Z

Zahlungserinnerung 90
Zahlungsfrist 89
Zahlungsplattform 80
Zahlungsplattformen 94
Zeitplan 23
Zitatrecht 187
Zusatzverkäufe 149